AWACS
Boeing E-3

Bernd Vetter / Frank Vetter

Motor
buch
Verlag

Einbandgestaltung: Luis Dos Santos unter Verwendung von Bildarchiv NAEW&C Force (Titelseite) und Andreas Müller (Rückseite).

Bildnachweise:
Wolfgang Borgmann (2), Boeing (21), Dr. Daser (1), Arthur Fontani (2), Französische Luftwaffe Archiv (2), Don Jay (9), Karl-Edward von Kospoth (2), Stephen Miller (1), Andreas Müller (9), NAEW&C Force Bildarchiv (44), NAPMA (2), Dr. Arno Schieck/Dornier (3), Wilfried Sorhagen (3), USAF Archiv (12), US Navy Archiv (1), RAF Archiv (2), Frank Vetter (19), Bernd Vetter (41), Archiv Vetter (6), Gerhard Weinmann (2)

Grafiken: NAEW&C Force, Northrop Grumman, Bernd Vetter

ISBN 978-3-613-04041-0

1. Auflage 2018

Sie finden uns im Internet unter
www.motorbuch.de

Lektorat: Alexander Burden
Innengestaltung: Günther Nord, 69434 Heddesbach
Druck: Gorenjski Tisk Storitve, 4000 Kranj
Printed in Slovenia

Inhalt

Das Missionssystem

Die Modernisierungsprogramme. . . . 167

Internationale Betreiber . 174

Anhang. 198

Abendstimmung

Vorwort

Der NATO E-3A-Verband – »Das multinationale Gesicht der NATO«

Mit dem vorliegenden Buch möchten wir dem interessierten Leser nahebringen, wofür dieses Geschwader, das bis heute ein ungeteiltes Medienecho erfährt, steht. Als Kommandeur des NATO E-3A-Verbandes war und ist es mir eine besondere Ehre der »Chef« dieser in der Militärgeschichte einmaligen fliegenden Einheit zu sein. Besonders vor dem historischen Hintergrund zweier Weltkriege und den damit einhergehenden nationalen Separationen mit all ihren Schrecken, haben wir mit diesem Verband das geschaffen, was die Gründungsväter und -mütter der NATO sich als Idealzustand erträumten. Eine höchst vertrauensvolle, multinationale Zusammenarbeit unterschiedlicher Staaten in einem Projekt, das wie kein zweites der Friedenssicherung in Europa und dem gesamten NATO-Gebiet diente und dient. Der NATO E-3A-Verband als größter Teil der NATO Early Airborne Warning and Control Force ist heute weltweit im Einsatz. Von Haiti, Afghanistan bis zur syrisch-irakischen Grenzregion leistete der Verband zehntausende Einsatzstunden und ist auch in diesen Minuten im Einsatz gegen den sogenannten »Islamischen Staat«.

Mit seinem weltweit bekannten Muster »NATO E-3A AWACS« verfügt der Verband heute über ein extrem leistungsfähiges Luftfahrzeug, dessen bloßes Erscheinen am Himmel sowohl eine deutliche militärische, als auch eine starke politische Aussage der Allianz darstellt.

Vor meiner Verwendung in diesem Verband stellte ich mir oft die Frage, wie und vor allem, ob eine effektive Zusammenarbeit aller beteiligter Nationen in einer fliegenden Crew und am Boden funktionieren kann. Und sie kann – sehr gut sogar! Professionelle Ausbildung und Einstellung

formen aus Mitgliedern unterschiedlicher Luftwaffen und Marinen eine in sich geschlossene, hoch belastbare und effektive Gemeinschaft, die sich jeder Herausforderung stellen kann, die von Flugzeug und Mannschaft, egal, ob in der Luft oder am Boden, gefordert wird. Von Luftraumüberwachung an der NATO-Ostgrenze bis zu dem klassischen Führen verbundener Luftoperationen im Rahmen des Jugoslawienkonflikts erfüllte der NATO E-3A-Verband stets die Aufgaben, die die politische Führung der NATO ihm übertrug. Dieser Verband ist das multinationale Aushängeschild des mächtigsten Militärbündnisses der Welt und neben einer einzigartigen militärischen Organisation, ein sehr gelungenes, richtungsweisendes Beispiel einer zukünftigen gemeinsamen Verteidigung.

Ich wünsche Ihnen bei der vor Ihnen liegenden Lektüre viel Spaß. Lassen Sie sich entführen in eine Welt, die man so eher selten betritt...

Geilenkirchen im März 2018

Ihr Brigadegeneral Karsten Stoye
Kommandeur E-3A Verband

The NATO E-3A Component – the »Multinational Face of NATO«

This book is intended to explain to the interested reader what this Component, which has received an undivided media response to this day, stands for. As the Commander of the NATO E-3A Component it was and is a special honour for me to be the »head« of this flying unit, which is unique in military history. Especially against the historical background of two world wars and the resulting national separations with all their horrors, we have created with this Component what the founding fathers and mothers of NATO dreamed of as an ideal state of affairs. The highly trusting multinational cooperation of different states united by a common project that has served and continues to serve like no other project to safeguard peace in Europe and the entire NATO area. Today, the NATO E-3A-Component, as the largest component of the NATO Airborne Early Warning and Control Force, supports operations throughout the world. Be it in Haiti, Afghanistan or in the Syrian-Iraqi border region, the E-3A Component has performed tens of thousands of flying hours, and is even at this moment deployed to perform missions in support of the counter-ISIL coalition.

With its NATO E-3A AWACS aircraft, renowned worldwide, the E-3A Component has currently at its disposal an extremely efficient aircraft type, whose mere appearance in the sky already constitutes both a clear military statement and a strong political message of the Alliance.

Before I assumed command of this Component, I frequently asked myself how and, more particularly, whether effective cooperation between all the nations participating in the AWACS programme was possible, between crew members in the air and on the ground. The answer is yes,

it works – it works very well in fact. Thanks to their professional training and attitude, the members from various air force and navy units grow together to form a community, a highly reliable and effective team, capable of dealing with any challenge to the aircraft or the crew members, be it in the air or on the ground. The NATO E-3A-Component has always fulfilled the tasks entrusted to it by the political leaders within NATO, ranging from air space surveillance along the eastern borders of NATO to classical missions involving control of combined air operations during the conflict in former Yugoslavia. This Component constitutes the multinational flagship of the most powerful military alliance in the world, and besides being a unique military unit, it is a leading example of common defence in the future.

I hope you will enjoy reading this book. It provides insights into a world one normally does not enter so often.

Geilenkirchen, March 2018

Brigadier General Karsten Stoye
Commander E-3A Component

Einleitung

Vieles an der Boeing E-3 AWACS ist außergewöhnlich: Aufgaben, Fähigkeiten, Einsatzprofile, das äußere Erscheinungsbild und nicht zuletzt auch der Betrieb im Rahmen einer multinationalen Einheit bei der NATO. Insgesamt 16 Nationen stellen den Einsatz auf hohem Niveau seit vielen Jahren sicher und beweisen dadurch tagtäglich eindrucksvoll ihr Bekenntnis zur NATO und zur solidarischen, gemeinschaftlichen Verteidigung.

Wir haben uns deswegen sehr gefreut, die E-3 im Rahmen dieser Buchreihe ausführlich darstellen zu dürfen. Es sollte dabei aber nicht nur das Flugzeug selbst, sondern auch die in Geilenkirchen beheimatete NATO AEW&C Force mit ihrer größten Teileinheit der E-3A Component porträtiert und gewürdigt werden, entsprechend bildet sie den inhaltlichen Schwerpunkt des Titels. Zu diesem Thema gehört im weiteren Sinne auch die Beleuchtung des langen Weges der Entscheidungsfindung Mitte der 70er-Jahre, sowie die Darstellung der dann nachfolgenden Einbindung der heimischen Industrie in das Programm, bis NATO AWACS letztendlich auch in Europa an den Start rollen konnte.

Die E-3 stellt eine sehr interessante Kombination eines schon recht alten Fluggerätes dar, das aber gleichzeitig mit modernster Ausrüstung versehen ist. Um dies ausführlich zu zeigen, haben wir der Technik, also z. B. den mechanischen Systemen, den Triebwerken, der Avionik sowie natürlich den diversen Einsatzsystemen breiten Raum gegeben.

Neben der NATO (inklusive der RAF) vertrauen drei weitere Betreiber auf die Fähigkeiten der E-3: Die US Air Force, die französische Luftwaffe und auch die saudische Luftwaffe betreiben das Muster noch langfristig. Ein separates Kapitel zeigt Geschichte, Einsatz und aktueller Ausrüstungsstand bei diesen Nutzern, sodass ein insgesamt rundes Bild über den Typ entsteht.

Da die NATO AEW&C Force eine multinationale Einheit ist, wird dort offiziell englisch gesprochen. Dementsprechend sind alle Benennungen, z. B. der Teileinheiten und auch der Fachbegriffe, in dieser Sprache gehalten. Für diese Publikation haben wir uns dazu entschlossen, die originalen Bezeichnungen größtenteils zu übernehmen und sie nicht ins Deutsche zu übersetzen. Im Anhang findet sich allerdings ein ausführliches Glossar zur Erklärung der Begriffe.

Eine weitere Besonderheit betrifft den Namen des Flugzeugs selbst: Die E-3 entstand aus dem ehrgeizigen Vorhaben, ein modernes und leistungsfähiges Airborne Warning and Control System (AWACS) für die US Air Force zu entwickeln. AWACS stand und steht auch heute für dieses System, es findet sich z. B. auch im Wappen der E-3A Component wieder. Der später vergebene Name »Sentry« (Wachposten) wird nur im Umfeld der US Air Force und der Royal Air Force verwendet. Entsprechend haben wir ihn auch nur in den entsprechenden Kapiteln verwendet.

Bei der NATO wird die Maschine übrigens häufig mit NE-3A referenziert, die offizielle Bezeichnung ist aber E-3A. Um Verwirrung zu vermeiden, verwenden wir deswegen NE-3A nicht.

Die intensive Recherche für dieses Buch im Umfeld der NATO AEW&C Force gestaltete sich außerordentlich interessant und spannend. Es zeigte sich ein ganz besonderer »Spirit«, der durch Offenheit und Freundlichkeit bei gleichzeitig großer Professionalität und Flexibilität geprägt war. Wir hoffen, dass wir diese bemerkenswerte Erfahrung ein wenig transparent machen konnten.

Und nun viel Spaß und Freude bei der Lektüre dieses Buchs.

Bernd & Frank Vetter, Riedstadt im April 2018

NATO OTAN
LX-N
90456

USAF
U.S. AIR FORCE

Anfänge
Die Entstehung der luftgestützten Frühwarnung

Wie bei vielen weiteren militärischen Innovationen auch, bedeutete der Zweite Weltkrieg die Initialzündung für die luftgestützte Frühwarnung. Radaranlagen waren zu dieser Zeit schon unverzichtbares Hilfsmittel, um Bedrohungen aus der Luft frühzeitig zu erkennen, doch stießen sie ob der Erdkrümmung auf natürliche Grenzen bezüglich ihrer Reichweite insbesondere für tieffliegende Ziele. So waren es auf britischer Seite vor allem deutsche Flugzeugangriffe mit FW 200 Condor auf Geleitzüge im Atlantik, die die Idee einer luftgestützten Radaranlage befeuerten. Da die Briten auf diesem speziellen technologischen Gebiet schon über große Kenntnisse verfügten, begannen recht zügig im April 1940 konkrete Überlegungen, ein Flugzeug mit einer Radaranlage zur Erfassung gegnerischer Luftziele auszurüsten. Als Träger wurde zunächst eine US-amerikanische Consolidated B-24 Liberator gewählt, doch mussten noch erhebliche Anpassungen unternommen werden, um diverses Gerät, das für Bodenstationen vorgesehen war, an ein Flugzeug zu adaptieren. Dadurch dauerte es bis zum Oktober 1941, bis ein erster Prototyp, nun eine Vickers Wellington, mit entsprechender Technik ausgerüstet war. Auf dem Rumpfrücken befand sich eine 4,6 m lange metallische Struktur mit je acht Empfängerelementen, die sich im Flug mit 25 Umdrehungen pro Minute bewegte. Die gesamte Anlage wog ca. 320 kg. Die Erprobung der Wellington startete im Februar 1942 und schon bald darauf standen »heiße« Einsätze auf dem Programm. Ziel war es, die Suche des schweren Kreuzers

Lützow im norwegischen Küstengebiet zu unterstützen und eigene Torpedoflugzeuge anzuleiten. Dieser Test war allerdings nicht wirksam, denn starke Bodenrückstrahlung verhinderte einen Sucherfolg. Weitere Probleme verhinderten einen schnellen Durchbruch der neuen Technologie.

Auch auf deutscher Seite wurden Vorhaben vorangetrieben, die es ermöglichen sollten, Gegner aus der Luft in größerer Entfernung aufzufassen. Eins davon betraf die Integration des Such- und Panoramagerätes FuG 244 »Berlin N« in eine Arado Ar 234B-1, das Ende 1944 beauftragt wurde. Planungen und erste konstruktive Arbeiten des Projekts »Obertasse« sahen vor die Antenne in einem 1,5 m durchmessenden, sich drehenden Tellers über den Tragflächenwurzeln oder sogar oberhalb des Leitwerks zu platzieren. Eine Bauausführung fand zwar nicht mehr statt, die Grundlagen bezüglich des drehenden Tellers fanden aber später Eingang in die AWACS-Entwicklung.

Eine geplante Version der Ar 234 verfügte über eine Radarantenne, alternativ auf dem Rumpfrücken oder auf dem Seitenleitwerk.

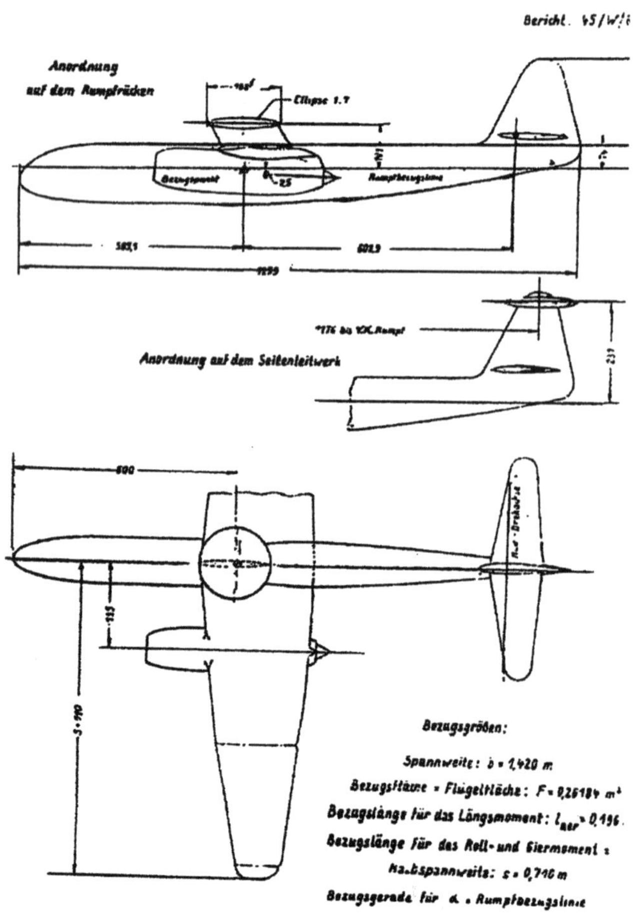

Zusatzgerät (Berlin-N Antenne) am Gesamtmodell Ar 234

Auch das US Militär konzentriere sich auf die Entwicklung von Frühwarnflugzeugen. Insbesondere der überraschende Angriff auf Pearl Harbor zeigte mehr denn je die dringende Notwendigkeit einer verbesserten Überwachung auf. Ab Anfang 1941 arbeitete das renommierte Massachusetts Institute of Technology (MIT) im Rahmen des Projects 1 an diversen Konzepten zur Entwicklung luftgestützter Radarsysteme. Daraus resultierte unter anderem das SCR-720 Radar, welches später in der Northrop P-61 Black Widow in der Rolle als Nachtjäger Verwendung fand, das AN/APS-20 Radar der Firma Hazeltine, aber auch Geräte zur Datenübertragung an Bodenstationen. Anfang1944 begann unter dem Codenamen Project Cadillac die konkrete Entwicklung eines luftgestützten Frühwarnsystems auf Grundlage des AN/APS-20. Als Trägerflugzeug kam die Grumman TBM-3 Avenger zum Einsatz, das Radar fand Platz in einem großen Radom aus Fiberglas an der Rumpf-Unterseite. Der Erstflug der XTBM-3W erfolgte am 5. August 1944. Die Ergebnisse waren sehr positiv, auch wenn sie nicht mehr wirklich im Zweiten Weltkrieg genutzt werden konnten. So war es möglich, mit der TBM-3W Ziele in einer Reichweite von ca. 300 km zu erfassen. Ab Juli 1948 ging die Avenger in operationellen Einsatz und wurde in dieser Rolle auch intensiv im Korea-Krieg eingesetzt.

Die Notwendigkeit, weiteres Gerät zu integrieren und auch eine größere Reichweite zu realisieren, führte zwangsläufig zur Betrachtung größerer Trägerflugzeuge. Die Boeing B-17 Flying Fortress schien dafür ideal geeignet. Im Juli 1945 übernahm die US-Navy insgesamt 20 B-17F und B-17G, um diese ebenfalls mit dem AN/APS-20 und vielen weiteren zusätzlichen Geräten auszustatten. So modifiziert erhielt die Maschine die Bezeichnung PB-1W. Zwar war eine erste Maschine bis Anfang 1946 fertiggestellt, doch waren noch viele Tests und Nachbesserungen nötig, sodass der operationelle Flugbetrieb als Teil der Staffel VPW-1 (später VW-1 Typhoon Tracers) erst im Laufe des Jahres 1948 beginnen konnte. Die Crew der PB-1W bestand aus zwei Piloten, einem Navigator, drei Radar-Operateuren, zwei Mechanikern und zwei Elektrikern. Obwohl die PB-1W einen wichtigen Entwicklungsschritt im Bereich der Frühwarnflugzeuge bedeutete, kam ihr Aus schon recht bald. Im Zeitraum zwischen Mitte 1952 und Februar 1955 wurden die Maschinen, wie übrigens auch die TBM-3W Avenger, sukzessive ausgemustert, da mit der Lockheed WV-2 schon ein sehr moderner Nachfolger am Start stand. Die Bedeutung der PB-1W bestand übrigens darin, dass erstmals nicht nur das Radarsystem vom Flugzeug aus zu bedienen und zu managen war, sondern auch die Zielauswertung an Bord stattfand. Bei der TBM-3W wurden die Daten an Bodenstationen übermittelt, die die Auswertung übernahmen.

Eine Boeing PB-1E der Staffel VP-51 aufgenommen im Jahre 1946 auf NAS Norfolk.

Lockheed WV-2/WV-3/EC-121 Warning Star

Im Dezember 1952 erhielt die auf NAS Barbers Point, Hawaii, stationierte Navy-Staffel VW-1 ihre erste speziell modifizierte Lockheed Constellation 749 mit der Bezeichnung PO-1W (später WV-1). Diese Maschine war am 9. Juni 1949 erstmals geflogen und verfügte nun, neben dem ebenfalls unter dem Rumpf installierten AN/APS-20 Radar, über ein neuentwickeltes AN/APS-45 Radar, das auf dem Flugzeugrücken Platz fand und zur Ermittlung der Flughöhe der erfassten Ziele diente. Kurz darauf entschied man allerdings, die größere und stärkere Lockheed L-1049 Super Constellation als Trägerplattform zu verwenden. Diese Maschine verfügte z. B. auch über Zusatztanks an den Flügelspitzen. Auch ein Wetterradar fand Verwendung. Es erfolgte die Einführung dieses Typs im April 1954 und zwar ebenfalls bei der US-Navy-Staffel VW-1. Insgesamt zwölf WV-2 »Warning Star« wurden durch die Einheit eingesetzt. Neben der dreiköpfigen Cockpit-Besatzung verfügte die WV-2 über bis zu 18 Besatzungsmitglieder: neben dem Missions-Kommandanten Radaroperateure, ECM-Operator, Kommunikations-Operator und Techniker. Die effektive und nutzbare Reichweite der Radargeräte betrug etwa 300 km.

Durch den Erfolg des Navy-Programms ermutigt, begann sich auch die US Air Force für Frühwarnflugzeuge zu interessieren. Im Jahre 1951 erfolgte die erste Bestellung über zunächst zehn WV-2 kurz darauf wurden weitere 74 Maschinen geordert. Die Flugzeuge erhielten die Bezeichnung RC-121C/D (später dann EC-121D) und wurden ab Ende 1954 bei der 551st Airborne Early Warning and Control Wing auf Otis AFB, Massachusetts, eingeführt. Ein halbes Jahr später erhielt ein zweiter Verband, die 552nd AEWCW, stationiert auf der McClellan AFB in Kalifornien, seine ersten Warning Stars.

Ab 1956 etablierte man mithilfe der US Air Force und US Navy-Warning Stars die sogenannte Distant Early Warning Line (DEW Line) auf beiden Seiten des Festlandes

Die EC-121T war die letzte Warning Star-Variante. Insgesamt 22 wurden aus 15 EC-121D und 7 EC-121H umgebaut. Die 52-3423 gehörte zur 79th AEW&C Squadron, das Bild entstand auf der Homestead AFB, Florida.

über dem Atlantik und über dem Pazifik. Alle drei Stunden rund um die Uhr startete eine Maschine und flog einen festgelegten Kurs auf 30.000 Fuß (9144 m) Höhe ab, der bis zu 14 Stunden andauern konnte. Man wollte durch diese Kette anfliegende sowjetische Bomber so früh als möglich erkennen. Diese intensiven Einsätze wurden viele Jahre beibehalten und erst ab dem Jahr 1965 reduziert. Zu diesem Zeitpunkt hatte sich die Bedrohung allerdings schon geändert und ballistische Raketen rückten in den Fokus.

Die Warning Stars wurden zwischen April 1965 und Juni 1974 auch in Vietnam sehr intensiv genutzt und kamen im Rahmen mehrerer großer Luftoperationen zum Einsatz. Dabei wurden die Maschinen auch als Kommando-Stationen für eigene Kräfte verwendet. Im Laufe der EC-121-Einsatzzeit wurde diese mehrfach modifiziert und verbessert. So ersetzte man das AN/APG-20 gegen Ende der 50er-Jahre durch das Hazeltine AN/APS-95 und auch ein modernerer Sensor zur Flughöhenfeststellung kam zur Anwendung, das AN/APG-103. Erst im Laufe des Jahres 1982 wurden die letzten Maschinen außer Dienst gestellt.

Parallel baute das US-Militär auch auf diverse weitere fliegende Plattformen für die zur Verfügung stehenden Radargeräte, zunächst insbesondere für das AN/APG-20. So wurden z. B. für die US-Navy mehrere Luftschiffe von Goodyear geordert und ausgerüstet. Mit der Bezeichnung ZPG-2W und ZPG-3W wurden sie sogar einige Jahre operationell genutzt, aber nach einem Flugunfall im August 1962 wieder außer Dienst gestellt. Weitere Radarträger waren die mit einem Kolbenmotor ausgerüstete AF-3W von Grumman, die zweimotorige Lockheed P2-3W (später dann P2V-5), die auf der A-1 Skyraider basierende Douglas AD-3W (später AD-4W und AD-5W) sowie den Hubschrauber Sikorsky HR2S-1W. Diese Typen wurden aber auch für die U-Boot-Jagd genutzt, denn das APG-20-Radar war z. B. auch in der Lage einen über der Wasseroberfläche befindlichen Schnorchel zu orten.

Diese EC-121D (53-535) war zwischen 1973 und 1981 im Pima Air Museum, Arizona ausgestellt. Die ursprüngliche Bezeichnung war allerdings RC-121D.

Grumman E-1B Tracer und E-2 Hawkeye

Da Grummans TBM-3W einerseits in die Jahre gekommen war und anderseits durch die kontinuierliche Weiterentwicklung der Radartechnik mehr Platz und Gewicht in der Trägerplattform zur Verfügung gestellt werden musste, begann der Flugzeughersteller ab 1955 mit der Weiterentwicklung seines TF-1 (später C-1) Transporters, der wiederum auf der S2F/S-2 Tracker basierte. Es galt deutlich größere und leistungsfähigere Ausrüstung zu integrieren, sowie das Hazeltine AN/APS-82 Radar, das in einem auffälligen, 6 x 9 m großen Radom auf der Oberseite des Flugzeugs installiert war. Der Jungfernflug des ersten von zwei Prototypen (Bezeichnung XWF-1) erfolgte am 17. Dezember 1956. Ein Jahr später wurde die nun WF-2 benannte Maschine bestellt und ab 1959 zunächst bei den Staffeln VAW-11 und VAW-12 eingeführt. Die Besatzung bestand nur aus vier Personen, neben Pilot und Copilot waren zwei Radaroperateure an Bord. Das Radar selbst verfügte allerdings mit bis zu 500 km über eine enorme Reichweite. Die trägergeschützte Maschine kam später auch sehr erfolgreich in Vietnam zum Einsatz und wurde 1977 außer Dienst gestellt.

Die WF-2 befand sich noch mitten in der Entwicklung, da gab die US-Navy eine Anfrage an die Industrie heraus, die ein luftgestütztes, taktisches Datentransfersystem zum Inhalt hatte. Um für eine solche Anwendung optimale Voraussetzungen zu bieten, waren sowohl eine große Flughöhe sowie eine lange Flugdauer vonnöten. Beides konnte die E-1B (neue Bezeichnung der WF-2) nicht bieten und somit musste eine komplette Neuentwicklung erfolgen, die von Beginn an auf ein hoch fliegendes Frühwarnflugzeug mit der Möglichkeit des Datenaustauschs ausgelegt war. Der Vorschlag von Grumman gewann 1962 die Ausschreibung der US-Navy, nachdem der erste Prototyp, zunächst noch mit W2F-1 bezeichnet, am 21. Oktober 1960 den Erstflug erfolgreich absolviert und die Erprobung schon gute Resultate erbracht hatte. Herzstück der dann als E-2A Hawkeye bezeichneten Maschine war das Radargerät AN/APX-96 von General Electric, das eine Reichweite von immerhin ca. 450 km aufwies. Die Antenne war in einem sich drehenden Teller mit einem Durchmesser von 7,31 m untergebracht. Das System bot den Radaroperateuren die Möglichkeit, Daten zu Flugzielen wie z. B. Flughöhe und Geschwindigkeit automatisch anzuzeigen. Insgesamt konnte man damit bis zu 250 Flugziele verfolgen und 30 eigene Abfangjäger simultan mittels Datalink führen und mit ihnen verbunden werden. Durch die Verwendung moderner Allison T56 Turboprops konnte eine große Leistung bei geringem Verbrauch im Vergleich zu Maschinen mit Kolbenmotoren realisiert werden. Neben der Cockpitbesatzung waren im CIC (Combat Information Center) im Heckbereich des Flugzeugs drei weitere Crewmitglieder vorgesehen: Ein Einsatz-Informationsoffizier, ein Frühwarn- und Flugleitoffizier und ein Radaroperateur. Ihnen stand je ein 25,4 cm großer Bildschirm für die Zieldarstellung zur Verfügung. Als erste US-Navy-Einheit stellte VAW-11 im Januar 1964 auf die E-2A um. Von der ersten Baureihe der Hawkeye wurden jedoch nur 59 Maschinen gebaut, da die Beschaffungskosten um ca. 75 % über dem ursprünglich vorgesehenen Budget lagen und es außerdem große Probleme mit der Zuverlässigkeit der Avionik gab. Deswegen stornierte die Navy einen Teil ihres Auftrags und man befasste sich in der Folgezeit primär mit der Weiterentwicklung der Ausrüstung. Insgesamt 49 E-2A-Maschinen wurden daraufhin zur Verbesserung der allgemeinen Leistungen zur E-2B modifiziert, deren erste am 20. Februar 1969 flog. Trotzdem stellte die E-2B nur eine Interimslösung dar, denn mittlerweile stand noch leistungsfähigere Avionik zur Verfügung. Zur Standardversion der Hawkeye wurde dann die E-2C, die das AN/APG-120-Radar und weitere Systemverbesserungen erhielt. Der E-2C-Prototyp, eine modifizierte E-2A, flog am 20. Januar 1970. Die Lieferungen von zunächst 55 Maschinen an die US-Navy erfolgten ab Anfang 1973, als erste Staffel erhielt VAW-123 das moderne Frühwarnflugzeug. Ab der 34. Maschine kam das von General Electric weiterentwickelte Radargerät AN/APS-125 zum Einbau, das in einer Flughöhe von 9000 m eine automatische Zielauffassung im Umkreis von über 400 km ermöglichte. Das mit ARPS bezeichnete System ließ darüber hinaus auch Störmaßnahmen zu. Beim AN/APS-125 handelte es sich um ein Flug- und Schiffsmelderadar mit hohem Auflösungsvermögen. Wichtig für die E-2C war auch die Interoperabilität mit der F-14 Tomcat und deren AWG-9-Radar.

Die Hawkeye bildet bis heute das Rückgrat in der Frühwarn- und Luftführungsrolle für die US-Navy. Die E-2C wurde mehrfach modernisiert (E-2C Group 0, Group I, Group II und Hawkeye 2000) und mit modernstem Gerät versehen. Aktuell wird die E-2C durch die vollständig erneuerte und verbesserte E-2D ersetzt. Neben der US Navy war bzw. ist die E-2 noch bei diversen anderen Betreibern und zwar Ägypten, Frankreich, Israel, Japan, Singapur, Mexiko und Taiwan im Einsatz, wenn auch nur Frankreich die Maschine ebenfalls trägergestützt einsetzt. Die E-2 wurde von Grumman auch als günstige Alternative für die E-3 Sentry im Einsatz für die NATO vorgeschlagen. Eine günstigere und leichtere landgestützte Version wurde für 18 Mio. US-Dollar angeboten, allerdings sollten auch 30 Flugzeuge notwendig sein.

Die Grumman E-1B Tracer war mit einem überdimensionalen Radom versehen, beherbergte das Hazeltine AN/APS-82 Radar.

Seit vielen Jahren spielt die Grumman E-2 Hawkeye eine herausragende Rolle als Frühwarnflugzeug für die US Navy. Sie ist auch für diverse weitere Streitkräfte im Einsatz, wobei nur Frankreich sie auch trägergestützt nutzt.

Britische Nachkriegsentwicklungen

Nach Ende des Krieges reduzierte Großbritannien seine Militärausgaben deutlich, was auch Entwicklungen aus dem Bereich luftgestützte Frühwarntechnik, in der das Land einst Vorreiter war, betraf. Somit musste einige Jahre später, als im Zuge der Korea-Krise kurzfristig Gerät zum Schutz der Royal Navy benötigt wurde, auf US-Produkte zurückgegriffen werden. Ende 1951 waren dies zunächst vier AD-4W Skyraiders, die bei der Royal Navy die Bezeichnung Skyraider AEW.Mk.1 erhielten. Insgesamt 50 Maschinen waren bei verschiedenen Staffeln in der Folgezeit im Einsatz und operierten sowohl von Flugzeugträgern als auch von Landbasen aus. Die insgesamt bescheidene Zuverlässigkeit sowie Probleme bei der Ersatzteilversorgung nährten den Wunsch, ein eigenes Frühwarnflugzeug zu entwickeln. Die im Jahre 1954 herausgegebene Anfrage gewann letztlich Fairey Aviation, die eine Modifikation der schon existierenden Fairey Gannet, eines U-Boot-Jägers, ins Auge gefasst hatten. Allerdings waren umfangreiche Änderungen der Zelle vonnöten. Die erste Gannet AEW.Mk.3 führte ihren Jungfernflug am 20. August 1954 durch. Es dauerte allerdings noch bis zum Februar 1960, bis die erste Einsatzstaffel (849 Naval Air Squadron) mit der ersten Serienmaschine den operationellen Flugbetrieb aufnahm. Die Gannet verfügte über das verbesserte AN/APS-20F-Radargerät, das unterhalb des Rumpfes eingebaut war und nicht nur hoch und tief fliegende Ziele in der Luft, sondern auch auf dem Wasser detektieren konnte. Insgesamt wurden 44 Gannet AEW.Mk.3 gebaut und verdienten sich bis zu ihrer Ausmusterung zum Ende des Jahres 1978 einen sehr zuverlässigen Ruf.

Parallel zur Royal Navy konzentrierte sich auch die Royal Air Force Anfang der 50er-Jahre wieder stärker auf das Thema luftgestützte Frühwarnung. Ab Ende 1952 unternahm man intensive und ausführliche Untersuchungen und Flugtests, um einerseits optimale Einsatzverfahren im Zusammenspiel zwischen Frühwarnplattform und Jagdflugzeugen zu ermitteln, aber auch, um wieder

Als Übergangslösung wurden für die RAF kurzfristig zwölf Avro Shackleton zur Version AEW Mk.2 umgebaut und erhielten u.a. das AN/APS-20F-Radar. Diese Maschine (WL757) der No. 8 Squadron befindet sich auf Patrouille in der Nähe Islands.

Eine russische Tu-126 im Flug. Der Entwurf basierte auf der zivilen Tu-114.

eigene Kompetenz auf diesem Gebiet aufzubauen. Dafür nutze man einige Lockheed P2V-5 Neptune, die mit AN/APS-20 ausgerüstet und als maritime Aufklärungsflugzeuge beschafft worden waren. Allerdings waren die Ergebnisse ernüchternd: Um eine wirksame Abdeckung der Britischen Inseln inklusive des Seeraumes erreichen zu können, wäre eine Flotte von deutlich über 20 Neptunes nötig gewesen, dies war allerdings nicht finanzierbar. Somit wurden die mehrere Jahre andauernden Versuche ohne konkrete weitere Projekte abgebrochen. Auch der Aufbau eines eigenen technischen Know-hows stockte und somit verließ sich Großbritannien in den 60er-Jahren auf die Gannets mit US-amerikanischer Radartechnologie.

Doch die Arbeiten an einem innovativen Radarsystem wurden weiter verfolgt, allerdings war hierfür ein jetgetriebenes Trägerflugzeug notwendig. Als logische Plattform bot sich die De Havilland Comet an, die auch als Seeaufklärer mit dem Namen Nimrod in der Entwicklung stand. Allerdings galt es aufgrund des Entwicklungsrückstands bei der Avionik zunächst eine Interimslösung zu finden. Man wählte die viermotorige Avro Shackleton, die als Seeaufklärer im Einsatz war und schon am 9. März 1949 ihren Erstflug gehabt hatte. Zwölf existierende Maschinen wurden von Hawker Siddeley unter anderem mit dem AN/APS-20F-Radar, dem AN/APX-7IFF-Abfragegerät und drei Arbeitsplätzen für Radar-Operateure modifiziert. Im April 1972 gingen die ersten Shackletons AEW Mk.2 bei der 8. Squadron in Dienst. Die RAF-Einheit operierte von Lossiemouth, Schottland, aus und hatte in den Folgejahren alle Hände voll zu tun, die regelmäßig erscheinenden sowjetischen Patrouillenflüge über der Nordsee zu lokalisieren und eigene Abfangjäger heranzuführen. Aufgrund der Entwicklungsprobleme mit der Nimrod AEW und der sich anschließenden Streichung des Vorhabens verblieb die Shackleton viel länger in Betrieb als zunächst geplant. Erst im Laufe der Jahres 1991 wurden die letzten Maschinen aus dem Betrieb genommen.

Die sowjetische Lösung

Wenn auch deutlich später als der Westen, so erkannten doch auch die sowjetischen Streitkräfte den Wert einer luftgestützten Frühwarnplattform. Die UdSSR war vor allem über die Arktis durch US-amerikanische Langstreckenbomber verwundbar und somit begannen Ende der 50er-Jahre konkrete Entwicklungsvorhaben. Wie auch im Falle der ersten westlichen Entwürfe, die gleichwohl schon zehn Jahre vorher stattgefunden hatten, sollte ein geeignetes Bodenradar, das über eine entsprechende große Reichweite verfügen musste, mit einem Trägersystem verbunden werden. Nach anfänglichen Tests mit der Tupolew Tu-95 fiel die Wahl auf die Tu-114, die der Tu-95 sehr ähnlich war, aber als Airliner über eine geräumige Druckkabine verfügte. Als Hauptsensor sollte das P-30-Kristall-Radar verwendet werden, das einen Durchmesser von 10 m und eine Höhe von 1,8 m aufwies und über eine Reichweite von ca. 300 km verfügte. Unter dem Codenamen Produkt L nahm Tupolew die Arbeiten auf und im Mai 1960 erteilte die sowjetische Luftwaffe den Serienauftrag zum Bau der Maschine. Am 23. Januar 1962 fand der Erstflug des nun mit Tu-126 bezeichneten Musters statt. Trotz diverser Probleme erfolgte die Einführung bei der Truppe im Jahre 1965. So störten z. B. die großen, gegenläufigen Propeller die Effektivität des Radars, weiterhin zeigte sich dieses nicht sonderlich leistungsstark gegen tief fliegende, kleine Ziele und gegen Ziele über Land.

Neben dem Prototyp wurden acht Tu-126 gebaut und anschließend in Siauliai in Litauen stationiert. Von dort unternahmen sie Einsätze über der Ostsee bis hinein in die Arktis. Die Tu-126 flog mit jeweils zwölf Mann Besatzung, weiterhin konnte eine vollständige Ersatzcrew an Bord Platz finden. Das Luftraum-Frühwarnsystem operierte oftmals eng mit dem Langstreckenabfangjäger Tu-128 zusammen und verfügte über eine effektive Datenübertragungsfähigkeit, um gewonnene Informationen an Bodenstationen weitergeben zu können. Die Tu-126, die den NATO-Code Moss trug, wurde 1984 außer Dienst gestellt und durch die Beriew A-50 ersetzt.

11408
S. AIR FORCE
U.S. AIR FORCE

AWACS entsteht

Die Entwicklung der Boeing E-3 Sentry

Der Einsatz fliegender Frühwarnsysteme hatte sich in den 50er-Jahren und Anfang der 60er-Jahre vor allem in den USA als sehr wichtiges Verteidigungselement in der Phase des kalten Krieges gezeigt. So konnten bei möglichen Angriffen einige sehr entscheidende Minuten Vorwarnzeit gewonnen werden und eigene Verteidigungsbemühungen in Form von Abfangjägern waren deutlich effektiver einsetzbar. Auch im Vietnam-Konflikt unterstrichen die eingesetzten AEW-Einsatzmuster von US-Navy und Air Force ihren hohen Wert für die eigenen Kräfte. Gleichzeitig gab es einige gravierende Einschränkungen zum einen durch die verwendete Radartechnik, zum anderen durch die Nutzung veralteter Trägersysteme. Bezüglich der Technik gab es z. B. deutliche Defizite, kleine tieffliegende Ziele zu sehen, und auch die Auffassung von Objekten über Land war durch die Bodenechos alles andere als zuverlässig. Die Trägerflugzeuge, sei es z. B. die Lockheed EC-121 oder die Grumman E-1B, waren noch mit Kolbenmotoren ausgerüstet, diese störten die Empfangsqualität, aber auch die mögliche Einsatzhöhe lag nicht im optimalen Bereich. Aus diesen Gründen fragte die US Air Force am 12. Juni 1963 konkret bei Herstellern die Lieferung eines modernen Systems an, das in der Lage sein sollte, über große Entfernungen und gleichermaßen leistungsfähig über Boden und über See kleine Ziele aufzufassen. Zuvor hatten sich aber die US Air Force intern, das Tactical Air Command (TAC) und das Air Defence Command (ADC) über die genauen Anforderungen einigen müssen: Während sich

Eine Lockheed Constellation trug als Testflugzeug ein sich drehendes Rotodome mit AN/APS-70 Radar. Sie war mit WV-2E bezeichnet.

das ADC nur ein hochfliegendes, leistungsfähiges Radar wünschte, suchte das TAC eine Plattform zur Führung eigener Verteidigungskräfte. Auch wenn ein System für alle Aufgaben komplexer werden würde, wurde vereinbart, diese Anforderungen in einer gemeinsamen Plattform unterzubringen.

Bezüglich der Radartechnik wurden u. a. Raytheon, General Electric, Westinghouse und Hughes angesprochen. Die Firmen Bunker-Ramo, IBM und Litton sollten Datenverarbeitungs- und Anzeigegeräte anbieten, Electronic Communication Inc. sowie Radio Cooperation of America schließlich bezüglich der Datenübertragung miteinander konkurrieren. Das passende Flugzeug für die Systeme sollte entweder von Douglas, Lockheed oder von Boeing kommen. So schickte Douglas seine DC-8, Lockheed eine stark modifizierte EC-121 sowie den C-141 Starlifter und Boeing die 707-320 ins Rennen.

Allerdings galt es, intensive Entwicklungsarbeit bezüglich der Radartechnologie zu leisten, denn das Vorhaben, niedrige Ziele über bergigem Gelände aufzufassen, zeigte sich als sehr ehrgeizig. Zunächst fand man keinen Weg, die vielen unterschiedlichen Rückstrahlimpulse der Landstrukturen ausreichend herauszufiltern. Deswegen startete man Anfang 1965 ein separates Entwicklungsprojekt, genannt Overland Radar Technology (ORT), das durch die drei Firmen Westinghouse, Raytheon und Hughes unabhängig voneinander vorangetrieben werden sollte. Als funktionierende Hardware der drei Hersteller zur Verfügung stand, wurde diese in einer modifizierten EC-121 getestet. Nur zwei Produkte, von Hughes und Westinghouse, präsentierten eine vielversprechende Technologie, sodass man sich in der Folgezeit auf diese beiden Firmen konzentrierte. In der Zwischenzeit waren aber weitere Anforderungen an das Radar durch die US Air Force formuliert worden: So galt es, ein mit einer Geschwindigkeit von Mach 4,5 tieffliegendes Flugobjekt zu orten. Die Darstellungsauflösung sollte mindestens 1 x 1 Meile betragen, weiterhin musste das Radarbild auf andere fliegende Plattformen oder an Bodenstationen übertragbar sein. Das Gesamtprogramm firmierte nun unter der Bezeichnung Airborne Warning and Control System (AWACS).

Das ORT-Projekt wurde im Laufe des Jahres 1967 abgeschlossen, anschließend formulierte die US Air Force eine detailliertes Anforderungskonzept, das gegen Ende 1967 durch das Verteidigungsministerium bestätigt wurde. Somit konnten Anfang 1968 konkrete Vertragsvorbereitungen beginnen. Dabei forderte das Verteidigungsministerium ein Vergleichsfliegen der beiden verbleibenden Radar-

In einer sehr frühen Phase wird ein Modell bei Boeing für den Windkanal vorbereitet. Das Radom befindet sich bei dieser Version auf dem Seitenruder. Weit über 1000 Stunden wurde im Windkanal getestet, um die ideale Konfiguration zu finden.

Präsentation von AWACS vor hochrangigen Vertretern der US Air Force. Das Modell verfügt hier noch über acht Triebwerke, wie anfangs geplant.

Um eine ideale Form des Radoms zu finden, wurden sechs Modelle, im Vordergrund zu sehen, mit verschiedenen Konturen auf einem speziellen Radar-Testgelände bei Boeing in Kent evaluiert. Sie wurden auf ein AWACS-Modell der Größe 1:7 montiert.

systeme, allerdings sollte zuvor das Trägersystem entschieden sein. Schon bald darauf entfielen die beiden Vorschläge von Lockheed. Boeing und Douglas wurden vom Verteidigungsministerium beauftragt, konkrete Angebote auszuarbeiten, dabei sollte ein sich drehendes Radom im hinteren Bereich des oberen Flugzeugrumpfes unterstellt werden. Beide Firmen arbeiteten in der Folgezeit mit Hochdruck an den Konzepten, Douglas auf Grundlage ihrer DC-8-62, Boeing wählte die 707-320B. Bei Boeing war es zunächst sehr wichtig, die zu erwartenden Flugeigenschaften einzuschätzen, die eine sich drehende Radarkuppel mit 9,14 Meter (30 Fuß) Durchmesser auf das Flugzeug bedeuten würde. Diverse Anordnungen wurden untersucht und in Modellen getestet, darunter auch eine, bei der das Radom und das Seitenleitwerk kombiniert waren. Diese Anordnung bedeutete aber einen großen Widerstand und ungünstige Gewichtsverteilung. Ein weiteres größeres Thema war die Triebwerkswahl. So versuchte Boeing Turbofantriebwerke, wie sie für die 747 vorgesehen waren, einzusetzen. Allerdings gab es zu diesem Zeitpunkt noch keine verfügbaren Aggregate mit dem gewünschten Schub und so wurden kurzerhand acht TF34-Triebwerke eingeplant, die je 9000 lb lieferten und somit für das Flugzeug 72.000 lb zur Verfügung stellen konnten. Der große Vorteil der acht Triebwerke war, dass pro Antrieb ein 90-kVA-Generator verwendbar war, sodass für die hohe notwendige elektrische Leistung, insgesamt 720 kVA, zur Verfügung standen. Ein weiteres Problem schien die Verfügbarkeit der 707 für die beiden Entwicklungsmaschinen zu sein, denn nur noch wenige neue 707 standen Ende der 60er-Jahre in der Produktion. Dies führte bei Boeing zu der Idee, alternativ auch eine 747 als AWACS anzubieten. Dieses Konzept sollte ein Radom mit 13 Meter Durchmesser verwenden und hätte sehr viel Zuladung und Entwicklungsmöglichkeit für die Zukunft geboten. Weiterhin wäre eine größere Reichweite möglich gewesen und auch die benötigte Stückzahl hätte reduziert werden können. Die US Air Force prüfte diesen Vorschlag aber nicht detaillierter und so blieb es vonseiten Boeing bei der 707-320B als Trägerflugzeug.

Die intensive Begutachtung der beiden Vorschläge führte dazu, dass die US Air Force am 9. Juli 1970 eine Entscheidung zugunsten des Angebots von Boeing fällen konnte. Kurz darauf, am 23. Juli 1970, erfolgte die offizielle Vertragsvergabe. Diese steckte das Volumen ab und sah die Lieferung von 42 AWACS für ca. 2700 Mio. US-Dollar vor, darin waren 880 Mio. US-Dollar Entwicklungskosten unter anderem auch für die Prototypen enthalten. Neben der Lieferung der Flugzeugzellen sollte Boeing für die Systemintegration der Komponenten verantwortlich zeichnen. Dies bedeutete für Boeing eine sehr wichtige Entscheidung, denn zu diesem Zeitpunkt standen viele Arbeitsplätze auf der Kippe und konnten durch diesen Auftrag gesichert werden. Verantwortlich für die Durchführung war die Boeing Aerospace Company, die ihren Hauptsitz in Kent, Washington, hatte. BAC kaufte später zwei 707-320 Passagierflugzeuge von der Boeing Commercial Airplane Company und rüstete diese aus.

Nach der Entscheidung für Boeing begannen dort die Arbeiten mit Hochdruck. Dies geschah zweigleisig, zum

Produktion einer AWACS-Maschine bei Boeing in Renton.

einen ging es darum, recht zügig zwei seriennahe Demonstrationsflugzeuge für die beiden konkurrierenden Radarsysteme zur Verfügung zu stellen, zum anderen begann die Entwicklung der Serienmaschine. Die beiden 707-320 erhielten zur Aufnahme des schweren Rotodoms sowie des Trägergestells im Heck bei Sektion 46 einen zusätzlichen Rumpfspant. Dieser Verstärkungsring war sehr massiv ausgelegt und ragte ca. 46 cm in die Kabine. Er musste nicht nur die statischen, sondern auch die dynamischen Lasten eines sich drehenden Radoms aufnehmen. Zum Ausgleich des Gewichts im Heck erhielten die Prototypen im vorderen Teil Ballast. Unter dem Rumpf wurde zusätzlich eine Wärmeaustauschhutze eingebaut. Die hinteren vier Fenster blieben offen, die anderen Fenster wurden verschlossen.

Eine wichtige Herausforderung war die Bereitstellung ausreichender elektrischer Energie. So wurden anstelle der üblichen 30-kVA-Generatoren an allen vier Triebwerken (für die beiden Prototypen waren die Standardtriebwerke JT-3D vorgesehen) 120-kVA-Aggregate verwendet. Dies machte die Verwendung angepasster Triebwerksverkleidungen nötig. Viele weitere kleinere Änderungen, insbesondere bei den Elektrik-, Hydraulik und Belüftungssystemen, waren zwar nötig, doch Boeing versuchte diese so minimal wie möglich zu halten.

Parallel arbeiteten die Systemlieferanten, vor allem natürlich Hughes und Westinghouse, mit Unterstützung von Boeing-Personal am Einbau ihrer Systemkomponenten. Nur etwas länger als eineinhalb Jahre nach der Auftragsvergabe erfolgte am 1. Februar 1972 auf dem Boeing-Werksflugplatz in Renton der Rollout des ersten Prototyps. Am 9. Februar 1972 hob die EC-137D (Registrierung 71-1407) zu ihrem 90-minütigen Jungfernflug ab. Die Bezeichnung, die nur für die beiden Prototypen verwendet wurde, leitete sich aus der C-137, der militärisch genutzten 707-Version, ab. An Bord dieser Maschine befand sich das Hughes-Radar. Einige Tage später folgte schon die zweite EC-137D (71-1408) mit dem Westinghouse-Radar.

Obwohl beide Radarsysteme auf dem Prinzip des Doppler-Effekts aufbauten, unterschieden sie sich in ihrer Arbeitsweise doch gravierend. Während Hughes nur eine Mittelbereichs-Impulsfolgefrequenz zur Unterdrückung der Störsignale nutzte, verwendete Westinghouse eine hohe Impulsfolgefrequenz. Das Hughes-Radar umfasste eine leichte, stark bündelnde Phasenabstrahlantenne, ein Hochleistungsdrehgelenk und eine Instrumentierung mit Ausrüstung, die Hughes ursprünglich für das taktische Luftüberwachungssystem 4071 der US Air Force entwickelt hatte. Das Hughes-System arbeitete mit einem phasen-

Die 71-1407 ohne Radome auf der Rampe von Boeing Field. Dort wurde das Radom montiert und von dort fand anschließend die Flugerprobung statt.

Zeremonie vor dem Rollout des ersten Prototypen am 1. Februar 1972 noch mit der Bezeichnung EC-137D.

Die Konsolen waren in den Prototypen noch gänzlich anders angeordnet, als im späteren Serienflugzeug.

Der zweite Prototyp (71-1408) entsteht bei Boeing.

Die intensive Flugerprobung fand auch von Flugplätzen statt, die sehr kalte Rahmenbedingungen boten.

Die Flugtests der beiden Prototypen, einer mit Hughes und einer mit Westinghouse-Radar ausgerüstet, liefen sehr intensiv. Im Ergebnis hatte das Produkt aus dem Hause Westinghouse die Nase vorne.

stabilisierten Strahl nach einem ähnlichen Prinzip, wie er auf Schiffen zum Bewegungsausgleich ohne Verwendung von mechanischen Kompensationsvorrichtungen verwendet wird. Zur Verarbeitung werden Analogdaten in digitale Daten umgesetzt.

Das Westinghouse-Radar verwendete zur dreidimensionalen Suche Monopuls- und Mehrfachstrahlen. Das System verfügte über einen leichten, geschlitzten Aluminium-Hohlleiter. Die elektronische dreidimensionale Abtastung der Höhe unter Verwendung eines Ferrit-Phasenschiebers machte bewegliche Teile überflüssig. Im Gegensatz zu herkömmlichen Konstruktionen, bei denen die Antenne in einer Glasfaserkuppel rotiert, waren die Antennensysteme fest eingebaut und drehten sich um eine auf Streben sitzende Plattform. Auf der einen Seite befanden sich die Überwachungs- auf der anderen Seite die IFF-Antennen.

Nach anfänglichen allgemeinen Flugtests durch Boeing begann die Erprobungsphase der beiden Radarsysteme schon ab 14. März 1972. Bis zum Abschluss am 31. August desselben Jahres wurden mit beiden Maschinen insgesamt 625 Flugstunden absolviert. Die zwei AWACS-Flugzeuge arbeiteten mit unterschiedlichen Zielen wie B-52, F-106 und F-4 zusammen, ohne dass diese ECM-Maßnahmen anwendeten. Die Versuche fanden über verschiedenen Untergründen wie Flachland, bergigem Gebiet und über Wasser statt.

Am 5. Oktober 1972 verkündete die US Air Force, was sich schon schnell angedeutet hatte: Das AN/APY-1 Radar von Westinghouse zeigte sich deutlich leistungsfähiger, vor allem bei den kritischen Flügen über bergigem Gebiet. Anfangs hatte man eigentlich Hughes den Sieg zugetraut, denn die Firma konnte im Zuge der Entwicklung des ultramodernen AN/APG-65-Radars für die F-15 sehr viel Knowhow in diesem Technologiebereich aufbauen.

Nach der Entscheidung ging es mit der 71-1408 sofort mit weiteren Tests der gesamten Avionik-Anlage weiter. Insgesamt 325 Stunden wurden geflogen, dabei besuchte die Maschine zwischen dem 10. und dem 30. April 1973 Europa und flog von Ramstein AFB und von Athen aus mehrere Einsätze. Dabei wurde das Zusammenspiel mit den diversen Bodenstationen und fliegenden Counterparts getestet.

Parallel schritt die Entwicklung des Serienflugzeugs voran, es sollte die Bezeichnung E-3A erhalten.

Im Rahmen der Erprobung und Leistungsermittlung besuchte die 71-1408 zwischen dem 10. und dem 30. April 1973 Europa und flog u.a. von Ramstein aus Einsätze. Dieses Bild entstand am 20. April 1973.

Die erste E-3A versehen mit Versuchsinstrumentierung.

Der erste Prototyp, zunächst noch mit dem Hughes-Radar ausgerüstet, wurde später zum E-3A-Vorserienflugzeug umgebaut und unternahm am 24. Februar 1975 seinen Jungfernflug.

11408

Der zweite Prototyp, ausgerüstet mit dem Westinghouse-Radar, zu Besuch auf der Edwards AFB, Kalifornien.

Stammbaum Boeing E-3 AWACS

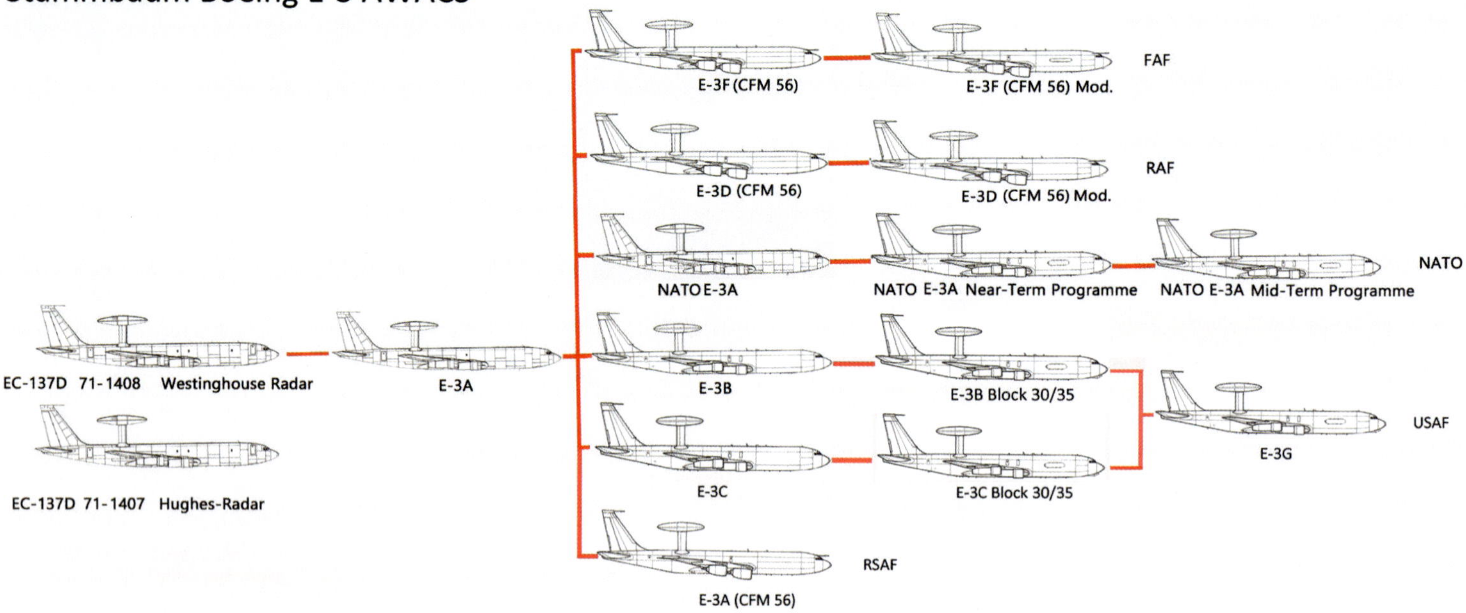

Eine wichtige Änderung zum ursprünglichen Plan betraf die Triebwerke: Nicht zuletzt aus Kostengründen rückten Boeing und die US Air Force davon ab, acht TF34 zu installieren. Dies hätte umfangreiche Änderungen bei der Flugzeug-Struktur sowie bei den Systemen nötig gemacht und auch der Zeitplan wäre betroffen gewesen. Als Alternative bot sich das Zweiwellen-Turbofantriebwerk Pratt & Whitney TF33, die militärische Version des JT3D, an. Das TF33 leistete 21.000 lb. Schub und war z. B. auch für die Lockheed C-141 Starlifter vorgesehen. Wichtig war weiterhin hier, wie schon bei der JT3D-Modifikation, die Installation von je zwei Generatoren zur Deckung des hohen elektrischen Energiebedarfs für die Avionik. Durch diese Maßnahme konnten insgesamt 600 kVA Leistung zur Verfügung gestellt werden. Ein weiterer Pluspunkt war die höhere Schubleistung mit 84.000 lb versus der 72.000 lb mit acht TF34. Der Nachteil war allerdings die geringere Reichweite durch die insgesamt durstigeren TF33. Als Konsequenz rückte die US Air Force von ihrer Forderung ab, dass AWACS ohne Luftbetankung 14 Stunden in der Luft bleiben können müsse. Stattdessen wurde nun eine maximale Flugdauer von 11,5 Stunden akzeptiert.

Im Zuge der weiteren Entwicklung dieser modernen und anspruchsvollen Ausrüstung war es nicht verwunderlich, dass sich in der Folgezeit Zeitverzögerungen und Kostensteigerungen ankündigten. Die höheren Preise resultierten aber zum Teil auch aus einer kleiner als angenommenen Produktionsrate. So hatte Boeing auf die Forderung der US Air Force hin die Lieferung von zwölf Maschinen ab 1975 eingeplant, der Kongress aber nur eine Abnahme von zunächst sechs Maschinen jährlich zugestimmt. Um das Kostenproblem in den Griff zu bekommen, plante man nun eine Reduzierung des Gesamtauftrags von 42 auf 34 AWACS-Maschinen. In dieser geringeren Anzahl sollten auch die beiden auf Serienstand gebrachten EC-137D sowie drei E-3A Vorserienflugzeuge beinhaltet sein.

Die tatsächliche Beschaffung sollte aber dem Prinzip »fly before buy« (also erfolgreiche Demonstrierung der Fähigkeiten vor der finalen Produktionsfreigabe) folgen. Somit galt es im Laufe des Jahres 1974 eine weitere ausführliche Test- und Erprobungsphase im Rahmen der sogenannten Systems Integration Demonstration (SID) zu absolvieren. Neben der Fähigkeits-Demonstration wie Zielauffassung und Verfolgung, Datentransfer zum Boden sowie zu anderen fliegenden Plattformen usw. gehörten das Verhalten beim Einsatz von Störmaßnahmen und eine detaillierte Betrachtung der erwarteten Instandhaltung zum Programm. Über 1000 Flugstunden wurden im Rahmen von Erprobungen und Evaluierungen bis Ende 1974 mit der EC-137D (71-1408) geflogen. Der Abschlussbericht bescheinigte AWACS für alle Teilstreitkräfte in seiner Rolle als Frühwarn- und Führungssystem einen großen Mehrwert. Die Systeme arbeiteten insgesamt sehr zufriedenstellend, allerdings wurden leichte Defizite beim Verfolgen von Zielen festgestellt, was Anpassungen bei der Computerprogrammierung erforderlich machte. Darüber hinaus stellte sich heraus, dass das ECM-System noch nicht befriedigend arbeitete.

Obwohl auch 1975 weitere Erprobungen folgten, erteilte US-Verteidigungsminister Dr. James Schlesinger im Februar 1975 die Produktionsfreigabe für die E-3A. Damit konnte die Serienfertigung bei Boeing beginnen. Insgesamt sollten 34 Maschinen beschafft werden, der Budgetrahmen war nun mit insgesamt 2,655 Mrd. US-Dollar eingeplant. Pro Jahr war die Lieferung von je sechs Maschinen vom Kongress freigegeben worden.

Am 1. Februar 1975 erfolgte der Rollout des ersten Vorserienflugzeuges. Es war die umgebaute, auf E-3A-Stand gebrachte erste EC-137D (71-1407). Die Maschine erhielt durch umfangreiche Arbeiten die volle Strukturlebensdauer und auch die TF33 Serientriebwerke wurden installiert. Es fehlte aber noch das Radargerät. Diese Maschine hob am 24. Februar 1975 zu ihrem 90-minütigen Testflug ab. Diese Maschine diente in der Folgezeit überwiegend für fliegerische Zulassungstests. Das zweite Vorserienflug, die neu gebaute E-3A (73-1674) flog im Juli 1975 erstmals.

Kurz darauf begann der Einbau der ersten serienmäßigen AN/APY-1-Radaranlage von Westinghouse in dieses Flugzeug. Derart ausgerüstet flog die Maschine am 31. Oktober 1975 zum ersten Mal, das war vier Wochen früher, als geplant. Anfang 1976 folgte das dritte Vorserienflugzeug, die 71-1675. Mit diesen Maschinen fand nun das ausgedehnte Erprobung- und Zulassungsprogramm für die E-3A statt. Parallel startete die Produktion der Serienflugzeuge. Obwohl das Programm insgesamt sehr zügig lief, ergaben sich nun doch Verzögerungen. Bis zur offiziellen Übergabe der ersten Maschine (75-0557) an den Einsatzverband, der 552nd AWACW (Airborne Warning and Control Wing) auf Tinker AFB, Oklahoma, dauerte es noch bis zum 24. März 1977. In der Folgezeit lieferte Boeing weitere 32 E-3 an die US Air Force aus, sodass der Verband insgesamt 33 Maschinen übernahm. Ein Flugzeug, die Vorserienmaschine 73-1674, verblieb dauerhaft bei Boeing, um dort als Test- und Entwicklungsmaschine zu fungieren. Sie wurde erst im April 2012 ausgemustert und steht heute auf der Davis-Monthan AFB in Arizona.

Nach der Produktion der Maschinen in Renton, erfolgte die Überführung der Flugzeuge zum Standort Boeing Field, südlich von Seattle. Dort wurden die Flugzeuge fertig ausgestattet, getestet und anschließend dem Kunden übergeben.

LX-N
90455

Das Airborne Early Warning & Control System für die NATO

Mitte der 70er-Jahre, nachdem der Krieg in Vietnam beendet war, keimte vor allem in den westlichen Staaten die Hoffnung auf, dies möge auch ein Ende der Ost-West-Konfrontationen bedeuten. Eine Entspannungsphase hatte sich eingestellt.

Wichtige Bausteine dieser Phase waren die bereits 1969 eingeleitete neue deutsche Ostpolitik und der Besuch des amerikanischen Präsidenten Nixon in Peking 1972, das im gleichen Jahr zwischen den USA und der UdSSR abgeschlossene erste Abkommen über die Begrenzung strategischer Waffen (SALT I) sowie die KSZE-Schlussakte von Helsinki im August 1975.

Allerdings war der Warschauer Pakt nicht wirklich an Abrüstung interessiert und investierte weiter im großen Stil in seine Streitkräfte.

Zu keinem Zeitpunkt war etwa die sowjetische Marine stärker gewesen als in den 70er-Jahren, wie ihre großen ozeanischen Manöver, etwa OKEAN 75, zeigten. Ebenfalls beunruhigte die Verschiebung der Einsatzrollen der sowjetischen Luftstreitkräfte von der Heeresunterstützung hin zu einem operativen Luftkrieg über große Reichweiten gegen die Basen und Verbindungslinien der NATO-Länder.

Im Rahmen eines NATO-Gipfeltreffens 1975 in Brüssel wurde deswegen eine umfassende Bestandsaufnahme der militärischen Fähigkeiten der Allianz und des Gegners ausgearbeitet und besprochen. Anschließend erhielt die Öffentlichkeit erstmals ausführlichen Einblick in die Einschätzung der aktuellen Lage.

Bezüglich der Fähigkeiten des Warschauer Paktes wurden u. a. folgende Punkte angeführt:

- Die militärische Stärke ist wesentlich größer, als sie zur Selbstverteidigung notwendig wäre.
- Nachdem die Sowjets mit den USA im Bereich der strategischen Nuklearwaffen gleichgezogen hatten, versuchen sie nun eine Vormachtstellung zu erreichen.
- In der konventionellen Rüstung der Staaten des Warschauer Paktes wurden qualitative Fortschritte gemacht, vor allem auf dem Gebiet der Offensivwaffen.
- Besonders die sowjetischen Marinestreitkräfte wären in der Lage, ohne Angriff auf NATO-Territorium gegen NATO-Marinestreitkräfte oder Seeverbindungswege eingesetzt zu werden.

Daraus resultierte für die NATO:

- Zumindest die Reduzierung der NATO-Einsatzkräfte muss gestoppt werden.
- Die Verteidigungshaushalte müssen die Inflationsrate und die steigenden Personalkosten voll ausgleichen und bei den meisten NATO-Mitgliedern steigende Mittel für neue Beschaffungen vorsehen.

Auf diese Empfehlung reagierten zumindest die USA schon im Fiskaljahr 1976 unter anderem mit zusätzlichen Mitteln für das strategische Bomberprogramm Rockwell International B-1, für das neue Lenkwaffen-U-Boot Trident, das neue, schwere Nahunterstützungs-Flugzeug Fairchild A-10 und auch weitere Ausgaben für das fliegende Frühwarn- und Kontrollsystem AWACS (Airborne Warning and Control System).

Letzteres schien enorm wichtig, um Lücken im Überwachungssystem für die kontinentalen USA, aber auch für den NATO-Bereich zu schließen. Zwar bestand in Europa von Großbritannien bis zur Ägäis das Radar-System NATO Air Defense Ground Environment System (NADGE), welches aber nach Experten-Meinung zu durchlässig war und eine beträchtliche Tieffliegererfassungslücke aufwies. Man wusste auch, dass insbesondere die sowjetischen Luftstreitkräfte in erster Linie Tieffliegerangriffe probten, um den westlichen Radarschirm zu unterfliegen.

Die Anfänge des AEW&C-Programms der NATO

In der Bundesrepublik Deutschland schätze man bis Ende der 60er-Jahre den militärischen Wert eines fliegenden Frühwarn- und Leitsystems nicht sonderlich hoch ein. Dies basierte allerdings auf der Einschätzung, dass durch tieffliegende Bomber und Jagdbomber keine große Bedrohung ausgehen würde. Die Existenz einer Tieffliegererfassungslücke der Radarsensoren des NATO Air Defence Ground Environment (NADGE) wurde allerdings während der tschechoslowakischen Krise 1968 offensichtlich. Die deutsche Luftwaffe war es dann auch, die auf diese beunruhigenden Erkenntnisse sehr rasch durch die Entwicklung und Beschaffung des nun so benannten Tieffliegermelde- und Leitdienstes (TMLD) reagierte. Allerdings wurde bald sichtbar, dass sich der TMLD zwar günstig in das bestehende Gürtelsystem der Verteidigung einpasste, jedoch drei unabdingbare Aufgaben nicht erfüllen konnte:

- eine weit in den gegnerischen Raum hineinreichende, zur strategischen und taktischen Frühwarnung unerlässliche Aufklärung
- die Abdeckung der offenen Flanken Mitteleuropas
- die großräumige und lückenlose Radarüberdeckung des eigenen Gebietes

Es lag insbesondere an grundlegenden physikalischen Gegebenheiten, wie der gradlinigen Radarausstrahlung, auf der Hand, dass diese Kapazität nur durch luftgestützte Sensoren gewährleistet werden konnte. Nie umstritten war in der deutschen Beurteilung die Bedeutung eines fliegenden Frühwarnsystems für die Nord- und Südflanken der NATO. Dabei wurde aber in der Regel nur der Wert einer verbesserten Radaraufklärung unmittelbar für die Kommandobereiche AFNORTH und AFSOUTH hervorgehoben. Weitgehend unbetrachtet blieb dagegen, dass gegen das Gebiet AFCENT gerichtete Vorstöße weitreichender und tieffliegender Luftstreitkräfte des Warschauer Pakts unter Umgehung des dichten Aufklärungs- und Verteidigungsgürtels in der Bundesrepublik Deutschland über der Norwegischen See und Nordsee bzw. den Alpenbereich unentdeckt einfliegen konnten.

Bei der Suche nach politisch gangbaren Lösungen für eine Einführung des AEW&C-Systems (Airborne Early Warning & Control) bei der NATO richtete die Konferenz der Nationalen Rüstungsdirektoren (CNAD) Arbeitsgruppen von nationalen Experten ein, um das Problem zu prüfen und Lösungsvorschläge auszuarbeiten.

So hatte man Anfang der 70er-Jahre ein AEW&C-Programm-Büro, unter Leitung eines britischen Air Commodore im NATO-Hauptquartier in Brüssel angesiedelt und ein Studienprogramm etabliert. Dieses Programm begann unter Aufsicht bestehender NATO-Gremien mit deutscher Beteiligung ab 1972 (BMVg FüL VI). Es sollte die Grundlage bilden für eine Bewertung der drei in Betrieb bzw. Planung stehenden Systeme; die von Grumman entwickelte und bereits im Einsatz befindliche E-2 Hawkeye, die E-3A AWACS von Boeing und die von den Engländern geplante Nimrod AEW. Aber auch die Kosten und die Einsatzerfordernisse von AEW&C galt es zu untersuchen. Nicht zuletzt sollten auch die Möglichkeiten der europäischen Partner-Nationen bezüglich einer Beteiligung an Offset-Arbeiten für die Überwachungssysteme geprüft werden. Die Empfehlung sollte anschließend an eine Planungsorganisation übergeben werden. Unter Leitung von Oberst Braune begleitete die Planungsabteilung das Projekt bis in das Jahr 1975.

Ab 1975 erhielt dann das »NATO AEW&C Programme Office« (NAPO) die Aufgabe übertragen, einen spezifisch umfassenden Vorschlag zu entwickeln, der die Grundlage für eine eventuelle Entscheidung der Verteidigungsminister bieten sollte.

Die Leitung der Military Factors Division innerhalb des NAPO sollte von einem deutschen Offizier übernommen werden. Diese Position hatte zwischen 1975 und 1977 Oberstleutnant Karl-Edward von Kospoth inne. Die Planungsgruppe bestand aus Engländern, Kanadiern, Amerikanern, einem Franzosen und mehreren deutschen Offizieren.

Die Hauptaufgabe bestand darin, die Möglichkeiten von AEW &C insbesondere im unteren Höhenband auszuloten und die operationellen Grundlagen für den Einsatz von AEW zu schaffen:

Als Erstes kam es darauf an, eine Kombination von technischem Gerät und technischen Möglichkeiten auszuwählen, die den militärischen Anforderungen genügte, wie sie von den drei NATO-Oberbefehlshebern, Oberster Alliierter Befehlshaber Europa (SACEUR), Oberster Alliierter Befehlshaber Atlantik (SACLANT) und dem Oberbefehlshaber Ärmelkanal (CINCHAN) definiert worden waren. Dazu gehörte die Notwendigkeit der Integration des AEW&C-Systems in das bestehende Bodenradarnetz der Luftverteidigung.

Zweitens mussten vernünftige Mittel und Wege gefunden werden, um eine gerechte und akzeptable Verteilung der wirtschaftlichen Vorteile der Anschaffung unter den beteiligten Ländern zu gewährleisten. Es begann quasi bei null, um das Basiskonzept mit seinem logistischen Anteil zu erarbeiten.

Innerhalb des bei der NATO in Brüssel geschaffenen NAPO wurden die Systemanforderungen aufgesetzt, definiert und präzisiert:
So stellte die NATO an ein Airborne Early Warning &Control (AEW&C) System im Wesentlichen folgende Forderungen:

- Erfassung, Identifizierung und Verfolgung tieffliegender Ziele sowie von Zielen in mittleren und großen Höhen
- Erfassung, Identifizierung und Verfolgung von Seezielen
- ECM-resistenter Datenaustausch mit Luftverteidigungs- und Marinesystemen bzw. -Einheiten
- Radarleitung/-unterstützung eigener Luftstreitkräfte

Der lange Weg bis zur politischen Einigung

Obwohl der militärische Bedarf einer fliegenden AEW &C-Plattform unumstritten war, bestand Mitte 1976 unter den NATO-Partnerländern noch kein gemeinsamer Wille zur Beschaffung eines derart teuren Systems. Zu diesem Zeitpunkt ging die Planung von insgesamt 32 Einheiten aus, die ca. 3 Mrd. US-Dollar kosten sollten. Als Konsequenz daraus wurde ein erster Vorschlag von den Verteidigungsministern abgelehnt. Großbritannien drängte allerdings auf eine zügige Entscheidung. Dort bahnte sich eine Lücke bei der nationalen Luftüberwachung an, Anfang der 70er-Jahre waren deswegen als Übergangslösung zwölf betagte Avro Shackleton entsprechend modifiziert worden. Im Entwicklungsstadium befanden sich zu dieser Zeit moderne Radar- und Fernmeldegeräte (unter anderem von Marconi-Elliott), die in die Hawker Siddeley Nimrod integriert werden sollten. Dieses Flugzeug befand sich bei der Royal Air Force schon als Seeaufklärer im Einsatz. Da die Entwicklungsgelder langsam zur Neige gingen, forcierte die britische Industrie eine rasche Entscheidung zugunsten der nationalen Lösung. Der britische Verteidigungsminister Frederick Mulley stand allerdings einem multinationalen Ansatz mit dem AWACS, unter maßgeblicher Beteiligung der heimischen Industrie, offen gegenüber. Er forderte allerdings einen Beschluss bis Ende des Jahres 1976. Die USA waren natürlich ebenfalls sehr an einem zügigen positiven Votum interessiert, denn das Beschaffungsprogramm der E-3A im nationalen Rahmen war schon im Gange und kämpfte mit steigenden Kosten. Eine größere Stückzahlbasis würde die Entwicklungskosten insgesamt reduzieren. Natürlich war

Während in Europa die Beschaffung von AWACS intensiv diskutiert wurde, erhielt die US Air Force Ende März 1977 ihre erste Serienmaschine.

darüber hinaus die US-Luftfahrtindustrie sehr interessiert an einer nahtlosen Weiterführung dieses hochwertigen Programms.

Das zweite Halbjahr 1976 stand im Zeichen, Wege einer essenziellen Kostenreduzierung und weitere Unterstützer für AWACS zu finden. Vor allem die USA nutzten vielfältige Kanäle, um die Verbündeten von dem Gemeinschaftsprojekt zu überzeugen. Dies gelang bald in Kanada und auch die Niederlande versprachen ihre Unterstützung. Für Kanada war eine Industriebeteiligung interessant, darüber hinaus bot die USA eine gemeinsame Überwachung von Teilen des Hoheitsgebiets in Nordamerika an. Deutschland, Italien und Belgien blieben allerdings aufgrund der hohen Kosten zurückhaltend. Im Oktober 1976 wurde ein neuer Vorschlag präsentiert, der 29 Flugzeuge zu ca. 2,4 Mrd. vorsah. Darüber hinaus sah man es als möglich an, weitere 300 Mio. durch Systemvereinfachungen einzusparen. Im Rahmen eines Treffens der NATO-Verteidigungsminister am 7. Dezember 1976, an dem auch der deutsche Amtsinhaber Georg Leber teilnahm, signalisierten alle Mitgliedsstaaten prinzipielle Unterstützung, so auch Leber. Allerdings blieben eindeutige Finanzierungszusagen aus, denn zunächst galt es konkrete Anteile für die Mitglieder zu verhandeln und zu verabschieden. Aufgrund des Zeitdrucks wurde gleich im Januar des Folgejahres ein erster Kostenverteilungs-Schlüssel vorgelegt. Dieser sah für die Mitglieder USA, Großbritannien, Kanada und Deutschland besonders große Beiträge vor, allerdings sollten diese Staaten auch durch Industriebeteiligungen profitieren:

- Belgien: 60 Mio. (jeweils US-Dollar)
- Dänemark: 40 Mio.
- Deutschland: 615 Mio.
- Frankreich: 250 Mio.

- Griechenland: 5 Mio.
- Großbritannien: 450 Mio.
- Italien: 100 Mio.
- Kanada: 180 Mio.
- Luxemburg: 2 Mio.
- Niederlande: 60 Mio.
- Norwegen: 30 Mio.
- Portugal: 5 Mio.
- Türkei: 20 Mio.
- USA: 670 Mio.

Italien erklärte allerdings, zunächst nur einen symbolischen Beitrag von 1 Mio. USD leisten zu können. Weiterhin stellte Frankreich ein Wackelkandidat dar. Zwar kein Mitglied der NATO-Kommandostruktur (wie übrigens auch Griechenland nicht), hatte Frankreich das Vorhaben von Beginn an begleitet und unterstützt, unter anderem durch finanzielle Beiträge bei Voruntersuchungen. Trotzdem stand die französische Luftwaffe dem Programm skeptisch gegenüber, sodass NATO-Offizielle nicht wirklich von einem Einsteigen Frankreichs ausgingen.

Deutschland war mit diesem Schlüssel nicht einverstanden und lehnte ihn ab. Dem Beitrag von 615 Mio. stand ein Gegenwert von nur ca. 200 Mio. an Aufträgen für die heimische Industrie gegenüber. Dies war sehr viel weniger als die USA und auch Großbritannien erwarten konnte, auf der Insel sollte AWACS überdies stationiert sein.

Im Februar 1977 traf der britische Verteidigungsminister Frederick Mullay seinen Amtskollegen Georg Leber in Koblenz. Er wollte einen Eindruck gewinnen, ob eine zügige Entscheidung mit Deutschland möglich sein würde. Leber ging allerdings davon aus, dass die Briten sich schon zugunsten der Nimrod festgelegt hatten. Mullay konnte hingegen nicht den Eindruck gewinnen, dass Deutschland an einer schnellen Entscheidung mitwirken würde. Dies bezog sich aber insbesondere auf die Höhe des deutschen Beitrags und auf mögliche Rückflüsse für die deutsche Industrie. Tatsächlich legte Leber das Programm schon am 3. März 1977 dem Verteidigungsausschuss des Bundestages vor, der prinzipiell zustimmte, aber sechs Bedingungen mit auf den Weg gab:

1. Das Vorhaben sollte ein NATO-Programm sein;
2. Der militärische Wert muss nachgewiesen sein;
3. Die Finanzierung muss gesichert sein;
4. Der deutsche Anteil muss deutlich unter dem US-amerikanischen liegen,
5. Andere Beschaffungsprogramme sollen nicht eingeschränkt werden;
6. Die Beteiligung der deutschen Industrie soll zufriedenstellend sein.

Auf der folgenden NATO-Ministerkonferenz am 25. März 1977 setzte Frederick Mullay die Kollegen unter Druck: Wenn bis zum 31. März keine Einigung möglich wäre, müsse Großbritannien den nationalen Weg weitergehen. Trotz großer Unterstützung durch die USA und Kanada konnte keine Einigung erreicht werden. Weiterhin war vor allem die Finanzfrage ungeklärt. Konsequenterweise erklärte Großbritannien am 31. März 1977 für ihren Anteil des AEW-Programms die Nimrod in eigener Regie weiterzuentwickeln und national betreiben zu wollen.

Als Resultat dieser Entwicklung musste das Programm nun komplett neu bewertet werden. Die Briten planten insgesamt elf Nimrod, bei der geplanten Gesamtzahl von 29 Systemen bedeutete das 18 AWACS für die restlichen Staaten. Die Ausarbeitung eines neuen Vorschlags nahm allerdings noch einige Zeit in Anspruch, denn insbesondere Deutschland suchte nun den entstandenen Freiraum offensiv für sich zu nutzen. Kurzzeitig versuchte man sogar eine europäische Planungsgruppe als Gegengewicht zum großen Einfluss der USA zu etablieren. Dies scheiterte ebenso wie der Vorschlag, den Airbus A300 als Sensorträger ernsthaft berücksichtigt zu sehen. Weiterhin brachte Deutschland ins Spiel, zunächst nur ca. zehn AWACS für den zentralen NATO-Bereich zu ordern und erst später weitere Maschinen für Nord- und Südeuropa zu beschaffen. Dies würde aber zu höheren Stückpreisen führen und wurde deswegen nicht ernsthaft weiterverfolgt.

Zwischenzeitlich lag eine neue Kostenschätzung für 18 AWACS vor: Ca. 2 Mrd. US-Dollar müssten durch die Mitglieder aufgebracht werden, nur 400 Mio. weniger als früher für 29 Maschinen geschätzt.

Am 12. September 1977 traf eine US-Delegation deutsche Vertreter unter der Leitung von General Wolfgang Altenburg, dem späteren Generalinspekteur der Bundeswehr. Deutschland war nach dem Ausscheiden Großbritanniens nun der wichtigste Partner der USA. Es galt nun, einen tragbaren Kompromiss mit den zurückhaltenden Deutschen zu erreichen. Das Treffen verlief sehr erfolgreich, denn die US-Amerikaner deuteten einen höheren eignen Anteil an und versprachen Kostenreduzierungen für das Gesamtprogramm. Gleichzeitig versprach man Unterstützung für eine sehr wichtige Forderung Altenburgs: Der Standort von NATO-AWACS sollte in Deutschland liegen. Ein derartiger Entscheid böte für Deutschland zwei wichtige Nebenwirkungen: Der Betrieb der E-3A hätte deutliche ökonomische Effekte, vor allem im lokalen Umfeld des Standorts in einem eher strukturschwachen Gebiet. Darüber hinaus würde ein Bekenntnis der NATO zu einem deutschen Standort für weiteren politischen Rückenwind für das Vorhaben sorgen.

Beim Treffen mit den US-Kollegen einigte man sich darüber hinaus darauf, dass der bis dahin noch unterstellte Beitrag Frankreichs endgültig herausgenommen werden sollte.

Am 29. September 1977 trafen sich dann Spezialisten aller beteiligten Nationen, um weiter an einer Lösung des Finanzierung- und Verteilungsproblem zu arbeiten. Belgien war z. B. sehr unzufrieden mit der Entwicklung und forderte eine Verknüpfung an das jeweilige Bruttosozialprodukt des Staates. Dies hätte aber zu einem enormen Anstieg des US- und auch des deutschen Anteils geführt. Weitere Ansätze wurden diskutiert, doch letztlich wurde auch hier keine Einigung erzielt. Im Nachgang dieses Meetings trafen sich dann wieder Vertreter aus den USA, Deutschland und Kanada, um ein gemeinsames Vorgehen festzulegen. Die USA würden nun ca. 800, Deutschland 590 und Kanada 175 Mio. US-Dollar übernehmen. Die Niederlande, Dänemark, Norwegen und Luxemburg unterstützten diesen Vorschlag und standen voll hinter AWACS. Türkei und Griechenland waren insgesamt positiv gestimmt, Italien und Portugal hatten noch Probleme mit ihren finanziellen Zusagen. Belgien blieb aber weiterhin kritisch eingestellt.

Nach weiteren Beratungen stand endlich zum 10. Januar 1978 ein Kompromiss, der von keiner Regierung, auch nicht von Belgien, abgelehnt wurde. In all dieser Zeit spielte das NATO Planning Organisation Office (NAPO) eine zentrale und sehr wichtige Vermittler-Rolle.

Am 9. Februar 1978 trafen sich ein weiteres Mal Delegierte der Mitgliedsstaaten bei der NATO, um das Thema zu beraten. Unter der Leitung von Dr. Hans Padberg, Abteilungsleiter Haushalt aus dem Verteidigungsministerium, ging es erneut um die Höhe des Beitrages. Deutschland wünschte sich eine Reduzierung auf 550 Mio. und erklärte, aufgrund diverser Beschaffungsvorhaben erst ab 1982 Zahlungen leisten zu können. Weiterhin stand abermals das Thema Frankreich und Italien auf der Tagesordnung. Sollte Italien auf den symbolischen Beitrag bestehen und gleichzeitig Frankreich, wie zu erwarten war, nicht doch einsteigen, müsse die Anzahl der zu beschaffenden Systeme auf 16 begrenzt werden. Im Anschluss an dieses Treffen versuchte insbesondere die USA eine Vereinbarung mit Italien zu ermöglichen, um die fehlende Finanzierungszusage endlich zu erhalten. Im Rahmen direkter Gespräche zwischen dem US-Verteidigungsminister Harold Brown und seinem italienischen Amtskollegen Attilio Ruffini konnte die italienische Seite dazu gebracht werden, ihren geplanten Beitrag von 100 Mio., wenn auch später und in Raten, aufzubringen. Zusammen mit zwischenzeitlich von US-Seite zugesagten weiteren Systemeinsparungen von ca. 70 Mio. stand nun endlich ein Finanzierungskonstrukt. Dieses wurde von Joseph Luns, dem Generalsekretär der NATO, in ein umfangreiches Memorandum gefasst und lag bis zum 31. März 1978 den Partnerländern vor. Leider zu spät, um von allen Mitgliedern geprüft zu werden und für das anstehende Frühjahrstreffen der Verteidigungsminister aufzubereiten.

In dieser Phase ergab sich in Deutschland eine wichtige Veränderung: Dr. Hans Apel hatte am 17. Februar 1978 das Amt von Georg Leber übernommen und startete mit dem Ehrgeiz die teuren Rüstungsprogramme zu hinterfragen, darunter natürlich NATO AWACS. Trotz intensiver Unterstützung für das Programm durch General Altenburg und auch durch Dr. Karl Schnell, Staatssekretär im Verteidigungsministerium, verkündete Apel anschließend öffentlich, AWACS müsse aus Kostengründen mindestens zwei Jahre verschoben werden.

Derartige Ankündigungen hörte man in Washington nicht gerne, denn die Zeit drängte.

Apel ließ sich weiterhin nicht beirren und beharrte auf weitere Kompensationsgeschäfte aus den USA, insbesondere deutsche 120-mm-Panzerkanonen (Umfang bis zu 120 Mio. US-Dollar), der Kauf nichttaktischer Fahrzeuge und ein taktisches Fernmeldesystem standen zur Diskussion. Es folgten Monate, in diversen bilateralen Diskussionen, die zwar Absichtserklärungen aus den USA bezüglich dem Kauf deutscher Rüstungsgüter beinhalteten, aber keine konkreten Verträge erbrachten.

Parallel starteten die Niederlande den Versuch, die NATO AEW&C Programm Management Agency (NAPMA) als Kompensation ihrer Beiträge ins Land zu holen. Eigentlich war als Standort für diese Organisation, die den Betrieb und die Weiterentwicklung des Systems managen sollte, Brüssel vorgesehen. Mittlerweile war als Standort der E-3A schon Geilenkirchen in Nordrhein-Westfalen ausgewählt worden, direkt an der niederländischen Grenze gelegen. Dort fürchtete man eine nicht geringe Lärmbelästigung, ein weiterer Grund für die Regierung in Den Haag einen

Das Ziel, AWACS
für die NATO.

Ausgleich zu fordern. Durch eine politische Übergangsphase politisch geschwächt, konnte Belgien diesem Begehren nicht viel entgegensetzen, und mithilfe der USA verständigte man sich schließlich auf das niederländische Brunssum als Sitz der NAPMA.

Das Ende des Jahres 1978 anstehende NATO-Verteidigungsministertreffen führte auf seiner Agenda endlich den wichtigen Tagesordnungspunkt E-3A AWACS zur finalen Entscheidung. Obwohl Deutschland über das Jahr hinweg nicht viel Konkretes mit dem Partner USA erreicht hatte, legte man, wenn auch erst sehr kurz vor dem Treffen, den Grundstein für die Zustimmung. So stimmte der Verteidigungsausschuss am 28. November 1978 mit 24 zu drei Stimmen für NATO AWACS, zwei Tage später folgte der Finanzausschuss des Bundestages. Folgende Finanzaufteilung für die erwarteten Gesamtkosten von 1,826 Mrd. US-Dollar wurde nun zugrunde gelegt:

- Belgien: 49,9 Mio. (jeweils US-Dollar)
- Dänemark: 30,5 Mio.
- Deutschland: 560,8 Mio.
- Großbritannien: 19,4 Mio.
- Griechenland: 12 Mio.
- Italien: 102,2 Mio.
- Kanada: 178,6 Mio.
- Luxemburg: 1,8 Mio
- Niederlande: 60,1 Mio.
- Norwegen: 24,8 Mio.
- Portugal: 1,5 Mio.
- Türkei: 15,3 Mio.
- USA: 769,1 Mio.

Damit konnte der letzte Akt beginnen, die Sitzung der Verteidigungsminister am 5. Dezember 1978 im NATO-Hauptquartier in Brüssel unter der Leitung von NATO-Generalsekretär Joseph Luns. Nachdem alle Minister gesprochen hatten, unter ihnen auch Hans Apel, war klar, dass eine finale Bestätigung des Multilateral Memorandum of Understanding möglich war. Obwohl alle Minister, außer der Luxemburgs, Bedingungen formulierten, die anschließend auch Eingang in das Unterschriftendokument fanden, stand schließlich am 6. Dezember 1978 einer Einigung nichts mehr im Weg. Einige Wochen später akzeptierte auch Griechenland, das nicht an der Konferenz teilgenommen und das Memorandum unterschrieben hatte, den Vertag. Dies allerdings unter derselben Bedingung, die auch die Türkei gestellt hatte: Aufbau einer Forward Operating Base (FOB) in ihrem Land aus politischen, aber auch aus wirtschaftlichen Gründen. Obwohl militärisch nicht wirklich nötig aufgrund der Nähe zur Türkei, erhielt auch diese Forderung Zustimmung.

Nach zweieinhalb Jahren intensiver Verhandlung war endlich eine Vereinbarung zustande gekommen und NATO AWACS konnte an den Start rollen.

Deutschland konnte zufrieden sein, auch wenn die zusätzlich geforderten Aufträge aus den USA in den Folgemonaten nicht, wie von den USA angekündigt, eintrafen, was im Laufe des Jahres 1979 zu Verstimmungen führte. Erst später wurden die Aufträge realisiert, z. B. durch eine Bestellung von Mercedes-Fahrzeugen für die US-Army in Europa. Insgesamt konnte ein großer Anteil bei Bau und anschließender Instandhaltung für die heimische Industrie gesichert werden, darüber hinaus war der Einsatzstandort des Systems in Deutschland angesiedelt.

Großbritannien erhielt einen Beobachterstatus im Lenkungsausschuss und war somit laufend über den Status informiert. Gleichzeitig setzte man die Partner über den Stand bei Nimrod in Kenntnis. Ein wichtiges Ziel war ja, eine Interoperabilität der beiden Systeme sicherzustellen.

Die Beschaffung beginnt

Im Dezember 1978 wurde das Referat FüL VII 6/ SysB Fliegende Frühwarnsysteme etabliert und Oberst i.G. Karl-Edward von Kospoth als Systembeauftragter eingesetzt (später mit FüL VII 5 zusammengelegt).

Gemäß Rüstungsrahmenerlass führte, koordinierte und verantwortete der Systembeauftragte das Gesamtprogramm mithilfe einer Arbeitsgruppe aus Vertretern FüS, FüL, Abteilung Haushalt, Hauptabteilung Rüstung, Abteilung Unterkunft & Liegenschaften, BWB, GenwRüst. etc. Er vertrat das Programm in der NATO (NAPMO) sowie auch im Verteidigungsausschuss und Haushaltsausschuss des Deutschen Bundestages.

Ziele und Bedingungen des NATO AEW&C-Programms wurden in einem Multilateral Memorandum of Understanding klar geregelt. Die Umsetzung vieler Details gestaltete sich im Alltag aber schwierig, denn es galt, jeweils 13 nationale Stellen zu beteiligen. Ein derart komplexes multinationales Projekt stellte für alle Partner Neuland dar und führte somit teilweise zu zähem Ringen.

Der erste NATO E-3A Mission Crew-Lehrgang bei Boeing in Seattle begann im Januar 1981.
Sitzend von links nach rechts: Hpm. Matthias Schneider, Hpm. Peter Hellwig und Olt. Max Jakobsmeier. Stehend von links nach rechts: Oberstabsfeldwebel Axel Friedrich, Olt. Johann Stock, Hpm. Jarl Westvang (norw. Luftwaffe), OFW. Volker Wodtke, OFW Joachim Staib, Oberstabsfeldwebel Jens Uthe, OFW Friedrich Reinecke, OTL Peter von Groddeck, Olt. Johann Leduc, Major Walter Ludwig und Ray Taniguchi, Ausbildungsleiter bei Boeing.

Mittlerweile hatte man die erste NATO N-1 AWACS Maschine, 90442, im Boeing Werk Renton soweit fertig gestellt, dass sie aus der Halle rollen konnte. Es wird noch einen Monat dauern, bevor man sie flugfähig zum Boeing Field nach Seattle überführen kann. Im Abnahmegespräch: v.l.n.r Oberstleutnant John MacDonald der Kanadischen Luftwaffe bei NATO AEW Control Management, Oberstleutnant William Wittress, AFPRO und Slim Russell, NATO E-3A AFPRO Manager.

Im Boeing-Werk Renton entsteht im Jahre 1980 das erste Segment der NATO N-1 AWACS-Maschine.

Eigentlich wollte die NAPMA zum 1. Januar 1979 das Teilpaket Flugzeug an die Firma Boeing vergeben, es dauerte dann aber noch bis zum 12. April 1979. An diesem Tag wurde das Abkommen (Acquisition Agreement) zur Beschaffung von 18 E-3A-Flugzeugen zwischen der NAPMA und der US-Regierung mit Zuhilfenahme eines US-Projektbüros (es gab einen Rahmen- Liefervertrag zwischen Boeing und dem US-Projektbüro) unterzeichnet.

Schon bald darauf begann die Produktion und im August 1979 präsentierte die Boeing Commercial Airplane Company im Werk Auburn das erste gefertigte Rumpfteil für die NATO E-3A.

Die Beschaffung der 18 Systeme lag in der Verantwortung des US Secretary of Defence, delegiert an den Secretary of the US Air Force, der damit wiederum das US Air Force Systems Command, Electronics Systems Division beauftragte. Das zuständige »Systems Program Office« (SPO) war in Hanscom Air Force Base, Massachusetts, stationiert und arbeitete eng mit der NAPMA zusammen. Der Ablauf des Programms wurde vom multinationalen Lenkungsausschuss (NAPMO Board of Directors; der deutsche Sprecher war der Systembeauftragte) gesteuert und überwacht.

Als Waffensystembeauftragter hatte, mittlerweile zum Brigade General befördert, von Kospoth bereits im Jahre 1978 50 bis 60 Vertreter der deutschen Luft- und Raumfahrtindustrie, in das BMVg eingeladen und ihnen das Programm vorgestellt. Es wurde diskutiert, wie die sich anbahnende Industriebeteiligung aussehen könnte. Aus der großen Anzahl Firmen kristallisierten sich am Ende einige wenige heraus, die konkret interessiert bzw. in der Lage waren, einen Beitrag zu leisten. Das waren neben AEG-Telefunken und Siemens unter anderem auch Messerschmitt-Bölkow-Blohm und Dornier für den Systemeinbau und für den Bereich Instandhaltung.

Der kleine Löwe

Auch Kuriositäten begleiteten das AWACS-Beschaffungsprogramm. So galt es sich im Rahmen der Beschaffungsplanung Gedanken über die Zulassung der Maschinen zu machen, man kam jedoch mit den Partnern zunächst nicht zu einem Ergebnis. Frankreich, obwohl Nichtmitglied, hatte sich früh gegen eine Kennzeichnung mit dem NATO-Symbol gestellt und eine Registrierung bei einer nationalen Behörde gefordert. Luxemburg bot sich dafür an. Der Haken dabei war allerdings, dass Schäden bei einem eventuellen Unfall ebenfalls dem Großherzogtum zugefallen wären. Dies war für Luxemburg inakzeptabel. Es kam zu heftigen Kontroversen im luxemburgischen Parlament, die erst verstummten, als die NATO das Land schriftlich von der Haftung befreite.

Die Haftungsfrage führte nun allerdings zum Streit zwischen den USA und der Bundesrepublik. So schlugen Vertreter der USA vor, dass 25% der Schäden von dem Staat getragen werden sollten, in dem die Schäden auftreten würden. Die restlichen 75% sollten dann nach dem Verteilungsprinzip auf alle am Projekt beteiligten NATO-Partner umgelegt werden. Das konnte Deutschland nicht gefallen, da die Flugzeuge in der Mehrzahl in Geilenkirchen stationiert sein würden und nach Erhebungen die meisten Unfälle bei Start und Landung passierten. Das hätte bedeutet, dass Deutschland zusätzlich zu den 25% noch weitere 30% des Beteiligungsanteils zu übernehmen gehabt hätte. Aus diesem Grund drängte Deutschland auf eine andere Lösung. Um das gesamte Programm nicht zu verzögern, lenkte die USA schließlich ein und die NATO übernahm die gesamte Haftung. Ende März 1982 billigte das Luxemburger Parlament die Registrierung der E-3A in ihrem Land und das Aufbringen eines luxemburgischen, von einem Grafiker erstellten Hoheitsabzeichens an den 18 Maschinen.

Die industrielle Beteiligung

Die E-3A wurde, unter Einschaltung der amerikanischen Luftwaffe als Agent für die NATO, von der Firma Boeing Aerospace Company (BAC) gebaut. Boeing wiederum vergab im Rahmen der vereinbarten industriellen Zusammenarbeit Unteraufträge an kanadische und deutsche Firmen der Rüstungsindustrie.

Die deutsch-kanadische industrielle Beteiligung bestand aus der Fertigung großer Teile der Elektronik, aus Teillieferungen zum Radarsystem, aus der Einrüstung der Elektronik in das Trägerflugzeug und aus dem Überprüfen des integrierten Systems am Boden und im Flug.

Um den Einrüstungsauftrag bewarben sich die Messerschmitt-Bölkow-Blohm GmbH und die Dornier Reparaturwerft GmbH (DRW). Die Dornier Reparaturwerft in Oberpfaffenhofen wurde im Februar 1979 von Boeing mit der Durchführung der als »Installation and Check-out« bezeichnenden Arbeiten für 18 NATO E-3A-Flugzeuge beauftragt.

Der Vertrag umfasste die Einrichtung und Prüfung von Speziallabors, Testanlagen und Änderungen der Infrastruktur.

Weitere involvierte deutsche Unternehmen waren:

AEG-Telefunken

Das Unternehmen AEG-Telefunken war an der Avionik mit dem Nachbau wesentlicher Komponenten des Frühwarnradars und von Bordfernmelde-Komponenten der Firmen Westinghouse und Boeing beteiligt. Bei den Fernmelde-Komponenten handelte es sich im Wesentlichen um Bedienkonsolen und Anzeigegeräte einschließlich der Verkabelung für Fernmeldegeräte, die von anderen Herstellern geliefert wurden. Diese Komponenten wurden während der Installations- und Check-out-Phase unter Mitwirkung von AEG-Telefunken bei Dornier in die Flugzeuge eingebaut.

ESG

Zusammen mit dem Hauptauftragnehmer Boeing Aerospace entwickelte ESG in einem integrierten Software-Team das Softwaresystem für die E-3A. Ziel dieser Entwicklung war die Erstellung einer Standard-Software, die sowohl für die E-3A-Flugzeuge der NATO als auch diejenigen der US Air Force zur Anwendung kommen sollte. Eine besondere Herausforderung dabei waren die neuen Computersysteme des Waffensystems. So wurde der Zentralrechner IBM 4 CC-1 durch den schnelleren, mit zusätzlichen Magnetspeichern ausgerüsteten IBM 4 CC-2 ersetzt und die für die Programmentwicklung erforderliche Rechenanlage IBM 310/155 gegen die modernere Anlage IBM 310/3031 ausgetauscht sowie ein neuer Simulationsrechner für die Echtzeit-System-Simulation einbezogen. Hauptaufgabe war die Programmentwicklung für den Zentralrechner. Dieses AOCP genannte Programm lief auf dem IBM 4 CC-2-Rechner ab und verarbeitete die Daten der Untersysteme Radar, IFF, Navigation und Kommunikation, damit den Operateuren die Luft- und Seelage auf verschiedenen Mehrzweck-Sichtgeräten dargestellt werden konnte. Das gesamte Softwaresystem umfasste ca. 4 Mio. Rechenbefehle, die auf verschiedenen Rechnern in ca. 60 unterschiedlichen Programmen abliefen. Den vielfach größeren Anteil bildet die Unterstützungssoftware, die auf den Rechnern der Entwicklungs-, Simulations- und sonstigen Bodeneinrichtungen ablief. Das Aufgabengebiet der ESG innerhalb des integrierten Software-Teams erstreckte sich von der Analyse der Systemforderungen über die Konzepterstellung, den Entwurf, die Softwareentwicklung, -integration und -tests bis hin zur endgültigen Softwareabnahme durch den Auftraggeber. Damit hatte ESG das Know-how für den Softwarebetrieb und Softwarepflege sowie die Systemweiterentwicklung erworben.

Siemens

In Lizenz des amerikanischen Entwicklers und Herstellers Hazeltine Corporation fertigte Siemens 18 komplette Systeme »Data Display Control and Functional Group (DDCFG)“. Das DDCFG bestand aus mehreren Sichtgeräten einschließlich zentraler Digitalsteuerung. Es wurde eingesetzt zur Auswertung der zahlreichen Radarfunktionen sowie zur Funktionsüberwachung anderer Bordsysteme und deren Kontroll- und Steuerungsaufgaben. Aufgrund der unterschiedlichen Maßsysteme, Fertigungs-und Prüfungsverfahren gab es eine sehr enge Zusammenarbeit zwischen Siemens und Hazeltine.

Das erste System wurde nach einer technisch und zeitlich umfangreichen Prüfung Anfang 1981 an Dornier geliefert, um in das erste Trägerflugzeug eingebaut zu werden. Während der Installations- und Check-out-Phase waren Siemens-Spezialisten dabei, um das DDCFG in Betrieb zu nehmen und funktionsbereit zu halten. Darüber hinaus hatte man Siemens ausgewählt, die von Hughes Aircraft entwickelten und hergestellten ERCS-Terminals (ECM Resistant Communication System) in Lizenz zu fertigen. Die ERCS-Terminals wurden in die Flugzeuge und Bodenstationen eingebaut und gewährleisteten eine störungssichere Datenübertragung.

SEL (Standard Elektrik Lorenz)

Dieses Unternehmen war an der Fertigung des Avionik-Systems für die AWACS-Flotte der NATO mit dem Nachbau gewisser Komponenten des Zentralrechners der Firma IBM-FSD beteiligt. Nach Abschluss der »Process Verification« wurde mit der Produktion im Januar 1980 termingerecht begonnen, sodass die erste Hardware im Oktober 1980 zur Verfügung stand. Gemeinsam mit anderen Elektronikfirmen nahm SEL auch an der Installations- und Check-out-Phase teil.

Diehl

Der Geschäftsbereich Elektronik im Unternehmensbereich Wehrtechnik der Firma Diehl erhielt von Boeing einen kleinen Auftrag, der unter dem Oberbegriff »Bodenprüfgeräte« 20 verschiedene Testboxen, drei Typen Testkabel, einen Satz Leiterplatten, einen Transportkasten, eine Aufnahmevorrichtung und einen Ventilatorenaufbau umfasste. Der Aufwand für Vorbereitung, Umsetzen der US-Zeichensätze, Auslösen der Bestellungen usw. war unverhältnismäßig hoch, da die Stückzahl sich in Grenzen hielt.

CAE GmbH

Zuständig für die Simulatoren

Am 19. März 1981, genau um zwölf Uhr mittags, landete die Test Crew von Boeing, Westinghouse und von Dornier mit der ersten NATO E-3A, LX-N90442 nach ihrem Überführungsflug aus Seattle kommend auf dem Werksflugplatz von Dornier in Oberpfaffenhofen.

Liebherr

Die Liebherr Aero-Technik GmbH in Lindenberg/Allgäu stellte das hydraulische Antriebssystem für die Antenne her. Diese Antriebe wurden direkt an Boeing geliefert und in Seattle (Boeing Field) vor dem Überflug nach Oberpfaffenhofen installiert. Die Lieferung der 20 Antriebe inklusive zweier Ersatzgeräte erfolgte im Zeitraum von 1980 bis 1984, wobei der Auftragsumfang in der Größenordnung von 2 Mio. DM lag. Die (jetzige) Liebherr-Aerospace Lindenberg GmbH ist aktuell der alleinige Instandsetzer der AWACS-Antennenantriebe.

Mühlenberg

Zuständig für die Bordküche

Die Dornier Reparaturwerft GmbH, der Hauptauftragnehmer

Der Auftrag stellte für die Firma in jeder Hinsicht eine sehr große Herausforderung dar, wie sich Dr. Siegfried Kornbichler, Projektleiter des AWACS-Programms, erinnert. Zwar war die Dornier Reparatur Werft (DRW) mit der Instandhaltung von Großflugzeugen aus dem Breguet Atlantic-Programm vertraut; die Einrüstung und das Austesten der hochkomplexen AWACS-Elektronik bedeuteten allerdings Neuland.

Die Systemintegration umfasste den Einbau der Einsatzelektronik in die von Boeing zu DRW nach Oberpfaffenhofen angelieferten »leeren« Flugzeuge (die Einrüstung war der geringere Anteil). Das Testen der elektronischen Systeme am Boden, im Flug und die Durchführung der Abnahme am Boden und im Flug, gemeinsam mit der zuständigen Organisation der NATO, war dabei der weitaus größere Arbeitsanteil. Es schloss sich die Übergabe der abgenommenen Systeme an die NATO an. Letztendlich übertraf der insgesamt erreichte Wert der Industriebeteiligung die Erwartungen und die Kompensation des deutschen Programmbeitrags bei Weitem.

Aufbau und Schaffung der Infrastruktur bei der DRW in Oberpfaffenhofen

Um dieses ambitionierte Aufrüstungsprogramm sicherzustellen, war eine fast zweijährige Vorbereitungsphase vonnöten, in welcher die erforderlichen infrastrukturellen Maßnahmen, der Aufbau und die Ausbildung des gesamten Projektteams, der Aufbau der organisatorischen Strukturen sowie die Festlegung eines definierten Luftraumes für Test-und Abnahmeflüge durchgeführt wurden.

Die wichtigsten Infrastrukturmaßnahmen bestanden aus:

- Ausbau der Start- und Landebahn in Oberpfaffenhofen für Flugzeuge der Gewichtsklasse einer Boeing 707
- Bau von vier Parkpositionen einschließlich Energie-und Kühlmedienversorgung sowie eines Lärmschutzzaunes für Triebwerksstandläufe
- Einrichtung eines Rechenzentrums zur Reduktion und Aufarbeitung der bei Testflügen anfallenden Daten
- Aufbau eines Elektroniklabors für die funktionelle Überwachung der Kommunikations- und Navigationssysteme
- Aufbau eines kompletten, voll funktionsfähigen Mock-ups (Simulators) eines NATO E-3A-Missionssystems
- Labor für Hard- und Softwaretests
- Ausbau des vorhandenen Hangars, der Bodentestgeräte-Werkstätten und des Lagers
- Aufbau umfangreicher Sicherungs-und Überwachungseinrichtungen
- Bau des Gebäudes XI A ausschließlich für NATO E-3A
- Einrüstung eines neuen Krans in der Montagehalle für Arbeiten an der Radarantenne

Ferner galt es, ein abgeschirmtes Elektronik-Labor in Form einer kompletten Konfiguration der gesamten im Flugzeug eingebauten Elektronik aufzubauen, um das Zusammenspiel der elektronischen Komponenten auch außerhalb der Flugzeuge testen zu können.

In diesem Labor wurde das gesamte Mock-up nachgebildet, mit Ausnahme der Radarsysteme, die sich im Radom befanden.

Parallel dazu musste frühzeitig ein Projektteam aufgebaut werden. Da die vorhandenen Personalkapazitäten nicht ausreichten, erfolgten im großen Umfang Einstellungen von Technikern und Ingenieuren, insbesondere auf den Gebieten der Missionselektronik und für alle technischen Belange des Trägerflugzeugs und dessen Systeme.

Für das Programm mussten ca. 150 Mitarbeiter diverser Fachrichtungen wie Flugzeugbauer, Elektroniker etc. und auch Techniker für die Terminplanung rekrutiert und geschult werden. Flugzeugingenieure für den Flugbetrieb kamen hauptsächlich von der Air Lingus und erhielten

Empfangskomitee mit Feuerwehr und dem Fernsehen.

Am 31. März 1981 fand im Rahmen eines Festakts bei Dornier die feierliche Übergabe der ersten E-3A statt. Generalmajor Siegfried Boy hielt die Festrede.

dort ihr 707-Training mit Flugzeugpraxis. Zwei Piloten erhielten ihre Typenschulung bei Boeing in Seattle. In den Jahren 1979 und 1980 erfolgte bei Dornier der Aufbau der Teams.

Insgesamt umfasste die Mannschaft bei der DRW ca. 230 Personen, die vor Anlieferung des ersten Flugzeugs eingehend mit dem AWACS-System vertraut gemacht werden mussten. Dies geschah zum Teil bei Boeing in Seattle, wo ca. 100 DRW-Mitarbeiter in die Besonderheiten des Systems eingewiesen wurden. Speziell für das Austesten der Missionselektronik wurden zusätzlich Ingenieure der deutschen Elektronikfirmen, welche ihre Systeme zugeliefert hatten, in das Projektteam in Oberpfaffenhofen integriert.

Um den Know-how-Transfer von Seattle nach Oberpfaffenhofen zu unterstützen, setzte Boeing ein multidisziplinäres Team technischer Berater in Bayern ein. Dornier stellte seinerseits während der gesamten Programmlaufzeit einen Repräsentanten zu Boeing nach Seattle ab. Für die externe Qualitätsüberwachung des Programms schaltete die NATO die Güteprüfstelle des Bundesamts für Wehrtechnik und Beschaffung ein, die ebenfalls permanent mit einem Repräsentanten in Oberpfaffenhofen vertreten war.

Im äußeren Umfeld des Programms waren diverse luftfahrtrechtliche Fragen zu klären. Für die Test- und Abnahmeflüge wurden standardisierte Flugprofile definiert. Die existierende Betriebsgenehmigung für den Werksflughafen Oberpfaffenhofen galt es, auf das Flugzeugmuster Boeing 707 zu erweitern.

Die Programm-Planung und -Organisation

Wie jedes komplexe Vorhaben bedurfte auch das AWACS-Programm einer akribischen Planung und Organisation. Hierfür wurde das Projekt in Form einer Matrix-Organisation angelegt, in welcher sich die Fachbereiche Betrieb, Arbeitsvorbereitung, Materialwesen, Engineering, Konfigurationskontrolle und Qualitätssicherung wiederfanden. So war es der AWACS-Projektleitung immer transparent.

Die Projektleitung steuerte in der Vorbereitungsphase die Erstellung zahlreicher »Procedures«, welche die organisatorischen Abläufe und Informationsflüsse zwischen den einzelnen Fachbereichen und den Dornier-externen Stellen strukturierten und im Detail regelten. Sie etablierte ferner ein Terminplanungssystem, in welchem die Programm-Arbeitsschritte in mehreren hierarchischen Ebenen bis auf Blöcke in Tagesgrößenordnung heruntergebrochen wurden.

Integrationsphasen

Die Integrationsaufgabe für die Flugzeuge lief bei der DRW für alle Flugzeuge gleich ab. Die jeweiligen Phasen hatte man wie folgt festgelegt:

Zunächst wurde das Flugzeug vom Hersteller Boeing ohne Missionselektronik, jedoch mit eingebautem Radom und Radarantenne, nach Oberpfaffenhofen überführt. Dornier installierte anschließend die gesamte Missionselektronik. Die Geräte dafür wurden von Boeing beigestellt. Hersteller dieser Geräte waren amerikanische und deutsche Elektronikfirmen, die von Boeing beauftragt worden waren. Diese Installationsarbeiten fanden im Hangar statt und nahmen etwa vier Wochen in Anspruch.

Auf die Installationsphase folgte eine Phase des Testens der Einzelsysteme und des Zusammenwirkens aller Einzelsysteme am Boden. Dabei wurden die Einsatzsysteme wie Radar, Display, Computer, Kommunikation und IFF auf einwandfreie Funktion überprüft und innerhalb festgelegter Grenzen kalibriert. Nach erfolgreichem Test der Einzelsysteme wurden diese in sogenannten Integrationstests erstmalig im Verbund geprüft und, wenn nötig, angepasst. Zur Lösungs-Unterstützung der während der Tests auftretenden

Bei DRW wurde der Rotodome in die Tragekonstruktion mit dem Drehteller eingesetzt.

Problemen stand ein Testlabor (FATSL-Flight Acceptance Test Support Laboratory), indem alle Systeme wie im Flugzeug vorhanden und aufgebaut waren, zur Verfügung. Das Flugzeug wurde für diese Phase auf eine speziell für diesen Zweck geschaffene »Check-out«-Parkposition gebracht. Die Energie-, Kühlluft- und Flüssigkühl-Versorgung (Letztere für das Radarsystem) erfolgte von ortsfesten Einrichtungen aus. Die Überprüfung der Missionssysteme stellte eine hochkomplexe Aufgabe dar, die von den durchführenden Ingenieuren eine profunde Kenntnis und Erfahrung, sowohl auf den jeweiligen Spezialgebieten wie auch bezüglich des Zusammenwirkens der über den Zentralrechner verknüpften Systeme untereinander, verlangte. In dieser Phase der Integration kamen neben den hardwareorientierten Ingenieuren verstärkt Software-Spezialisten zum Einsatz. Diese etwa fünfwöchige Phase wurde mit einem »All-up-integration-Test« abgeschlossen, der die Voraussetzung für die Flugreife des Missionssystems darstellte. Es schloss sich dann die Phase der Flug- und Abnahmetests zusammen mit NATO-Fachleuten an.

Zunächst wurden die Missionssysteme in einem unter DRW-Regie durchgeführten Testflug unter Flugbedingungen getestet. Die DRW stellte hierfür eine komplette Crew, sowohl für das Cockpit wie auch für die Bedienkonsolen der Missionssysteme, zur Verfügung. Insgesamt wurden 19 Positionen besetzt, weitere zehn Sitze standen für das Ersatzpersonal zur Verfügung. So weit möglich wurden bei derartigen Missionssystem-Testflügen zugleich die für das Flugzeug selbst verlangten Abnahmeprüfungen durchgeführt.

Nachdem die Funktionstüchtigkeit der Missionssysteme auch unter Flugbedingungen sichergestellt werden konnte, wurden zunächst am Boden und dann in einer Reihe von Flügen die Abnahmetests der Missionssysteme gemeinsam mit Vertretern der NATO durchgeführt. Diese Tests beinhalteten die Kommunikation vom Flugzeug zur Bodenstation in Oberpfaffenhofen, die Freund-Feind-Erkennung, das Verfolgen von Kampfflugzeugen in verschiedenen Flughöhen und unter verschiedenen Blickwinkeln über Land und über See, die Führung von Abfangjägern und die Erkennung maritimer Objekte. Die für diese Abnahmetests erforderlichen Flugprofile erstrecken sich über das gesamte Gebiet der Bundesrepublik Deutschland und über Teile der Nordsee.

Für den erfolgreichen Abschluss dieser Phase waren fünf bis sechs Flüge und ein Zeitaufwand von ca. sechs Wochen erforderlich. Auch hier bedurfte es zur »Fehlersuche« der Systeme hocherfahrener Hard- und Software-Spezialisten.

Im Anflug auf den Werksflugplatz von Oberpfaffenhofen, in Begleitung eines weiteren Dornier-Erfolgs, einem Alpha Jet.

Im Rahmen von Infrastrukturmaßnahmen musste der Bau von vier Parkpositionen einschließlich Energie- und Kühlmedienversorgung, sowie eines Lärmschutzzaunes für Triebwerksstandläufe realisiert werden.

An diese Flugphase schloss sich schließlich die Übergabevorbereitung und Endkontrolle durch Dornier an, die nach ca. drei Wochen zur gemeinsam mit Boeing erfolgenden Übergabe der Maschine an die NATO führte.

Diese außerordentlich kurze Durchlaufzeit machte in allen Phasen der Integrationsarbeiten einen Zweischichtbetrieb erforderlich.

Die Drehscheibe aller Aktivitäten war das »Management Information Center«. Hier befanden sich an den Wänden Terminpläne, Arbeitsfortschritts-Kurven und Listen von Ad-hoc-Aktivitäten. Die Terminpläne waren dabei in fünf Detaillierungsebenen bis auf Tagesaktivitäten heruntergebrochen. In diesem Planungssystem traf die amerikanische Philosophie, die Tätigkeiten der Menschen im Programm bis ins Kleinste relativ rigide zu strukturieren, auf die etwas pragmatischere »deutsche Sichtweise«, welche der Mitarbeiter-Kompetenz im Programm etwas mehr Freiraum zubilligte. Es gelang eine nicht immer reibungsfreie, aber letztendlich erfolgreiche Synthese beider Philosophien. Hier fand auch das sogenannte »Stand-up meeting« statt, in dem täglich an die zwanzig Vertreter der beteiligten internen und externen Organisationseinheiten zusammentrafen. Zweck des Zusammenkommens war, den korrekten und zeitgerechten Ablauf der Arbeiten zeitnah zu kontrollieren, Stolpersteine kurzfristig beiseite zu räumen, die Testflüge planerisch vorzubereiten und die aus den Testflügen resultierenden Maßnahmen in die Wege zu leiten. Diese täglichen Besprechungen entsprangen den US-amerikanischen, militärischen Beschaffungsrichtlinien, die Boeing an seinen Haupt-Unterauftragnehmer DRW weiterreichen musste. Um den Zeitaufwand für diese in einem relativ großen Personenkreis abzuhaltenden Besprechung in einem vertretbaren Aufwand zu halten, hatten sich die Verfasser der Richtlinien allerdings einen bemerkenswerten Trick ausgedacht: Im Management Information Center war weder Tisch noch Stuhl erlaubt, man stand im großen Kreis – daher die Bezeichnung des Treffens »Stand-up meeting«. Es war tatsächlich bemerkenswert, wie kurz und präzise die Diskussionsbeiträge der Teilnehmer waren.

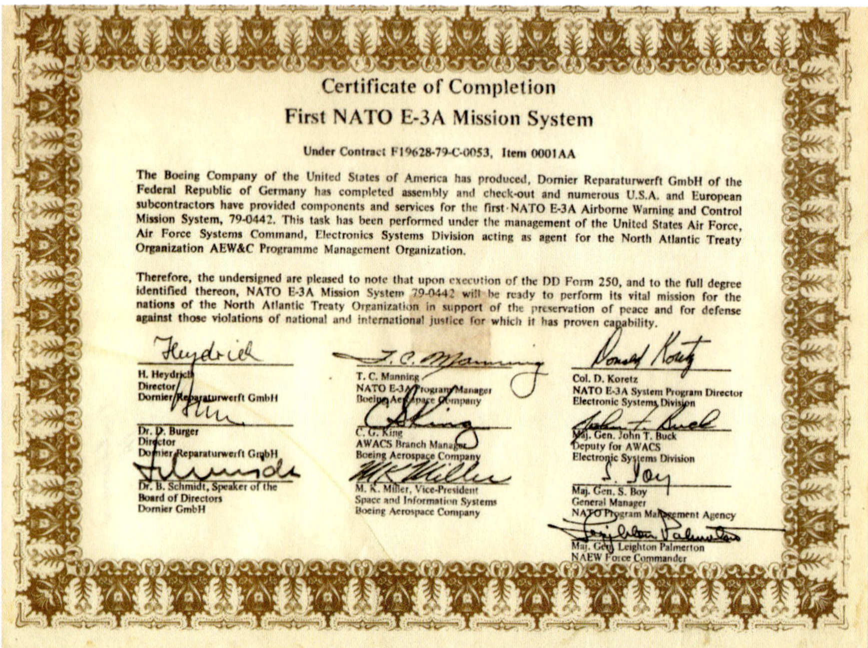

Certificate of Completion

First NATO E-3A Mission System

Under Contract F19628-79-C-0053, Item 0001AA

The Boeing Company of the United States of America has produced, Dornier Reparaturwerft GmbH of the Federal Republic of Germany has completed assembly and check-out and numerous U.S.A. and European subcontractors have provided components and services for the first NATO E-3A Airborne Warning and Control Mission System, 79-0442. This task has been performed under the management of the United States Air Force, Air Force Systems Command, Electronics Systems Division acting as agent for the North Atlantic Treaty Organization AEW&C Programme Management Organization.

Therefore, the undersigned are pleased to note that upon execution of the DD Form 250, and to the full degree identified thereon, NATO E-3A Mission System 79-0442 will be ready to perform its vital mission for the nations of the North Atlantic Treaty Organization in support of the preservation of peace and for defense against those violations of national and international justice for which it has proven capability.

H. Heydrich
Director
Dornier Reparaturwerft GmbH

T. C. Manning
NATO E-3A Program Manager
Boeing Aerospace Company

Col. D. Koretz
NATO E-3A System Program Director
Electronic Systems Division

Dr. D. Burger
Director
Dornier Reparaturwerft GmbH

C. G. King
AWACS Branch Manager
Boeing Aerospace Company

Maj. Gen. John T. Buck
Deputy for AWACS
Electronic Systems Division

Dr. B. Schmidt, Speaker of the Board of Directors
Dornier GmbH

M. K. Miller, Vice-President
Space and Information Systems
Boeing Aerospace Company

Maj. Gen. S. Boy
General Manager
NATO Program Management Agency

Maj. Gen. Leighton Palmerton
NAEW Force Commander

Es ist geschafft! Aus Anlass der Fertigstellung und zur Übergabe der ersten NATO AWACS an den Verband wurde dieses Zertifikat ausgestellt. Es unterzeichneten die Verantwortlichen der beteiligten Firmen und Streitkräfte und zwar: H. Heydrich (Direktor der DRW), Dr. D. Burger (Direktor der DRW), Dr. B. Schmidt, Vorstandsvorsitzender der Dornier GmbH), T.C. Manning (NATO E-3A Programm Manager, Boeing Aerospace Company), C.G. King (Bereichsleiter AWACS, Boeing Aerospace Company), M.K. Miller (Vizepräsident Boeing Aerospace Company), Colonel D. Koretz (NATO E-3A System Programm Manager), Major General J. T. Buck (Vizechef AWACS Electronics System Division), Major General S. Boy, (Generalmanager NATO Program Management Agency) und Major General L. Palmerton (NAEW Force Commander).

Am 19. März 1981, genau um zwölf Uhr mittags, und zwar eine Woche früher als ursprünglich geplant, landete die erste E-3A nach ihrem Überführungsflug aus Seattle kommend auf dem Werksflugplatz von Dornier.

Hohe Vertreter der beteiligten NATO-Länder, Offiziere und Vertreter der Programmorganisation und der Programmbehörden (NAPMO und NAPMA), Politiker aus den Nachbarländern und Vertreter der Auftragnehmer-Gesellschaften erschienen dann am 31. März 1981, um im Rahmen eines Festakts diesen wichtigen Meilenstein für das westliche Bündnis zu feiern.

Das NATO-E-3A-Integrationsprogramm an 18 Maschinen erstreckte sich bei der DRW überlappend im Zeitraum vom 1. März 1981 bis zum 30. Juni 1985, wobei die Jahre 1979 und 1980 zur Vorbereitung dienten. Die Durchlaufzeiten der einzelnen Systeme wurden dabei von neun Monaten des ersten Systems schrittweise und plangemäß im Sinne einer Lernkurve auf Durchlaufzeiten von 4,5 Monaten reduziert. Das Auftragsvolumen betrug knapp 300 Mio. DM.

Am 5. Februar 1982 wurde die erste E-3A mit dem Kennzeichen LX-N90442 zur E-3A Component nach Geilenkirchen überführt.

Die Parteien bei der Übergabe der Flugzeuge an die NATO E-3A Component waren grundsätzlich die US Air Force Electronics System Division, die NAPMA, das NAEW&C Force Command, die Boeing Aerospace Company Space & Information Systems und die Dornier Reparaturwerft GmbH.

Das Instandhaltungsprogramm

Nach dem erfolgreichen Abschluss des Beschaffungsprogramms bei Dornier folgte ein Instandhaltungsprogramm, um die Flotte im Einsatz zu halten.

So startete ab dem 1. Juni 1985 die Systemunterstützung im Rahmen einer vorläufigen Vereinbarung für Depot-Leistungen mit einer Laufzeit bis Ende März 1986. Anschließend wurde, rechtzeitig zur nahtlosen Weiterführung der Aktivitäten, der »Depot Level Maintenance"-Vertrag zwischen der NATO und der Dornier Reparaturwerft GmbH verhandelt und abgeschlossen. Mit diesem übernahm DRW die Verantwortung als Hauptauftragnehmer einer europäisch-kanadischen Industriegruppe.

Schon während des NATO-E-3A-Integrationsprogramms und im Vorfeld der politischen Grundsatzentscheidungen hatte sich Dornier intensiv um den Wartungsvertrag des Systems bemüht. Im Dezember 1979 wurde das erste Angebot abgegeben, um die grundsätzlichen Möglichkeiten einer industriellen Beteiligung an der Wartung des Systems aufzuzeigen. Bereits frühzeitig wurden Kontakte zu kompetenten Betreuungsfirmen in den beteiligten NATO-Ländern geknüpft, um eine industrielle Beteiligung dieser Länder vorzubereiten.

So war man immer bestrebt, eine möglichst ausgewogene Verteilung der Arbeiten an europäische und kanadische Firmen für die Depotinstandsetzung zu erzielen. Man hatte ein Konzept erarbeitet, um nach einem vorgegebenen Schlüssel (Industrial Benefit) die Arbeiten der Depot Level Maintenance (DLM) an die beteiligten Ländern zu verteilen, welches auch die Zustimmung aller betroffenen Nationen fand. Die dazu nötige Auswahl der einzelnen Firmen in den beteiligten Ländern Belgien, Kanada, Dänemark, Deutschland, Griechenland, Italien, Luxemburg, Niederlande, Norwegen, Portugal und der Türkei und die Zuteilung eines entsprechenden Arbeitsspektrums musste natürlich unter besonderer Berücksichtigung jeweils vorhandener industrieller Kapazitäten erfolgen, um die programmspezifischen Investitionen innerhalb des zur Verfügung stehenden NATO-Budgets zu halten.

Dem zwischen der NATO und der DRW abgeschlossenen Fünfjahres-Vertrag lagen entsprechend verhandelte Verträge zwischen Dornier und seinen 23 Unterauftragnehmern zugrunde, mit Preisbindungen bis zu drei Jahren. Insgesamt wurde ein Jahresumsatz nach vollständiger Aktivierung aller Unterauftragnehmer ab 1988 von etwa 17 Mio. US-Dollar geschätzt. Während der Aktivierungsphase der einzelnen Firmen, die zum Teil durch die langen Lieferzeiten für Sonderbetriebsmittel bis Anfang 1988 dauerte, wurden im Rahmen des abgeschlossenen Vertrages für diese Infrastrukturmaßnahmen und Beistellung des Bedarfs von systemspezifischen Ersatzteilen rund 79 Mio. US-Dollar investiert.

Der Leistungsumfang, den die europäische und kanadische Industrie im Rahmen dieses Vertrages erhielt, stellte sich schwerpunktmäßig wie folgt dar:

- **Vertragsmanagement**
  Die Aufgabe des Hauptauftragnehmers (DRW) umfasste die Aktivierung, Beauftragung, Steuerung, Verfolgung und Koordinierung der Firmen im Rahmen des DLM-Programms, inklusive der Überwachung des Materialflusses.
- **Technische Unterstützungsleistungen**
  verschiedenster Art, zum Teil als kontinuierliche Unterstützung wie zum Beispiel »Maintenance Data Collection« zum Teil als Unterstützung auf Anfrage, wie Studien, Analysen usw.
- **Flugzeugwartung**
  Im Zuge dieses Programms durchlief 1986 das erste AWACS-Flugzeug seine erste Grundüberholung in Oberpfaffenhofen.

Die NATO-Luftverteidigung

Die Entwicklung einer NATO-Luftraumüberwachung wurde im Dezember 1955 durch den NATO-Militärausschuss genehmigt. Dieses Frühwarnsystem sollte auf vier durch SACEUR (Supreme Allied Commander Europe) koordinierte Luftverteidigungsregionen basieren. Es wurde ab 1956 durch 18 Radarstationen über Westeuropa ergänzt, bis zum Jahr 1962 fertiggestellt und in Verbindung mit bestehenden nationalen Radarstandorten als NATO Air Defence Ground Environment (NADGE) bezeichnet.

Bereits 1960 hatten die NATO-Mitglieder zugestimmt, alle Luftverteidigungskräfte im Kriegsfall unter das Kommando von SACEUR zu stellen. Zu diesen Kräften gehörten Befehls- und Kontrollsysteme (C2), Radaranlagen und

Mit seinen mobilen Radargeräten überbrachte der TMLD Meldungen an die angeschlossenen CRC und SOC, also Radar-, Flugmelde- und Leitzentralen oder Sektor-Einsatzzentralen.

Surface-to-Air-Flugkörpereinheiten (SAM) sowie Abfangflugzeuge. Als integriertes NATO-Luftverteidigungs- System (NATINADS) bezeichnet, reichte es nun von Norwegen bis in die Türkei. Es diente der Frühwarnung und sollte die Einsätze von Flugzeugen sowie der bodengestützten Flugabwehr koordinieren.

Zum anderen gab es das eigentliche Bodenführungssystem, das aber nur einen Teil des größeren NATINADS darstellte und das im Wesentlichen aus den Sector Operations Center (SOC) und den diesen nachgeordneten Control and Reporting Center (CRC) bestanden, die alle verbunkert waren. Die CRC verfügten über Sensoren, Computertechnik zur halbautomatischen Unterstützung der Jägerleitung und des Einsatzes der Flugabwehrraketensysteme sowie über komplexe Kommunikationsnetze, mit denen sie sich quer über die gesamte NATO-Luftverteidigung austauschen konnten.

Das Bodenführungssystem der NATO-Luftverteidigung arbeitete bis Anfang der 60er-Jahre noch mit Geräten und

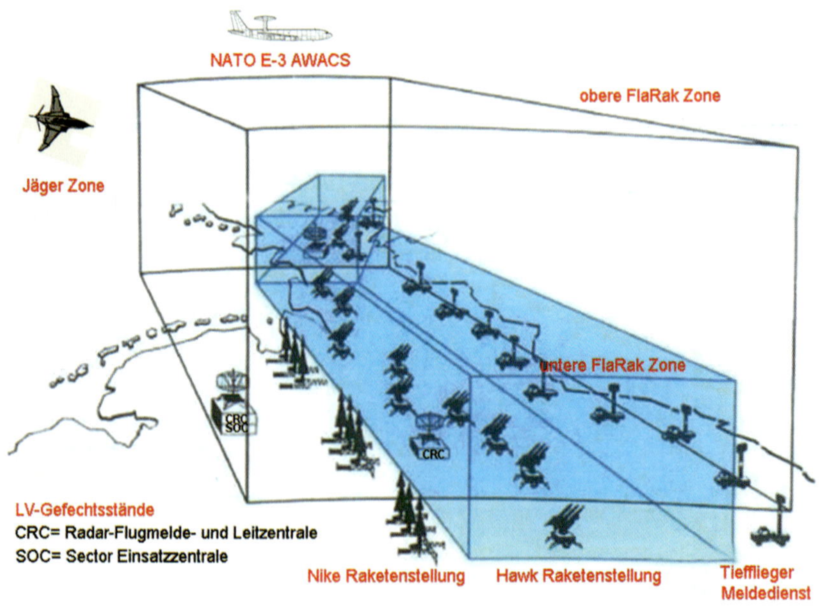

Die Lufthoheit über Deutschland lag in den Händen der Alliierten. Ab 1959 wurden die ersten Radarstellungen schrittweise in die Bundesrepublik überführt. Schritt für Schritt wurden einzelne Aufgaben an die Bundeswehr übergeben. Dazu zählte später auch die Landesverteidigung gegen die DDR beziehungsweise UdSSR. Luftverteidigungs-Gefechtsstände kontrollierten mit Flugzeugen den Luftraum. Ein Luftverteidigungsgürtel wurde mit Einheiten von NIKE- und HAWK-Raketen realisiert. Dieser reichte vom Norden bis in den Süden. Unmittelbar vor der Grenze zur DDR überwachte der Tieffliegermelde- und Leitdienst den Luftraum. Später waren für den oberen Luftraum AWACS-Flugzeuge im Einsatz.

Verfahren, die sich nur unwesentlich von dem technischen Entwicklungsstand des Zweiten Weltkriegs unterschieden. Allerdings gab es mit dem von der US-Luftwaffe in Süddeutschland betriebenen 412L-System und dem französischen STRIDA II erste funktionsfähige Ansätze zur computergestützten Einsatzführung. Zudem wurde von 1956 bis 1962 die radarbasierte Frühwarnung in Mitteleuropa modernisiert und dabei Lücken in der Abdeckung geschlossen.

Gleichzeitig war jedoch die Bedrohung durch Luftangriffe des Warschauer Paktes quantitativ wie qualitativ gestiegen, sodass ein neuer, für das NATO-Gebiet einheitlicher Ansatz gefunden werden sollte. Fortschritte auf dem Gebiet der Radartechnik sowie der elektronischen Datenverarbeitung und -übertragung zeigten dafür geeignete technische Lösungen auf.

Die militärischen Forderungen an dieses, NATO Air Defense Ground Environment (NADGE) genannte System, wurden 1961 bei Supreme Headquarters Allied Powers Europe (SHAPE) verabschiedet. Die Nationen schlossen im Jahre 1966 entsprechende Verträge mit US-Herstellern. Das NADGE wurde gewissermaßen das technische Rückgrat des Bodenführungssystems der integrierten NATO-Luftverteidigung.

Für das dichte Netz von Luftverteidigungs-/Führungssystemen mussten umfangreiche Voraussetzungen geschaffen bzw. Veränderungen vorgenommen werden. Neue Stellungen mussten gebaut, dreidimensionale Radargeräte beschafft und digitale EDV-Systeme eingerichtet werden. Der Auftrag dieser hochkomplexen Luftverteidigungs- und Führungsorganisation las sich amtlich wie folgt:

- Automatische Auffassung und Flugweg-Verfolgung von Flugzielen mit Radar
- Automatische Weitergabe und Austausch der Daten in Flugweg- und Zielrechner zur Speicherung als Flugwegdaten
- Darstellung der Flugwege auf Bildschirmen und Lagekarten der Gefechtsstände
- Identifizierung der Flugziele
- Waffenauswahl und Waffenzuweisung
- Zielzuweisung an FlaRak-Verbände
- Jägerführung und deren Rückführung

Zu den Sensoren der Luftverteidigung gehörten weitreichende Radargeräte, die NATO-weit von den jeweiligen CRCs betrieben wurden, sowie der in der Bundesrepublik Deutschland entlang der innerdeutschen Grenze stationierte Tieffliegermeldedienst. Dieser hieß in der Aufbauphase, als er nur auf Auge, Ohr und Ferngläser zurückgreifen konnte »Luftraumbeobachter-Dienst« (LRB). Als man ihn von 1971 an mit Radargeräten ausstattete, die auf die Zielerfassung im Höhenband zwischen 0 und 3000 m ausgelegt waren und die ihre Daten auch in das NADGE einfüttern konnten, wurde er in »Tieffliegermelde- und Leitdienst« (TMLD) umbenannt.

Die sogenannten Control and Reporting Center (CRC), die alle verbunkert waren, befanden sich so z.B. für den Bereich RadarFüRgt1-Goch in Brockzetel, Uedem, Auenhausen und in Erndtebrück.

Die SOC und CRC wurden in der Bundesrepublik von vier Fernmelderegimentern betrieben. Jedes dieser Regimenter bestand aus drei Radarführungsabteilungen, die jeweils ein CRC bemannten, sowie einer vierten Abteilung für den Tieffliegermeldedienst (LRB, später TMLD).

Zusätzlich hatte sich die NATO, Anfang der 80er-Jahre, zur Aufstellung einer mit Warn- und Kontrollflugzeugen ausgerüstete AEW-Einheit entschlossen, die über den Ländern der Allianz zum Einsatz kommen sollte. Ein verbessertes Airborne Early Warning/Ground Environment Integration Segment (AEGIS) sollte NATINADS nun mit der Möglichkeit, AEW zu integrieren, wesentlich effektiver gestalten.

Die Verantwortung für Einsatz und Betrieb der AWACS oblag dem Major NATO Command, also SACEUR (Supreme Allied Commander Europe), CINCHAN (Commander-in-Chief Channel) und SACLANT (Supreme Allied Commander Atlantic). Diese bildeten die NATO AEW Force, also eine Flotte aus 18 E-3A und zu dieser Zeit noch mit elf Nimrod AEW Mk.III geplant, zu deren Assignierung und Integration sich Großbritannien verpflichtet hatte. Die insgesamt 29 Frühwarnflugzeuge sollten im gesamten Bereich der NATO eingesetzt werden, um im Spannungs-und Verteidigungsfall die kontinuierliche und gleichzeitige Überwachung des in der Verantwortung von SACEUR und CINCHAN liegenden Raumes und großer Teile des Atlantiks sicherzustellen. Die Flexibilität dieses Einsatzes wurde durch die Einrichtung vorgeschobener Basen in Norwegen, Griechenland, Italien und der Türkei erhöht. Darüber hinaus wurden 43 Gefechtsführungsanlagen des NADGE und des UK Air Defence Ground Environments so modifiziert, dass sie AEW-Daten aufnehmen und verarbeiten konnten. Von den Möglichkeiten die das AEW&C bot, wollte das Verteidigungsministerium zunächst hauptsächlich den Anteil »Reporting Post« für NADGE nutzen, d.h. Frühwarnung- und Leitung durch Luftfahrzeuge. Die maritime Komponente wurde zunächst außer Acht gelassen. Da die USA und andere Mitgliedstaaten auf den Marineanteil nicht verzichten wollten, blieb das System aktiv und die Bundesrepublik konnte später auch darauf zurückgreifen. Für das deutsche Militär gab es dann zwei Komponenten, die nutzbar waren, zum einen die Maritime Capability und die Aircraft Capability.

Für die Aircraft Cabability war es notwendig die Daten, die das Flugzeug produzieren würde, an die Bodenstationen zu übertragen. Dieses geschah durch die Übertragung an das NADGE System mit ihren europaweit 40 Stationen und lief über das sogenannte ERCS (ECM Resisten Communication System). Daraus entwickelte sich später der Link 16.

Anfang der 90er-Jahre setzten, als Folge der KSZE-Vereinbarungen, auch bei den Radarführungsdiensten Umstrukturierungen sowie der Personal- und Materialabbau ein und zwischen dem 1. Oktober 1989 und dem 30. Juni 1990 kam eine neue Kommandostruktur zum Tragen. Die Luftwaffenstruktur 4 brachte nach der Wiedervereinigung weitere Veränderungen. So wurden die beiden Radarführungs- Kommandos in Radarführungs-Regimenter 1 und 2 umfirmiert und mit Übernahme der NVA-Radarstelllungen und des Materials begann die Luftwaffe damit überzählige Anlagen in Mitteldeutschland abzubauen und andere wiederum zu integrieren.

In den folgenden Jahren seit der Wiedervereinigung bis zum heutigen Tag hatte man weiter reduziert und die Control and Reporting Center von 14 auf gerade einmal zwei verringert und zwar auf die beiden noch verbliebenen CRC-Arbeitsbereiche:

- EinsFüBer 2 – Erndtebrück (Rufname: LONESHIP)
- EinsFüBer 3 – Schönwalde/Holzdorf (Rufname: SUNRISE)

und zusätzlich das DCRC (Deployable Control and Reporting Centre).

Mit dem Deployable Control & Reporting Centre hat die Luftwaffe neben AWACS eine weitere verlegefähige Einheit zur Luftraumüberwachung und Führung von taktischen Luftstreitkräften.

Die heutigen Aufgaben des CRC im Einsatzführungsbereich sind:

- Betrieb Control and Reporting Centre zur Luftraumüberwachung und Meldung besonderer Vorkommnisse
- Gewährleistung der Sicherheit im Luftraum
- Wahrung der nationalen Souveränität (Air Policing)
- Erfassung, Verfolgung, Identifizierung, Meldung
- Taktische Unterstützung der Luftstreitkräfte
- Luftraumordnung (Krise)
- Dauereinsatzaufgabe 365 Tage im Jahr
- Genutztes System: German Improved Air Defense System (GIADS) in der dritten Ausbaustufe

Im Rahmen der komplexen Aufgaben einer AWACS Besatzung und aus Sicht des leitenden Taktischen Direktors in einer AWACS Maschine, stellt sich seine Kontaktaufnahme mit einer Bodenstation heute wie folgt dar:

»...Sobald wir ›on-station‹ erklären, sind wir einem der Combined Air Operations Centre (CAOC), bei der NATO, ein multinational besetzter Gefechtsstand zur Führung von Luftstreitkräften, unterstellt (z. B. Uedem im Norden, Torrejon im Sueden). Das nennt man TACON. Um nun unsere Daten zu TACON zu schicken, müssen wir uns mit einer Bodengegenstelle, einem CRC, verbinden. Dieses geschieht per taktischer Datenlink, Link 16 oder Link 11. Die CRCs sind nationale Einheiten, wo jedes sein eigenes Gefechtsführungssystem hat, z. B. GIADS für Deutschland. Dort werden die Daten fusioniert und dann gesammelt an das jeweilige CAOC weitergeleitet. Dieser Dienst wird Air Manager genannt. So kann man also sagen, dass wir taktisch dem CAOC unterstehen und uns technisch mit einem CRC im Austausch befinden.

Folglich ist es nicht ein bestimmtes System, mit dem wir uns verbinden, sondern alle Systeme müssen bestimmte Standards erfüllen, um im Netzwerk akzeptiert zu werden...«

AWACS – ein wesentlicher Bestandteil der NATO-Luftverteidigung.

NATO

Fliegende Wächter

Die NATO AEW&C Force

Die Geschichte der NATO AEW&C Force und des NATO E-3A Verbands

Nach langen und komplizierten Verhandlungen, die sich über fünf Jahre erstreckten, hatten sich die NATO Verteidigungsminister im Mai 1978 auf die Anschaffung der Boeing E-3A AWACS, die von den Teilnehmerstaaten multinational operiert und finanziert werden sollte, geeinigt. Auch wenn noch viele Details zu klären waren, konnte langsam mit den konkreten Vorbereitungen zur Stationierung einer entsprechenden Einheit begonnen werden. Als größter Truppensteller und hinter den USA zweitgrößter Beitragszahler hatte Deutschland den Zuschlag für die Stationierung des Verbandes erhalten. Ins Auge der Planer fiel der ehemals von der RAF genutzte, vier Kilometer westlich von Geilenkirchen und direkt an die Niederlande grenzende Flugplatz in Teveren. Nach Abzug der RAF war das mit Pershing ausgerüstete Flugkörpergeschwader 2 der Luftwaffe Hausherr der Anlage geworden. Am 21. Januar 1980 setze die NATO mit Generalmajor Leighton Palmerton (US Air Force) den sogenannten NAEW Force Commander ein, der bei SHAPE (Supreme Headquarters Allied Powers Europe) in Mons, Belgien angegliedert und vollverantwortlich für diesen speziellen Bereich der NATO wurde. Bezüglich der Führung war zwischen den Nationen vereinbart worden, dass der Kommandeur der NATO-Frühwarnflotte im turnusmäßigen Wechsel durch einen Generalmajor der US-amerikanischen und der deutschen Luftwaffe gestellt werden sollte, als sein Stellvertreter war ein Brigadegeneral (Air Commodore) der RAF vorgesehen. Darunter sollte die E-3A Component ebenso alternierend durch einen Brigadegeneral entweder der US-amerikanischen oder der deutschen Luftwaffe geführt werden.

Zu Beginn des neuen Jahrzehnts starteten auf dem Gelände in Teveren umfangreiche Baumaßnahmen. Die wichtigsten waren die Renovierung und Erweiterung der Start- und Landebahn auf 3048 m Länge und 45 m Breite, neue Hallen, Hallenvorfelder und Rollbahnen, sowie eine Erweiterung des Towers. Darüber hinaus wurde ein Gebäude für die sogenannte Information Technology Wing und für Flug- und Einsatzsimulatoren errichtet.

Parallel traf das erste Personal in Geilenkirchen ein und begann mit den Vorbereitungen der Verbandsaufstellung. Ende des Jahres 1980 verfügte die E-3A Component über eine Personalstärke von 100 Soldaten und zivilen Mitarbeitern.

Zu Beginn des darauffolgenden Jahres, am 5. Januar 1981, übernahm der erste E-3A Component Commander, Brigadegeneral Klaus W. Rimmek von der deutschen Luftwaffe die Führung des Verbandes. Etwa zur selben Zeit, Ende Januar 1981, wurde bei Boeing in Seattle bei der ersten neugebauten E-3A mit der Bezeichnung NATO-1 (N-1) der Systemeinbau, jedenfalls teilweise, begonnen. Ebenfalls im Laufe des Jahres 1981 startete das Training der Besatzungen zunächst beim 552nd. AWAC Wing auf Tinker AFB, Oklahoma und dann bei Boeing selbst. Am 4. Juli 1981 wurde die 1. Flying Squadron in Dienst gestellt.

Ende des Jahres 1981 war der Verband auf 700 Soldaten und zivile Mitarbeiter angewachsen. Schon zwei Monate später, am 24. Februar 1982, konnten sie die erste Einsatzmaschine in Geilenkirchen begrüßen. Die N-1, mit der Registrierung LX-N90442, landete Nachmittags von Dornier aus Oberpfaffenhofen kommend auf dem Flugplatz, im Sprachgebrauch der NAEW&C Force auch MOB (Main Operating Base) genannt. Nach drei Wochen am Boden, die für Einweisungen genutzt wurden, hob die N-1 am 18. März zum ersten Mal ab. Fünf Tage später erfolgte der erste operationelle Einsatz, der zehn Stunden dauerte und zwischen Gütersloh und Bremen stattfand.

Am 31. März 1982 übergab Deutschland den Flugplatz Teveren/Geilenkirchen in die Obhut der NATO. Am 28. Juni 1982 stellte der damalige NATO-Generalsekretär Joseph Luns die NATO Airborne Early Warning and Control Force mit der E-3A Component, im Rahmen einer Zeremonie in Geilenkirchen, offiziell in Dienst. Am 10. August wurde

Schon im Verlauf des Jahres 1980 starteten umfangreiche Baumaßnahmen auf dem Flugplatz in Geilenkirchen in Vorbereitung auf die Stationierung von NATO AWACS.

Die erste E-3A (LX-N90442) landete am 24. Februar 1982 in Geilenkirchen.

Nach Landung der ersten AWACS in Geilenkirchen, präsentiert sich die Crew vor der Maschine.

die 2. Flying Squadron der E-3A Component aktiviert. Bis Ende des Jahres 1982 erhielt die E-3A Component drei weitere AWACS-Maschinen. Auch 1983 ging die Auslieferung zusätzlicher Einsatzmaschinen zügig weiter. Von März bis Oktober landeten fünf E-3A in Geilenkirchen. Um den NATO-Bereich bestmöglich abdecken zu können, wurden vier weitere, vorgeschobene Flugplätze eingeplant, die zu vollwertigen Standorten mit permanentem Personal ausgebaut wurden. Die Aktivierung der ersten sogenannten FOB (Forward Operating Base) erfolgte am 25. Oktober 1983 in Konya in der Türkei, kurz darauf am 1. November in Orland, Norwegen.

Am 19. Januar 1984 flog der Verband schon seinen 1000. E-3-Einsatz. Im Januar stieß eine, im Mai dann zwei weitere E-3A hinzu. Die 18. und letzte Maschine traf schließlich am 2. Mai 1985 aus Oberpfaffenhofen kommend in Geilenkirchen ein. Am selben Tag wurde die 3. Flying Squadron aktiviert, als erster Staffelkapitän übernahm OTL Henning Wassermann von der deutschen Luftwaffe die Führung. Nachdem eine regelmäßig erscheinende, mit Schreibmaschine geschriebene Informationsschrift, die sogenannte MOB-News zum 23. Mai 1985 eingestellt wurde, stellte der Verband kurz darauf eine modernere Zeitschrift mit dem Namen »Skywatch« vor. Im zweiwöchentlichen Rhythmus erscheint seit dem diese wertvolle Publikation in achtseitigem Großformat.

Im Laufe des Jahres 1986 konnten zwei weitere FOBs eingeweiht werden und zwar in Trapani, Sizilien und in Aktion, Griechenland.

Nach der sehr intensiven und hektischen Anfangszeit kehrte langsam aber sicher etwas Ruhe bei dem E-3A Component ein. Die AWACS-Maschinen und die Crews und auch die Basen waren vollständig einsatzbereit. Die E-3A demonstrierten im täglichen Einsatz ihre außergewöhnliche Leistungsfähigkeit. Die Maschinen der E-3 Component waren im gesamten NATO-Gebiet anzutreffen, so auch Ende Dezember 1987 in Island. Hier konnte man Abfangeinsätze von US Air Force F-4 Phantoms gegen sowjetischen Tu-95 Bear maßgeblich unterstützen.

Am 28. Dezember 1988 wurde der Verband von Generalmajor Jerry Holmes als voll einsatzbereit erklärt.

Zunehmende Spannungen in der Golfregion betrafen ab 1990 auch sehr direkt die E-3A Component. Schon ab 15. März 1990 liefen Vorbereitung zur Operation Anchorguard an, deren Ziel es sein sollte, die Flugbewegungen über dem Irak zu kontrollieren. Vom 10. August 1990 bis 16. März

Die Mission Crew einer E-3A bei der Arbeit.

In den 80er-Jahren war die E-3A Component mit ihren Maschinen gern gesehener Gast auf den Flugtagen in ganz Europa. Hier ist die LX-N90422 in Ramstein ausgestellt.

1991 dauerte die Operation offiziell und wurde vornehmlich von Konya aus geflogen. Sie bedeutete eine enorme Belastung für den Verband, denn fast täglich fanden lange Einsätze statt. Die Crews waren zehn bis zwölf Tage vor Ort, dann vier bis fünf Tage daheim, dann wieder zehn bis zwölf Tage im Einsatz. Am 17. Januar 1991 begann mit der Operation Desert Storm der 2. Golfkrieg. Die E-3A-Crews hatten alle Hände voll zu tun die Luftoperationen aus der Luft anzuleiten, aber auch das NATO-Gebiet zu überwachen. Durch das Training und die Professionalität der Crews konnten die Herausforderung sehr gut gemeistert werden. Bis zum Ende der Operation zum 16. März 1991 flog der Verband insgesamt 1129 Missionen mit 8581 Flugstunden.

Um sich auch bei den Angehörigen und Anwohnern für deren Unterstützung zu bedanken, feierte der Verband am 14. September 1991 in Geilenkirchen eine erste Familienfeier, zu der auch Freunde und die umliegende Bevölkerung eingeladen waren. Die hohe Ausnutzung der AWACS-Maschine demonstrierte am 25. November 1990 die LX-N90442, die schon die 100.000. Flugstunde des Verbandes erreichte. Ziemlich genau ein Jahr später gab es allerdings einen ersten Vorfall, bei dem eine Maschine beschädigt wurde. Die LX-N90451 konnte nach Vogelschlag und Ausfall eines Triebwerks nicht mehr auf der Bahn in Geilenkirchen gehalten werden und rollte in den Grünbereich. Niemand wurde dabei verletzt und auch die Maschine konnte wieder repariert werden.

Ab dem 16. Juli 1992 lief mit der Operation Allied Force eine weitere anspruchsvolle Aufgabe für die Geilenkirchener an. Das Einsatzgebiet war diesmal das frühere Jugoslawien, insbesondere das Kosovogebiet. Im Rahmen Allied Force wurden zwar zunächst nur 497 Missions geflogen, allerdings verblieb der Verband in dieser Region weiter sehr aktiv, zunächst unter Operation Joint Guardian. Insgesamt zwölf Jahre lang bis Ende Dezember 2004 war der Verband vor Ort anzutreffen und überwachten und leitete dabei hunderte Kampfeinsätze eigener Einsatzkräfte. Bis zum Ende der Operationen wurden 10.667 Einsatzflüge, überwiegend aus Geilenkirchen heraus, durchgeführt.

Ein wichtiger Faktor des AWACS-Einsatzes sind lange Stehzeiten vor Ort. Deswegen ist die Luft-zu-Luft-Betankung eine Notwendigkeit und somit auch wesentlicher Bestandteil des Pilotentrainings. Um die jeweils aufwändige, zeitliche und räumliche Koordination mit Tankern der US Air Force zu reduzieren und deutlich mehr Trainingsmöglichkeiten zu eröffnen, wurde mit der US Air National Guard (ANG), eine Vereinbarung getroffen, die eine permanente Stationierung von mindestens zwei Maschinen in Geilenkirchen vorsah. Am 5. Januar 1993 landete die erste

Die E-3A Component kann auf ständige Luftbetankungsunterstützung der US Air Force National Guard bauen. Sie ermöglichen eine Verlängerung der Einsatzzeit von ca. acht Stunden ohne Luftbetankung auf bis zu 14 Stunden.

In einem separaten Vorfeldbereich sind bis zu vier KC-135 in Geilenkirchen abgestellt. Sollten keine Einsätze für NATO AWACS anstehen, werden auch andere Einheiten der US Air Force versorgt.

KC-135, von der Illinois ANG kommend, auf dem Flugplatz Teveren. Schon ein Tag später wurde ein gemeinsamer Betankungseinsatz mit einer E-3A über Deutschland geflogen, dabei nutze der Tanker den heute noch aktuellen Rufnamen »Esso«. Seit diesem Zeitpunkt verfügt die E-3A Component über diese wertvolle Unterstützung. Die ANG-Kommandos lösen sich alle zwei Wochen ab (Ankunft jeweils am Montag, Abreise am Freitag) und bestehen aus ca. 26 Mitgliedern, neben den Crews entsprechende Mechaniker und Unterstützungspersonal. Auf dem Flugplatz verfügen die Tanker-Abordnungen über einen eigenen Vorfeld- und Unterkunftsbereich.

Am 4. März 1993 erhielt der Verband die erste Maschine (LX-N90456), die unter anderem mit modernen, leistungsfähigeren Computern ausgestattet worden war, zurück übergeben. Das sogenannte NAEW System Improvement Program (NASIP) wurde sehr zügig an allen E-3A umgesetzt und konnte schon Ende 1993 an der letzen Maschine (LX-N90459) beendet werden.

Der erste Kampfeinsatz

Im Rahmen der Operation Deny Flight, die die Durchsetzung der Flugverbotszone über Bosnien-Herzegowina, sowie den Schutz der Friedenstruppen der Vereinten Nationen zum Ziel hatte, kam es am 28. Februar 1994 zum ersten Kampfeinsatz, bei dem AWACS Maschinen der NATO sechs Feindflugzeuge identifizierten und danach die Führung von F-16 Kampfflugzeugen der NATO übernahmen.

Die E-3A war auf einem routinemäßigen Überwachungsflug über Ungarn, als die Mission Crew die Radarsignaturen von unbekannten und nicht autorisierten Flugzeugen südlich der Stadt Banja Luka entdeckte.

Es war gegen 6:00 Uhr morgens, als sechs Maschinen, die im Raume von Banja Luka in die Verbotszone eingedrungen waren und sich auf den Radarschirmen der Mission Controller abbildeten.

Es handelte sich dabei um J-21 Jastreb Jagdbomber bosnischer Serben. Zwei F-16-Rotten wurden zur Identifizierung angefordert und erreichten um 6.35 Uhr die inzwischen im Gebiet um Novi Travnik fliegenden Ziele.

Bevor von der E-3A AWACS schließlich der Feuerbefehl erteilt werden musste, erfolgte, entsprechend der Vorschriften, eine zweimalige Warnung über Funk. Da diese Aufforderung ignoriert wurde und die in Ubdina gestarteten Jastrebs offenbar ein Munitionsdepot in Novi Travnik bombardieren wollten, kam es zum Angriff. In Folge dessen wurden drei der sechs Eindringlinge von den NATO-Flugzeugen mit einer AMRAAM und vier Sidewinder-Lenkwaffen abgeschossen. Ein zweites Paar F-16 schoss ein viertes Flugzeug ab.

Die beiden übrigen Jastreb Maschinen verließen gegen 7:00 Uhr den bosnischen Luftraum und wurden nicht weiter verfolgt.

Ab 22. Juli 1994 begann mit der Überführung der LX-N90442 zu Boeing nach Seattle das Near-Term-Programm zur Verbesserung der AWACS-Flotte. Hauptbestandteile des Vorhabens waren Verbesserungen der Radaranlage, Einbau von ESM (Electronic Support Measures), JTIDS (Joint Information Distribution System bzw. Link 16) und Anti-Jam Geräten. Darüber hinaus wurden alle Arbeitsplätze mit neuen, mehrfarbigen Bildschirmen ausgerüstet. Das Modifikationsprogramm, das nach einer einleitenden Erprobungs- und Validierungsphase durch Boeing bei der DASA in Manching durchgeführt wurde, lief bis zur Übergabe der letzten Maschine am 12. Dezember 1997 und blieb dabei im Zeitrahmen und im Budget.

Am 19. Oktober 1994 führte die Technik des Verbands ihre 700. Phasen-Inspektion an einer E-3 durch. Kurz darauf, am 11. Januar 1995, erreichte die LX-N90444 als erste die Marke 10.000 Flugstunden.

Am 14. Juli 1996 verlor der Verband aufgrund eines Flugunfalls eine E-3A. Während des Starts auf FOB Aktion in Griechenland musste die Besatzung von LX-N90457 den Vorgang abbrechen, konnte das Flugzeug vor Ende der Bahn aber nicht mehr zum Stehen bringen. Die Maschine rutschte ins Meer und wurde dabei sehr schwer beschädigt. Ein Besatzungsmitglied wurde dabei verletzt, das Flugzeug musste abgeschrieben werden und wurde ausgeschlachtet.

Anfang Februar 1998 schaltete der Verband seine eigene Internetseite frei (Heute: www.awacs.nato.int). Am 11. Oktober beendete die sogenannte Inspection Branch der E-3A Component ihre 1000. Phaseninspektion.

Das Jahr 1999 begann in Geilenkirchen tragisch: Bei einem Durchstart-Manöver stürzte eine KC-135 der 141st. Air Refueling Wing (Washington Air National Guard) ab, dabei fanden alle vier Besatzungsmitglieder den Tod. Während des Platz-Überflugs ging die Nase des Tankers plötzlich steil nach oben, kurz darauf kam es zum Strömungs-

Zwischen Mitte 1994 und Ende 1997 wurde die komplette E-3A-Flotte dem Near-Term-Modifikations-Programm unterzogen. Äußerlich gut erkennbar an den großen Anbauten für das ESM, auf beiden vorderen Rumpfseiten, unter der Nase und am Heck.

Die LX-N90457 verunfallte am 14. Juli 1996 in Aktion, Griechenland, und konnte nur noch verschrottet werden. Zum Glück wurde die Crew dabei nicht ernsthaft in Mitleidenschaft gezogen.

abriss und die KC-135 konnte nicht mehr in der Luft gehalten werden. Da das Flugzeug über keinen Flugschreiber verfügt, war die genaue Rekonstruktion nicht mehr möglich und die Ursache des Vorfalls konnte somit nicht endgültig geklärt werden. Es wurde allerdings festgestellt, dass die Trimklappen der Maschine extrem verstellt waren.

Im Rahmen des 50. Geburtstages der NATO erhielt die LX-N90442 eine sehr attraktive, farbenfrohe Bemalung, sie landete erstmals am 30. März 1999 auf dem Flugplatz Teveren. Diese Maschine flog dann übrigens am 26. August von der FOL Orland kommend direkt über den Nordpol nach Seattle zur dortigen Boeing Air-Show.

Eine Namensänderung für die Kommandobehörde (NATO Airborne Early Warning Force Command, NAEW FC) führte im Oktober 1999 zur neuen Bezeichnung NATO Airborne Early Warning & Control Force Command (NAEW&C FC).

Ende des Jahres startet mit dem sogenannten Mid-Term-Upgrade ein weiteres Modernisierungsprogramm für die AWACS-Flotte. Am 28. November 1999 gab der Verband seine erste Maschine (LX-N90453) ab, die zu Boeing nach Wichita, Kansas flog.

Ab Juli 2000 erhielten alle E-3A des Verbandes sukzessive, als Teil der bei Daimler-Chrysler in Manching durchgeführten Depot-Instandhaltung, eine neue Bemalung in einem abgeänderten Grauton. Auch die vormals weißen Steuerflächen der Maschinen (z. B. das Seitenruder) wurden nun grau lackiert.

Am 5. Juli 2001 feierte die 1. Flying Squadron ihren 20. Geburtstag. Nach den terroristischen Angriffen vom 11. September war die Bestürzung groß und spontan spendeten die Angehörigen Geld für die Hinterbliebenen der Opfer.

Drei Tage nachdem die US Regierung eine Unterstützungsanfrage gestellt hatte, verlegten NATO AWACS-Flugzeuge nach Tinker AFB, Oklahoma, um die dortigen E-3 der US Air Force zu entlasten. Der Einsatz lief unter dem Namen Eagle Assist. Schon wenige Wochen später, Anfang Januar 2002, erreichte eine Crew ihre 2000. Flugstunde im Rahmen dieser Mission. Mitte Mai endete die Operation Eagle Assist auf Tinker AFB und die letzte Maschine des Kommandos landete am 15. Mai 2002 in Geilenkirchen.

Die LX-N90442 landete am 30. März 1999 in Geilenkirchen, versehen mit einer attraktiven Sonderlackierung auf Grund des 50. Geburtstages der NATO.

Auch im Jahr 2003 galt es für den Verband eine außergewöhnliche Belastung zu meistern: Nur fünf Tage nach der Befehlserteilung am 21. Februar 2003, verlegte eine erste AWACS nach Konya, um dort die Operation Crescent Guard zu beginnen. Im Rahmen dieser Mission unterstütze die NATO die Sicherung des türkischen Luftraums vor möglichen irakischen Angriffen.

Dazu wurde erstmals der Artikel 4 der Bündnisvereinbarung angewendet, der gemeinsame Beratungen der Mitgliedsländer beschreibt. Crescent Guard endet allerdings schon zum 17. April, nachdem 100 Missionen mit insgesamt 950 Flugstunden geflogen worden waren. Mitte des Jahres, ab dem 16. Juli, verlegte eine E-3A mit ihrer Crew nach Keflavik in Island und flog im Rahmen dieser Übung auch die Flugplätze Thule und Sonderstrom in Grönland an, das erste Mal, dass NATO AWACS in Grönland landete.

Sechs Jahre nach Abgabe der Maschine an Boeing landete am 24. August 2005 die E-3A LX-N90453 mit eingerüsteten Modifikationen des sogenannten Mid-Term-Programms in Geilenkirchen. Im Rahmen des Vorhabens wurden zusätzliche Arbeitsplätze eingebaut, IFF-Abfragegerät, IFF-Transponder und GPS eingerüstet. Darüber hinaus erfolgte die Installation von UHF-Satcom, die VHF-Modifikation und der Einbau einer modernen Software-Struktur.

Ende des Jahres 2005 trat Ungarn als 14. Mitglied der NATO AWACS-Gemeinschaft bei und stellte beginnend 2006 zunächst vier Soldaten (später elf) nach Geilenkirchen ab.

Am 9. Februar 2006 überwachte eine AWACS die Eröffnungszeremonie der olympischen Winterspiele in Turin, Italien. Im August des Jahres hieß die NAEW&C Gemeinschaft mit Polen ihr 15. Mitglied willkommen. Wie Ungarn auch, übernahm Polen natürlich ebenfalls einen Teil der finanziellen Verpflichtungen des Programms.

Das Jahr 2007 stand ganz im Zeichen des anstehenden 25. Geburtstages des NATO E-3A Component, der mit einer großen Feier, eingebettet in einen Tag der offenen Tür, gefeiert werden sollte. Aber zunächst galt es vom 7. bis 18. Mai eine taktische Überprüfung (TACEVAL) erfolgreich zu absolvieren. Ca. 80 Inspektoren durchleuchten alle Bereiche des Verbandes. Die erste Phase, vom 7. bis 12. Mai, fand in Geilenkirchen statt, anschließend verlegten über 200 Angehörige auf die FOB Trapani, um dort ein operationelles Einsatzzentrum aufzubauen und in Betrieb zu nehmen. Das Inspektorenteam schaute dabei immer über die Schulter. TACEVAL 2007 konnte erfolgreich beendet werden und zeigte eindrucksvoll die Professionalität der E-3A Component. Am 16. und 17. Juni feierte der Verband dann sein 25. Bestehen. Viele tausend Besucher strömten auf das Gelände und erfreuten sich unter anderem an über 40 Gastflugzeugen. Das Highlight der Ausstellung war sicher die besonders farbenfroh und aufwendig sonderbemalte E-3A (LX-N90443).

Am 18. Oktober 2007 weihte man bei der 1. und der 3. Flying Squadron moderne Missionsplanungs-Arbeitsplätze ein. Mit neuen und vernetzen Computern konnte damit eine sehr effiziente und integrierte Einsatzplanung sichergestellt werden. Ein Jahr später, am 6. November 2008 landete die LX-N90446 aus Manching kommend in Teveren und beendet damit das Mid-Term-Umrüstungsprogramm. Nach über 25 Jahren und nach Ende des kalten Krieges war es Zeit das Logo der E-3A Component zu überarbeiten. Einige Entwürfe und Abstimmungsrunden mit SHAPE galt es zu absolvieren, bis dann schließlich am 9. Juli 2009 ein modernes, zeitgemäßes Emblem präsentiert werden konnte.

Im Laufe des Jahres wurden einige Infrastrukturmaßnahmen auf der Basis durchgeführt. So wurde das ILS-System modernisiert, aber auch der Kommandostand des Verbandes auf den neuesten Stand gebracht.

Das Jahr 2010 begann mit einem Einsatz über dem Mittelmeer eine weitere Herausforderung für den Verband. Im Rahmen von Active Endeavour operierten AWACS von FOB Trapani aus. Die Maschinen sind prädestiniert Schiffe aus der Luft zu lokalisieren und zu identifizieren.

Ein verheerendes Erdbeben auf Haiti löste weltweite Hilfsbereitschaft aus an, der sich auch die E-3A Component beteiligte. Am 27. Januar 2010 startete eine erste TCA, am 28. Januar eine zweite beladen mit insgesamt 24 Tonnen Hilfsgütern. Die Route führte über Miami nach Port-au-Prince und zurück.

Das Jahr 2011 begann mit einer weiteren Operation und zwar im Rahmen von ISAF in Afghanistan. Die erste Mission der Operation Afghan Assist erfolgte am 15. Januar, am 30. Januar startete eine E-3A dann schon von Mazar-e Sharif in Afghanistan aus. Doch damit nicht genug: Parallel begann Ende März 2011 die Operation Unified Protector (OUP), hierbei ging es darum den Luftraum von Libyen zu überwachen und NATO-Luftfahrzeuge zu koordinieren. Die Missionen wurde von FOB Trapani geflogen.

Am 17. Mai 2011 wurde Tschechien offiziell in die Gemeinschaft der E-3A Component aufgenommen. Die Verhandlungen waren zwar schon Mitte 2009 erfolgreich beendet worden, doch zogen sich die Ratifizierungen und Bestätigungen in Tschechien noch hin. Am 29. August

Eine Einsatzmaschine des Verbandes auf der Rampe von Mazar-e Sharif in Afghanistan. Von dort aus nahm der Verband an der Operation Afghan Assist teil.

AWACS
25
NATO E-3A COMPONENT
1982-2007

Star des Tages der offenen Tür am 16. und 17. Juni 2007 aus Anlass des 25. Verbandsgeburtstages war die LX-N90443 in dieser auffallenden Sonderbemalung.

Kommunikationstechniker und Systemtechniker sind konzentriert während einer Mission im Rahmen der Operation Afghan Assist im Jahre 2011.

2011 konnte das Computer Upgrade Programm (CUP) erfolgreich an der gesamten E-3A-Flotte und an den zwei Missions-Simulatoren umgesetzt werden. Alle Arbeitsplätze hatten verbesserte und leistungsfähigere Prozessoren erhalten. Zum 1. November 2011 kehrten zwei E-3A aus Trapani kommend nach Geilenkirchen zurück und beendeten Operation Unified Protector.

Am 15. Januar 2012 flog die E-3A Component ihre 354. Mission im Rahmen von ISAF bzw. der Operation Afghan Assist. Praktisch täglich erfolgte ein Flug bei einer fast 100-prozentigen Zuverlässigkeit. Als am 29. Februar eine C-130 der norwegischen Luftwaffe vermisst wurde und zunächst nicht gefunden werden konnte, startete sehr kurzfristig eine AWACS, trotz widriger Wetterbedingungen und koordinierte die Suche aus der Luft. Letztendlich konnte die Herkules gefunden werden, sie war in unwegsamem Gebiet abgestürzt. Auch als SAR-Plattform kann die E-3A eine sehr wichtige Rolle spielen.

Am 13. April 2012 landete erstmals eine spezielle Boeing 757, die von TNT Airways langfristig gechartert wurde, in Geilenkirchen. Sie kann neben Fracht im vorderen, auch Passagiere im hinteren Teil des Flugzeugs transportieren. Nach Ausmusterung der 707-Frachtflugzeuge (TCA) standen dem Verband nun wieder exklusive Transportkapazitäten zur Verfügung. Die Maschine mit der Kennung OO-TFA trägt ebenfalls eine graue Lackierung.

Am 5. Juni 2012 konnte eine weitere wichtige Modifikation an der gesamten E-3A-Flotte abgeschlossen werden. Als Teil der Flugzeug-Überholungen war das Large Aircraft Infrad-Red Counter-Measures (LAIRCM) Modifikationsprogramm durchgeführt worden. Durch dieses Selbstschutz-System kann sich die E-3A nun sehr effektiv gegen hitzesuchende Flugkörper (z. B. Stinger) schützen, dies spielt vor allem während der Start- und Landephase in Einsatzgebieten eine sehr wichtige Rolle.

Mitte des Jahres 2012 stand das nächste Jubiläum auf dem Programm: Der 30. Geburtstag wurde am 16. und 17. Juni im Rahmen eines Tages der offenen Tür gefeiert. Die LX-N90445 erhielt aus diesem Anlass, im hinteren Teil des Rumpfes, eine Sondermarkierung aufgebracht.

Mitte 2013 begann ein weiteres, sehr aufwändiges Modifikationsprogramm an der E-3A. Das antiquierte Cockpit mit seinen analogen Anzeigeinstrumenten war aktuellen Anforderungen des Luftverkehrs-Managements nicht mehr gewachsen. Konsequenter Weise wurde unter der Bezeichnung Communication, Navigation, Surveillance/Air Traffic Management (CNS/ATM) der Einbau eines Glass-Cockpits und diverser neuer Avionik-Komponenten vorgesehen. Dies umfasste z. B. einen digitalen Autopiloten und Flight Management Computer, eine Kommunikationseinheit, Komponenten zur Satelliten-Kommunikation, sowie ein Wetterradar. Am 1. August 2013 landete die erste AWACS (LX-N90459) bei Boeing in Seattle und die langwierige Modifikation konnte beginnen. Zunächst war vorgesehen, erste Testflüge ab Ende 2014 zu absolvieren und die fertige Maschine im Januar 2016 wieder an den Verband zurück zu übergeben.

Am 13. März 2014 erfolgte die erste Mission im Rahmen der sogenannten Assurance Measures, die das Ziel hatte die NATO-Ost- und Südost-Flanke abzusichern. Die Einsätze erfolgten von Geilenkirchen aus aber auch von den FOBs und der FOL. Nachdem in den Jahren zuvor einige neue Mitglieder zum NAEW&C-Team dazugekommen waren, galt es am 15. Juli 2014 Abschied von einem der zwölf Gründungsmitglieder zu nehmen: Vertreter Kanadas zogen an diesem Tag ihre Flagge in Geilenkirchen ein und beendeten ihr Engagement bei NATO-AWACS. Insgesamt 950 kanadische Militärangehörige waren von 1980 bis 2014 nach Geilenkirchen abgeordnet.

Mitte 2014 verlegte die Mehrzahl der Einsatzmaschinen auf die FOBs, da die Startbahn auf dem Flughafen Teveren renoviert wurde. Das wichtige Bauvorhaben dauerte bis zur Wiedereinweihung der Bahn am 22. September 2014.

Nach ca. 1240 Einsätzen mit 12.240 Flugstunden endete für die Geilenkirchener am 25. September 2014 mit der Rückkehr der letzten AWACS aus Mazar-e Sharif die anspruchsvolle Aufgabe in Afghanistan

Das Jahr 2015 brachte einschneidende Veränderungen für die NAEW&C Force mit sich: Nach langer Vorbereitung implementierte die NATO zum 1. November, für ihre fliegende Frühwarnflotte, im Rahmen einer Zeremonie, eine neue Struktur. Dabei bestand das Ziel durch eine schlanke und effektive Ausrichtung deutliche Kosteneinsparungen zu realisieren. Die wichtigsten Änderungen war die Verlegung des NAEW&C Force Kommandos von Mons in Belgien nach Geilenkirchen und die Reduzierung der Dienstposten von 2200 auf nur noch 1401 zivile und militärische Mitarbeiter. Gleich fünf Teileinheiten wurden zu diesem Stichtag, T-Day (Transition Day) genannt, aufgelöst. Dies waren die Information Technology Wing, die Training Wing, die Aircraft Maintenance Squadron, die Electronic Maintenance Squadron sowie die 3. Flying Squadron »Eagles«. Die letzte AWACS-Landung, mit einer Crew der 3. Staffel, war schon am 1. Oktober 2015 erfolgt.

Landung einer E-3A mit durchgeführter Mid-Term-Modifikation.

In Zukunft sollte die E-3A Component nur noch aus drei Geschwadern bestehen, der Operations Wing, der Logistic Wing und der Base Support Wing. In diesem Zusammenhang sollte auch die Anzahl der Einsatzmaschinen von 16 auf 14 sinken. Bereits im Mai des Jahres 2015 war die erste E-3A (LX-N90449) ausgemustert worden.

Im gesamten Jahr 2015 erflog der Verband mit der E-3A insgesamt 5723 Flugstunden, nahm an 35 Übungen teil und verlegte 51-mal auf die FOBs und FOL. Im März 2016 begannen die Assurance Measures, die für den Bereich der Osttürkei maßgeschneidert wurden. Im Mai 2016 nahm die E-3A Component an einer zehntägigen Red Flag-Übung teil, die allerdings auf der Eielson AFB in Alaska stattfand.

Einsätze zur Unterstützung von Militäroperationen

Operation	Zeitraum	Einsatzort
Anchhor Guard, Crescent Guard	1990-1991 und 2003	Irak
Sharp Guard, Deny Flight, Deliberate Force Decisive Endeauvour, Deliberate Guard Allied Force, Joint Guardian	1992-2004	Balkan
Agile Genie, Unified Protector	1992 und 2011	Libyen
Eagle Assist	2001-2002	USA
Active Endeavour	seit 2009	Mittelmeerraum
ISAF	2011-2014	Afghanistan
Assurance Measures	2014 - aktuell	Sicherung der NATO Ostflanke
Counter ISIL	2016 - aktuell	Syrien, Irak

Einsätze zum Schutz von Großveranstaltungen mit großer Außenwirkung

Veranstaltung	Zeitraum	Einsatzor
Internationale Afghanistan-Konferenz	31. März 2009	Den Haag
Besuch US-Präsident (Deutschland)	04.-05 Juni 2009	Deutschland
G8-Gipfel	07.-11. Juli 2009	L'Aquila
Friedensnobelpreis-Verleihung	10.-11. Dez. 2009	Norwegen
Klimakonferenz	17.-18. Dez. 2009	Kopenhagen
Fußball-Europameisterschaft	08.-28. Juni 2012	Polen
Inthronisation von König Willem-Alexander	30. April 2013	Amsterdam
Nukleargipfel	24.-25. März 2014	Den Haag

Einsätze zur Unterstützung humanitärer Hilfsoperationen

Ereignis	Zeitraum	Einsatzort
Hurrikan Katrina	Sep.-Okt. 2005	USA
Erdbeben in Pakistan	Okt. 2005	Pakistan
Erdbeben in Haiti	Jan.-Apr. 2010	Haiti
Flutkatastrophe in Pakistan	Aug.-Sept. 2010	Pakistan

Am 17. September 2016 feierte der Verband das 30. Jubiläum der FOB Trapani. In dieser Zeit wurden von dort 6429 Einsätze mit über 46.000 Flugstunden absolviert. Am 5. Oktober 2016 flog der Verband seine 1000. Mission im Rahmen der Assurance Measures.

Im Rahmen eines Treffens der NATO-Verteidigungsminister im Juli 2016 war beschlossen worden, die NAEW&C Force im Rahmen der Anti-ISIL Koalition im Irak und Syrien einzusetzen. Der erste Einsatz erfolgte dann am 20. Oktober desselben Jahres von FOB Konya aus.

Am 17. November 2016 landete die erste mit Glass-Cockpit ausgerüstete Maschine (LX-N90459) in Geilenkirchen. Die Arbeiten hatten allerdings länger gedauert, als geplant, denn die Maschine weilte schon seit dem 1. August 2013 in Seattle bei Boeing. Alle nachfolgenden Maschinen sollten binnen zwei Jahren bei Airbus in Manching umgebaut werden. Der erste Einsatz von der MOB fand allerdings erst am 16. Februar 2017 statt.

Vom 3. bis 17. März 2017 nahm eine Abordnung des Verbandes an der Übung Real Thaw 2017 auf dem Portugiesischen Flugplatz Beja teil. Eine E-3A und eine E-3F der französischen Luftwaffe kontrollierten dabei die Luftoperationen der 35 teilnehmenden Flugzeuge verschiedener Nationen. Am 13. Mai 2017 besuchte Bundeskanzlerin Angela Merkel die MOB Geilenkirchen. Als Teil der NATO Tiger Association nimmt die 1. Flying Squadron Tigers regelmäßig an den Treffen der Mitglieder mit dem großen Raubtier im Wappen teil. Seit dem 19. Mai 2017 kann sie dafür auf adäquates Gerät zurückgreifen, denn die LX-N90458 erhielt spezielle und attraktive Tiger-Markierungen, die mittels Spezialfolien aufgebracht wurden. Um die Ausbildung des neuen Glass-Cockpits effektiv und realitätsnah durchführen zu können, mussten die beiden Flugsimulatoren des Verbandes umfangreich angepasst werden. Am 4. August 2017 wurde der große, voll bewegliche Flugsimulator (Full Flight Simulator, FFS) abgeschaltet und die Arbeiten an der Umrüstung begann. Kurz darauf, am 18. August, konnte der zweite Simulator, der feststehende aber trotzdem sehr realitätsnahe FTD (Flight Training Device) mit den neuen Anzeigegeräten montiert, wieder in Betrieb gehen.

Kurz vor Ende des Jahres verließ eine weitere E-3A (LX-N90455) für immer den Verband. Sie traf am 13. Dezember 2017 in Tucson, Arizona ein und wurde dort bei der bekannten Aerospace Maintenance and Regeneration Group (AMARG) eingemottet.

Ende des Jahres 2017 verließ die LX-N90455 den Verband und wurde nach Tucson, Arizona überführt. Vor der Abgabe waren schon Komponenten ausgebaut worden, so z.B. die ESM-Sensoren.

NATO OTAN
NATO OTAN
LX-N
90442
NATO

Winterbetrieb in Geilenkirchen.

Start der LX-N90450 im festlichen Look.

35 Jahre NATO AEW&C Force und E-3A Component

Mitte des Jahres 2017 feierte der NATO-Verband in Geilenkirchen sein 35-jähriges Jubiläum. Die Veranstaltungen begannen am 29. Juni 2017 mit einem abendlichen, sehr feierlichen Zapfenstreich. Der 30. Juni stand dann ganz im Zeichen eines großen Appells mit vielen hochrangigen Besuchern und Ehrengästen. Gleichzeitig fand ein sehr gut organisierter Spottertag statt, bei dem die Möglichkeit bestand, Gästeflugzeuge beim sogenannten »Fly-Inn« zu fotografieren. Über 700 Fotografen nutzen die Möglichkeiten Aufnahmen aus nächster Nähe zu machen. Abends fand zudem im Hangar 2 eine große Fliegerparty, an der über 5.000 Angehörige und Freunde teilnahmen, statt.

Am Wochenende öffneten sich dann die Flugplatz-Tore für die Öffentlichkeit und über 37.000 Besucher nutzen die seltene Gelegenheit hinter die Kulissen dieses außergewöhnlichen Verbandes zu blicken. Viele Informationsstände und ausgestellte Geräte ermöglichten interessante Einblicke, natürlich bestand die Möglichkeit die E-3A hautnah zu erleben. Angehörige des Verbandes und die Besatzungen der Gastflugzeuge standen zur Verfügung, um Fragen der Besucher zu beantworten.

Das Highlight war sicher die E-3A-Jubiläumsmaschine des Verbandes (LX-N90450), die eine attraktive grau-blaue Sonderlackierung erhalten hatte. Dieses Flugzeug war am 12. Juni vorgestellt worden und soll nun mindestens weitere sechs Jahre in dieser Bemalung im Einsatz verbleiben. Auf der ca. 500 000m² großen Ausstellungsfläche bereicherten ca. 60 ausgestellte Militär- und Zivilflugzeuge aus vielen Ländern, einige davon in außergewöhnlichen Farben, das Programm. So waren z. B. E-3D und E-3F, P-8 Poseidon, KC-135, Su-22, Tornado, Eurofighter, F-16, G550, MiG-29, F-4E, Alpha Jet, C-160D, Gripen, CH-47 und viele weitere Muster vor Ort. Dies verdeutlicht sicher die ausgeprägte nationale und internationale Verbundenheit mit der NAEW&C Force und E-3A Component.

Die Vorbereitungen zum Event waren schon über ein Jahr zuvor gestartet und bedeuteten einen enormen Organisationsaufwand, was angesichts der dienstlichen Belastung und der Ausdünnung des Personals nicht einfach zu realisieren war und für die Beteiligten in vielen Überstunden mündete. Trotzdem lohnte sich der Einsatz, ist es doch für den NATO-Verband von großer Bedeutung, sich vor allem der umliegenden Bevölkerung öffentlich zu präsentieren, um unter anderem dadurch für Verständnis und indirekte Unterstützung beim Dienstalltag zu werben.

Einmarsch zum feierlichen Appell aus Anlass des 35. Geburtstages der NAEW&C Force am 30. Juni 2017. Die Formation wird angeführt vom SACEUR, General Curtis Scaparrotti, rechts daneben Kommandeurin der NATO AEW&C Force, Generalmajor Dawn Dunlop, links Kommandeur E-3A Component, Brigadegeneral Karsten Stoye und im Hintergrund der damalige stellvertretende Kommandeur NATO AEW&C Force, Air Commodore Paddy Teakle. Rechts: Rede des Kommandeurs der E-3A Component, Brigadegeneral Karsten Stoye.

Transport Cargo Aircraft (TCA) der E-3A Component

Schon gleich von Beginn des E-3A-Einsatzes an wurde offensichtlich, dass zur Sicherstellung der Missionen von den FOBs und der FOL, aber auch von vielen weiteren Basen, ständig Transportkapazität für Personal und Material benötigt werden würde. Daraus resultierte der Wunsch eigene Transportflugzeuge anzuschaffen, die eine Unabhängigkeit von nationalen Kapazitäten bedeuten würden. Da die E-3A, gerade auch bezüglich des Cockpit-Layouts und der nötigen Crew-Prozesse, ein außergewöhnliches Muster darstellt, bot es sich an, einige Boeing 707 ins Auge zu fassen und diese Maschinen auch für Ausbildungszwecke zu nutzen. Es dauerte allerdings einige Zeit, bis die NATO die nötigen Gelder bewilligte. Die Beschaffung, Grundüberholung und Umrüstung wurde in die Hände der Firma Dornier Reparaturwerft GmbH (DRW) gelegt, die im Zeitraum zwischen 1986 und 1990 drei gebrauchte Boeing 707-320B zu Trainings- und Transportflugzeugen umrüstete.

Nach einer umfangreichen Flottenanalyse auf dem Markt, fiel die Entscheidung zu Gunsten von drei Maschinen aus dem Bestand der Sabena Airlines. Aufgrund nationaler Ansprüche im Rahmen der Ausgleichsverantwortlichkeiten (Industrial Benefits, IB), im Auftrag der NAPMO Nationen, wurde allerdings ein Großteil der Arbeiten außerhalb Deutschlands in Unteraufträgen vergeben. Wesentliche Anteile gingen nach Portugal und in die Türkei. Im Oktober 1988 erhielt der Verband seine erste Boeing 707-Frachtmaschine.

Begründet durch die Tatsache, dass der damalige Generalunternehmer DRW Schwierigkeiten hatte, die sehr umfangreichen IB Ansprüche in einem gewissen Zeitrahmen zu erfüllen, entschloss sich die NAPMA, alternative Lösungsmöglichkeiten für einen zukünftigen Generalunternehmer zu suchen. Das Ergebnis langer und intensiver Beratungen war dann die Gründung eines internationalen Konsortiums aus Firmen mit starker Beteiligung am E-3A und TCA-Programm.

Diese Programmgesellschaft mit dem Namen »International Aerospace Management Company« (IAMCO) mit Sitz in Venezia/Mestre (Italien) begann im Jahre 1992 mit der Arbeit.

Start der LX-N19996, einer Boeing 707 der E-3A Component. Die Maschine wurde dort als TCA (Transport Cargo Aircraft) bezeichnet.

Nach Ausmusterung am 26. September 2011 fand die LX-N20000 ihren Weg zur WTD 61 in Manching und wird dort weiterhin durch die Lehrlinge der Dienststelle betreut.

Der Verantwortlichkeits-Übergang in die neue Programmgesellschaft fand dann recht zügig im Lauf des Jahres 1992 statt. Gesellschafter dieser Firma waren von Anfang an die Firmen Aeronavali mit Sitz in Tessera, Dornier Flugzeugwerft GmbH mit Sitz in Oberpfaffenhofen, Sabena Airlines in Brüssel, SPAR in Ottawa und zu einem späteren Zeitpunkt dann auch KLM in Amsterdam.

Nach einigen Anfangsschwierigkeiten in der Beschaffung von geeignetem Personal auf dem lokalen Markt und der Abstellung von Mitarbeitern der beteiligten Firmen, kam es dann doch zu einer recht zeitnahen Stabilisierung in der Erfüllung der neuen Aufgaben.

Die Firma Sabena hatte schon von Anfang an, auch begründet durch die ehemalige Eigentümerschaft der Flugzeuge, die Engineering Verantwortung für die TCA inne. Im Rahmen der IB-Verpflichtungen für das Gesamtprogramm wurde dann zwischen den Partnerfirmen die Übereinkunft getroffen, dass die Instandhaltungsereignisse bei Sabena (C-Checks) und bei der Firma Aeronavali (D-Checks) durchgeführt werden sollten.

Nachdem es sich bei den ersten TCA-Flugzeugen um schon recht betagte Flugzeuge handelte und der Wartungs- und Instandhaltungsaufwand in einem nur noch schwer zu vertretbaren Umfang zunahm, wurde von der NAPMA die Entscheidung gefällt, die beiden ältesten Maschinen auszumustern und diese durch zwei umzurüstende 707-307C der Flugbereitschaft BMVg zu ersetzen. Die NAPMA kaufte zwei Maschinen (ex 10+01 und 10+04) und verhandelte Mitte 1998 den Umrüstauftrag mit der IAMCO.

Im September 1998 galt es Abschied von der Dienstältesten TCA (LX-N19996) zu nehmen, die in Neapel außerdienst gestellt wurde. Noch nutzbare Komponenten des Flugzeugs fanden allerdings ihren Weg ins Ersatzteillager des Verbandes.

Die TCA leisteten wertvolle Unterstützung für die NAEW&C Force. Die Maschinen waren von Oktober 1988 bis Dezember 2011 im Einsatz. Diese Maschine, die LX-N19997, wurde schließlich in der Wüste Arizonas eingemottet.

NATO
OTAN

Diese TCA war vor ihrer Verwendung bei der NAEW&C Force als 10+04 bei der Luftwaffe im Einsatz.

Die Umrüstarbeiten an der ersten RTCA (Renewed Transport Cargo Aircraft, Registrierung LX-N19997) begannen im Jahre 1999. Es stellte sich aber schnell heraus, dass sehr viele zusätzliche Anpassungen nötig sein würden, um eine erfolgreiche Modifikation zu ermöglichen. Dies bedeutete ein bei Vertragsabschluss für IMACO nicht vorherzusehender Aufwand, der dann mit Hilfe der Konstruktionskapazitäten der Firma Aeronavali abzuarbeiten war.

Vor Umrüstung der zweiten RTCA (LX-N20000) entschied die NAPMA diese Maschine mit einer trockenen Luftbetankungsvorrichtung auszurüsten. Der Bausatz wurde von der NAPMA beschafft und im Rahmen eines Ergänzungsauftrages in das Flugzeug eingerüstet.

Nachdem die TCA auch bei humanitären Einsätzen eine sehr nützliche Ergänzung zu den von anderen Nationen bereitgestellten Unterstützungsaktivitäten darstellte, rückte die NATO mehr und mehr in den Fokus der Öffentlichkeit, ein nicht zu unterschätzender Aspekt mit weltweiter Anerkennung und entsprechender Würdigung. Bezüglich der weiteren Nutzung und der anstehenden Notwendigkeit von Ausrüstungsergänzungen, wie z. B. dem Traffic Avoidance System (TCAS) und lebensdauerverlängernden Maßnahmen für die Zelle, wurde nach ersten Untersuchungen und Kostenabschätzungen die Entscheidung getroffen, die Flugzeuge durch andere Transportoptionen zu ersetzen. Am 28. Juli 2010 unterzeichnete man mit dem zivilen Unternehmen TNT einen Fünfjahresvertrag, der die Zurverfügungstellung von Passagier- und Frachtkapazität beinhaltete.

Am 9. August 2010 verließ die LX-N19997 Geilenkirchen, ihr letzter Flug führte sie nach Tucson, Arizona, wo sie auf der Davis-Monthan AFB eingemottet wurde. Von 1997 bis 2010 hatte diese Maschine ca. 5000 Flugstunden zurück gelegt.

Am 26. September 2011 flog die LX-N20000 von Geilenkirchen nach Manching und wurde der WTD 61 übergeben. Dort dient sie seitdem als Teil der Lehrlingswerkstatt der Nachwuchs-Ausbildung. In ca. zwölf Jahren Einsatzzeit flog die Maschine 5650 Flugstunden für den Verband. Der letzte offizielle Einsatzflug einer TCA für die E-3A Component erfolgte am 8. November 2011.

Die LX-N20199 verließ schließlich am 22. Dezember 2011 Geilenkirchen in Richtung Maastricht, Niederlande. Dort ging die Maschine in die Hände der Firma Aviation Competence Center über und dient weiterhin, wenn auch nur am Boden, als Ausbildungsflugzeug. Kurz zuvor, am 9. Dezember, war die TCA-Staffel der E-3A Component aufgelöst worden.

Organisation, Einheiten und Aufgaben der NAEW&C Force

Die E-3A-Frühwarnflotte ist eine wichtige Stütze der NATO. Sie untersteht direkt dem obersten alliierten Befehlshaber in Europa, genannt SACEUR (Supreme Allied Commander Europe). Der SACEUR ist immer ein US-amerikanischer Viersternegeneral, der das in Mons, Belgien stationierte oberste Hauptquartier alliierter Streitkräfte in Europa (SHAPE, Supreme Headquaters Allied Powers Europe) kommandiert. Ihm untersteht unter anderem die NATO Airborne Early Warning & Control Force.

Mit der zum 1. November 2015 umgesetzten Strukturanpassung verlegte die NATO den Führungsbereich der NAEW&C Force von Mons nach Geilenkirchen. Der Kommandeur dieser Dienststelle ist alternierend ein US-amerikanischer oder ein deutscher Zweisternegeneral, der ständig durch einen britischen Air Commodore (Brigadegeneral) der Royal Air Force vertreten wird. Der Führungsebene unterstehen diverse Stabsfunktionen, die z. B. übergreifend Einsätze, Personal, Technik sowie Logistik planen und überwachen aber auch die Finanzen kontrollieren oder Personalanforderungen definieren. Weiterhin führt der NAEW&C Force Kommandeur drei Einheiten, die E-3A Component in Geilenkirchen, das Mission Systems Engineering Center, ebenfalls in Geilenkirchen und die E-3D Component in Waddington, Großbritannien.

Der Stab der NATO-Frühwarnflotte umfasst ca. 100 Personen. Auch hier werden die Positionen multinational vergeben.

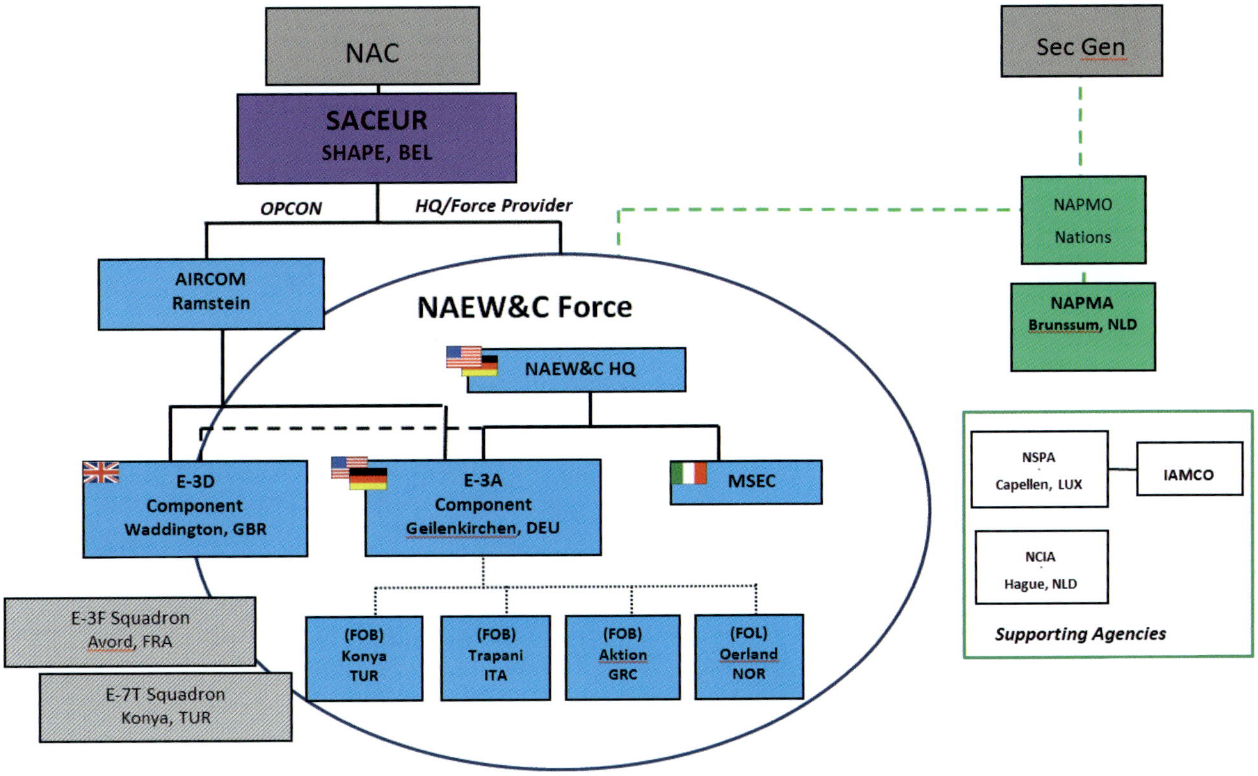

Die Gesamtstruktur der NATO AEW&C Force.

Kurz hinter dem Haupteingangsbereich der Basis in Geilenkirchen begrüßt der Verband seine Angehörigen und Besucher.

Die E-3A Component

Jeweils abwechselnd mit dem Kommandeur der NATO Airborne Early Warning & Control Force übernimmt ein deutscher bzw. ein US-amerikanischer Brigadegeneral für ca. zwei Jahre die Führung des Einsatzverbandes, der nach der Strukturanpassung zum November 2015 statt 2200 nur noch 1401 Soldaten und zivile Mitarbeiter umfasst. Die Position des stellvertretenden Kommandeurs wird immer von einem Oberst der niederländischen Luftwaffe gestellt. Insgesamt 16 Nationen sind aktuell an NATO AWACS beteiligt. Nach den zwölf Gründungsmitgliedern Belgien, Dänemark, Deutschland, Griechenland, Italien, Kanada, Luxemburg, Niederlande, Norwegen, Portugal, Türkei und den USA gesellte sich 1998 Spanien, 2006 Ungarn, 2007 Polen, 2011 Rumänien und Tschechien zur Gemeinschaft hinzu. Im Jahre 2014 verließ allerdings Kanada das multinationale Programm. Die Dienstpostenverteilung ist ca. folgende: Deutschland (31%), USA (29%), Italien (8%), Niederlande (4%), Türkei (4%), Spanien (4%), Norwegen (3%), Belgien (3%), Luxemburg (3%), Polen (2%), Griechenland (2%), Rumänien (2%), Dänemark (2%), Ungarn (1%), Tschechien (1%), Portugal (1%) und auch Großbritannien stellt Personal (ca. 1%) ab.

Der NATO-Flugplatz Geilenkirchen liegt hinter dem Ortsteil Neuteveren und grenzt teilweise direkt an die Niederlande. Die Start-und Landebahn in Ost-West-Ausrichtung ist 3048 Meter lang und bietet somit Großraumflugzeugen gute Voraussetzungen. Neben Wartungshallen, verfügt der Platz über genügend Abstellfläche für die E-3A und, im Westen des Platzes, für die permanent in Geilenkirchen stationierten Tanker der US Air Force Air National Guard.

Der Verband besteht aus drei Geschwadern, der Operations Wing, der Base Support Wing und der Logistics Wing. Daneben unterstehen dem Verband die drei Forward Operating Bases (FOBs) in Trapani (Italien), in Konya (Türkei) und in Aktion (Griechenland), sowie die Forward Operating Location (FOL) in Orland (Norwegen). Die E-3A Component operiert insgesamt 15 (Stand Februar) E-3A, ab Ende 2018 werden es nur noch 14 Maschinen sein. Derzeit ist geplant, diese 14 Maschinen bis zur Einführung eines Nachfolgemusters bis ca. ins Jahr 2035 im Dienst zu halten.

Die E-3A Component operiert ab Ende 2018 nur noch mit 14 E-3A.

Luftbetankung bei Tag und Nacht gehört zum Standardflugprogramm der AWACS-Besatzungen.

Einsatzauftrag und Aufgaben der E-3A Component

Der Einsatzauftrag umfasst unter anderem die Luftraumüberwachung und das gesamte Spektrum der taktischen Gefechtsführung zur Unterstützung wirkungsorientierter Operationen in der ganzen Welt, im Auftrag des zuständigen NATO-Befehlshabers.

Die Aufgaben umfassen im Einzelnen:

- **Luftgestützte Frühwarnung:** Luftraumüberwachung und Früherkennung von Bedrohungen aus der Luft.
- **Führungsaufgaben:** Führung von militärischen Luftverbänden der NATO bei Operationen und Übungen.
- **Jägerleitung:** Leitung von Kampfflugzeugen bei NATO-Operationen und Übungen.
- **SAR-Unterstützung:** Koordinierung von Such- und Rettungseinsätzen.
- **Ordnung des Luftraums:** Kontrolle und Koordinierung des Luftraums und dort befindlicher Luftfahrzeuge.
- **Flugkörperabwehr:** Leitung von Luftraumverteidigungseinheiten am Boden.
- **Unterstützung seegestützter Operationen:** Erstellung und Bereitstellung eines Radarbildes (Seelage), das laufende Aktivitäten innerhalb eines bestimmten Gebietes erfasst.

NATO AWACS ist eine Kommando- und Kontrollplattform für verbundene Operationen mit sowohl maritimen als auch anderen Luftstreitkräften weltweit. Der Verband nimmt aber auch an Unterstützungseinsätzen teil und ist ständiges Mitglied der NATO Response Force (NRF), sowie der High Readiness Force (HRF), die bei besonders kurzfristigen Einsätzen zur Verfügung steht.

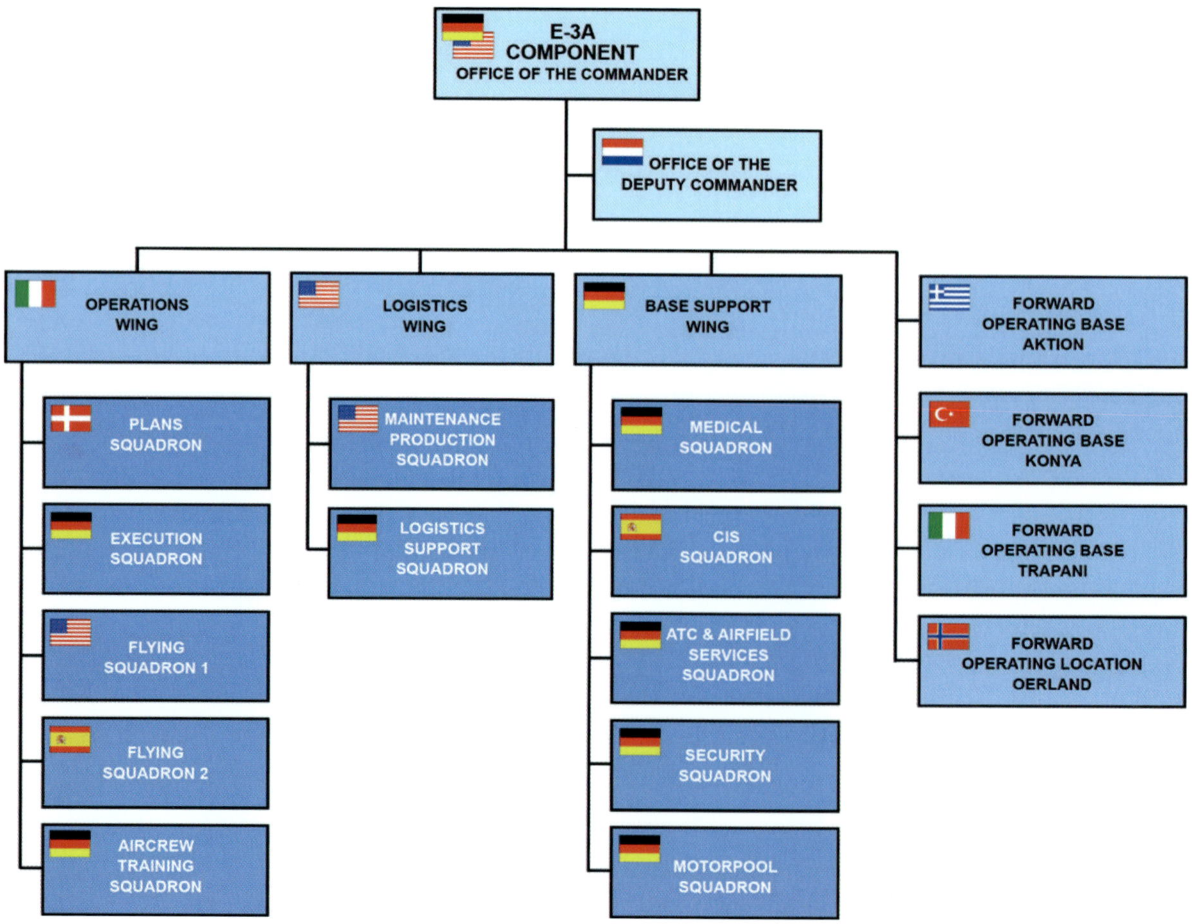

Das Organigramm der E-3A Component mit der aktuellen Länderzuordnung der einzelnen Positionen.

NATO AWACS erfüllt umfangreiche Aufgaben und wird vorrausichtlich noch bis ins Jahr 2035 im Einsatz verbleiben.

Die Operations Wing

Diese Einheit ist für die Planung und Durchführung der Flugeinsätze verantwortlich. Dazu unterstehen dem Geschwader, das durch einen italienischen Oberst und durch seinen deutschen Stellvertreter im Rang eines Oberstleutnants geführt wird, fünf Staffeln: die Plans Squadron, die Execution Squadron, die Flying Squadron 1, die Flying Squadron 2 und die Aircrew Training Squadron (ATS).

Flying Squadron 1 Tigers und Flying Squadron 2 Lions
Die beiden Fliegenden Staffeln stellen den Einsatzflugbetrieb sicher. Die Flying Squadron 1 Tigers wurde am 4. Juli 1981 in Dienst gestellt, ist seit dem Jahr 1996 vollwertiges Mitglied der NATO-Tigers Association und nimmt regelmäßig an den jährlichen Treffen teil. Das Motto der Staffel Vigilance, bedeutet Wachsamkeit. Die Flying Squadron 2 Lions wurde im September 1982 aufgestellt und trägt den Löwen als ihr Maskottchen im Staffelwappen. Das Motto der Staffel ist Quaerimus (»wir suchen«).

Beide Staffeln verfügen über fünf vollständige Einsatzbesatzungen. Eine Crew besteht aus folgenden Mitgliedern:

- 1 Kommandant (Aircraft Commander, AC)
- 1 Copilot (First Pilot, FP)
- 1 Navigator (Navigator, NN allerdings nicht mehr nach Glass-Cockpit-Modifikation, die Ende 2018 umgesetzt sein soll)
- 1Bordingenieur (Flight Engineer, FE)
- 1 Taktischer Einsatzleiter (Technical Director, TD)
- 1 Chef-Jägerleitoffizier (Fighter Allocator, FA)
- 3 Jägerleitoffiziere (Weapons Controller, WC)
- 1 Luftlageoffizier (Surveillance Controller, SC)
- 3 Radarflugmelder (Surveillance Operator, SO)
- 1 ESM-Offizier (Passive Controller, PC)
- 1 Kommunikationstechniker (Communication Technician, CT)
- 1 Systemtechniker (System Technician, ST)
- 1 Radartechniker (Radar Technician, RT)

Die Flying Squadron 1 Tigers konnte an einer Maschine des Verbandes, der LX-N90458, Tigermarkierungen anbringen lassen.

Im Untergeschoss der beiden Staffelgebäude finden sich modern ausgerüstete Multifunktionsräume für das Briefing der Mission Crew. Mindestens einen Tag bevor der Einsatzflug starten kann, beginnen schon die intensiven Vorbereitungen.

Zwei Passive Controller (PC) der Mission Crew bei der Arbeit.

Die Flightcrew bei der Arbeit. Der Navigatorarbeitsplatz auf der linken Seite wird allerdings nach Umsetzung des Glass-Cockpit-Einbaus nicht mehr besetzt sein.

Arbeitsplätze / Aufgaben

Position	Abkürzung	Begriff	Aufgaben
1	AC	Aircraft Commander	verantwortlich für den sicheren Flugbetrieb/Kapitän
2	FP	First Pilot	verantwortlich für den sicheren Flugbetrieb/1.Offizier
3	FE	Flight Engineer	verantwortlich für Triebwerke / technische Komponenten an Bord
4	NN	Navigator	verantwortlich für Flugroute bzw. einhalten des Flugplans, wird nach Umrüstung des Cockpits (bis Ende 2018) nicht mehr benötigt. Danach ein zusäzlicher Sitz im Cockpit, der bei Start und Landung besetzt sein muss.
5	–	Observerseat	zusätzlicher Sitz im Cockpit, der bei Start und Landung besetzt werden muss.
6	CT	Communication Technician	verantwortlich für Funk/Daten-Link, zusätzlich Feuerbekämpfung bei einem Brand an Bord
7	ST	System Technician	verantwortlich für das Computersystem, zusätzlich Feuerbekämpfung bei einem Brand an Bord
9 bis 11	SO	Surveillance Operator	verantwortlich für Erstellung des Luftlagebildes und dessen Austausch mit Bodenstationen
12 bis 16	WC	Weapons Controller	Jägerleitung (verbale Kontrolle von Kampfflugzeugen mittels Funk)
(1 Platz zw. 12 bis 16)	FA	Fighter Allocator	verantwortlich für die Koordination der Jägerleitung bzw. den Waffeneinsatz der Kampfflugzeuge
18 (19)	TD	Tactical Director	Gesamtverantwortung für Ausführung / Umsetzung des befohlenen Auftrags
22 (23)	PC	Passive Controller	verantwortlich für elektronische Früherkennung mittels passiver Antennen
24 (23)	SC	Surveillance Controller	Koordination der Erstellung des Luftlagebildes und dessen Austausch mit Bodenstationen
25	RT	Radar Technician	verantwortlich für die Radarsteuerung, zusätzlich Feuerbekämpfung bei einem Brand an Bord
31-37	–	Passenger Seats	zusätzliche Besatzung
42-44	–	Passenger Seats	zusätzliche Besatzung

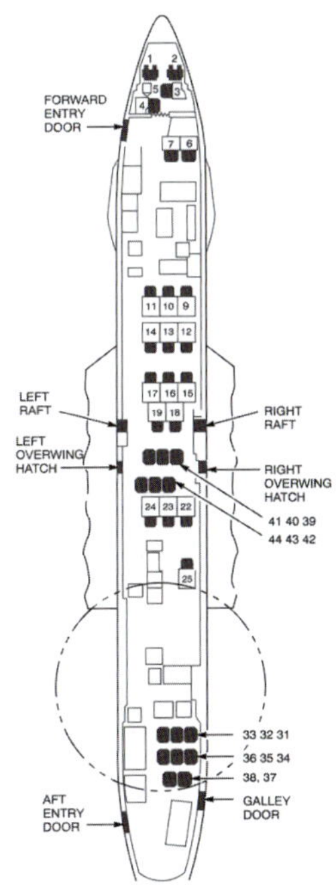

Je fünf Besatzungen gehören zu den beiden Flying Squadrons. Weitere Besatzungsangehörige finden sich in der ATS und im Stab der E-3A Component und der NAEW&C Force.

Mission NATO 06

Es ist ein verregneter Donnerstag-Vormittag im November 2017, 10 Uhr Vormittag: Die vier TF33-Triebwerke der E-3A LX-N90444 heulen auf, langsam beschleunigt die Maschine, nimmt nach ca. 2000 Metern bei einer Geschwindigkeit von 160 Knoten die Nase hoch und verschwindet danach mit Kurs Nordost in den Wolken. An Bord eine 22-köpfige, neun Nationen angehörende Besatzung der 2. Flying Squadron Lions mit dem Auftrag eine weitere Mission im Rahmen der Assurance Measures (AM) durchzuführen.

Als Reaktion auf die Vorgänge in der Ukraine und auf der Krim hatte das North Atlantic Council am 10. März 2014 beschlossen, mit ihrer NAEW&C Force regelmäßige Überwachungsmissionen in Polen und in Rumänien (sowie später dann auch im Baltikum und über der Osttürkei) zu fliegen. Der erste Einsatz mit diesem Hintergrund erfolgte schon am 13. März 2014 von Geilenkirchen aus. Ziel ist es die Lageerfassung des russischen Luftraums sowie der Seegebiete zu verbessern und fortlaufend zu überwachen. Darüber hinaus soll eine absichernde Wirkung erzielt werden. Die Flüge finden überwiegend aus Geilenkirchen, aber auch von den FOBs und der FOL aus statt. Am 11. Februar 2016 fand dann schon die 1000. AM-Mission statt. Auch die britische E-3D Component beteiligt sich zu ca. 25% an der Durchführung.

Schon am Tag vor dem NATO 06-Einsatz hatte morgens um 9 Uhr das Mission-Briefing im Untergeschoss des Staffelgebäudes stattgefunden. Erst vor einiger Zeit wurden hier neue und moderne Räumlichkeiten geschaffen, die eine optimale Flugvorbereitung erlauben. Die Vorbereitungen gliedern sich in ein kurzes gemeinsames Briefing der gesamten Crew. Hier wird zunächst Allgemeines wie Zeiten, Einsatzgebiet, Ziele der Mission und Crewumfang besprochen. Anschließend findet parallel das Flight Crew specialized und das Mission Crew specialized Briefing statt.

Die Flight Crew, bestehend aus dem Kommandant (AC), dem Copilot (FP), dem Navigator (NN, der Navigator-Arbeitsplatz entfällt allerdings mit Umrüstung auf das neue Glass Cockpit) und dem Flugingenieur (FE), geht nun u.a. detailliert den Flugablauf durch, kalkuliert Abfluggewichte, prüft und legt Ausweichflugplätze fest, bespricht An- und Abflugrouten, legt die Flugfrequenzen fest und bespricht, so eingeplant, die Luftbetankung.

Die Mission Crew sitzt derweil unter der Führung des Tactical Directors (TD) zusammen. Er legt die Besatzungs-Verantwortlichkeiten fest und bespricht die Crew-Koordination. Der Surveillance Controller (SC) und seine Surveillance Operator (SOs) definieren das Sensor-Set-Up (Radar, IFF), und besprechen die Link-Verbindungen zu anderen geplanten Teilnehmern aus der Luft oder am Boden. Die sogenannte Weapons Section, bestehend aus dem Fighter Allocator (FA) und drei bis vier Weapons Controller (WCs), konzentriert sich auf die Missionsziele unter Berücksichtigung der geplanten Missionsteilnehmer, wie Abfangjäger und andere AEW-Plattformen, deren Callsigns, reservierte Luftgebiete, Luftkampfszenarien usw. Der Passive Controller (PC) verdeutlichen sich eindringlich u.a. die ESM (Electronic Support Measures) Aufgaben und Ziele und besprechen den geplanten Datenaustausch.

Um eine optimale Ausnutzung des Fluges, typischerweise zwischen acht und zehn Stunden lang, zu erreichen, fliegen in den meisten Fällen mehr Besatzungsmitglieder mit, als unbedingt nötig. Die Maschine bietet dafür Platz: Neben fünf Sitzen im Cockpit befinden sich in der Kabine 17 Arbeitsplätze, die auch für Start und Landung besetzt bleiben. Darüber hinaus stehen noch 11 Plätze zur Verfügung, so dass insgesamt bis zu 33 Personen an Bord der E-3A sein können.

Nachdem alle Planungen durchgeführt sind, erfolgt ein weiteres gemeinsamen Crew-Briefing, das kurz und knapp alle relevanten Punkte zusammenfasst.

Am darauffolgenden Tag, morgens um sieben, triff sich die Crew im großen Briefingraum der Staffel. Nach einer kurzen Einleitung durch den Flugzeug-Kommandanten (AC), wird durch den meteorologischen Dienst via Videokonferenz das Wetter im Einsatzgebiet und für die diversen Ausweichflugplätze gezeigt. Anschließend bekommt die Crew weitere Infos zur Situation am Flugplatz Geilenkirchen, dann der Status zum Einsatzflugzeug. Schließlich wird nochmal die Bus-Abfahrtszeit kommuniziert. Ca. eine Stunde vor Abflug geht es dann zur Maschine. Vor der Zugangstreppe wartet schon die Verpflegung, sie ist ganz wichtige Voraussetzung für einen erfolgreichen Einsatz. Jedes Besatzungsmitglied hat heute zwei tiefgefrorenen Malzeiten, zwei Boxen mit Snacks, Früchten und Säften sowie natürlich Wasser zur Verfügung. Die Crew verstaut nun die Bordverpflegung und richtet sich auf den Arbeits- und Sitzplätzen ein. Dazu gehört auch das Prüfen der Notausrüstung und Testen der Notsauerstoffgeräte und Masken. Im Cockpit laufen derweil die Flugvorbereitungen auf Hochtouren. Der Navigator gibt die Flugroute in den Bordcomputer, der Flugingenieur prüft die Systeme, einer der Piloten macht einen Außencheck um das Flugzeug. Ca. 20 Minuten vor dem geplanten Start werden die TF33-Triebwerke gestartet und die Maschine rollte zur Runway 09.

Höchste Konzentration im Cockpit während der Startphase.

Start von Mission NATO 06.

Die drei Radarflugmelder (Surveillance Operator, SO) bei der Arbeit.

Nachdem die Anschnallzeichen abgeschaltet wurden, beginnt die Einsatzvorbereitung in der Kabine. Die Crew fährt die Systeme und Sensoren hoch und macht sich einsatzfertig. Dies dauert eine gewisse Zeit. Für ihre Führungsaufgabe führt die Kabine mit Magic 56 ein separates Callsign. Es ist immer um 50 höher als das Callsigns des Flugzeuges.

Die Maschine nähert sich ihrem ersten reservierten Luftgebiet nordöstlich von Warschau. Die Systeme sind hochgefahren, die Radarantenne dreht sich mit sechs Umdrehungen pro Minute und überblickt einen Umkreis von über 400 km, die Crew auf den verschiedenen Arbeitsplätzen konzentriert sich auf ihre Aufgaben. NATO 06 fliegt nun kreisrunde Orbits mit ca. 65 km Durchmesser und blickt sehr genau nach Osten. Dort, über der Enklave Kaliningrad, wird es munter. Von einem Militärflugplatz starten SU-27 Flanker, auf Grund der Radarsignatur problemlos von Magic 56 als solche erkennbar. Sie werden auf den Displays mit einem großen Z für Zombie gekennzeichnet. Die Flanker haben nicht nur NATO 06 im Blick, sondern auch eine US Air Force E-8 Joint STARS, die sich in neutralem Gebiet über der Ostsee befindet.

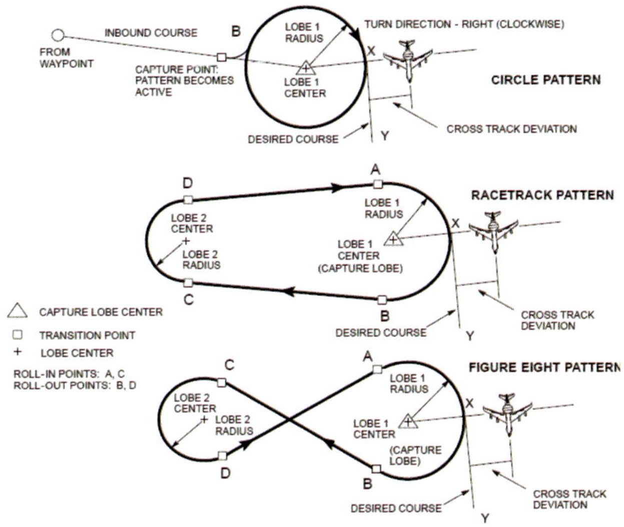

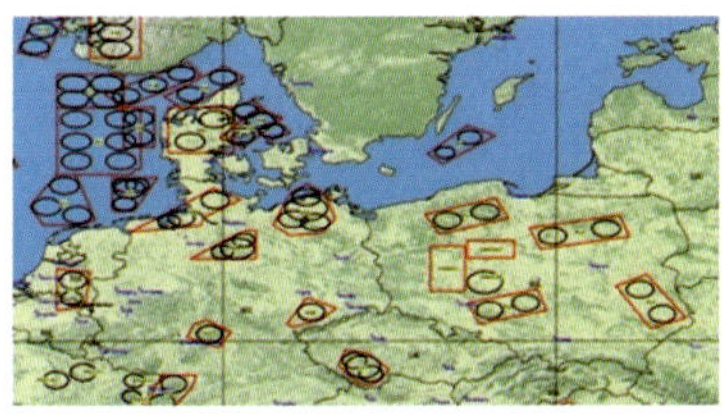

Die verschiedenen Standard-Flugkurse während einer Überwachungsphase. Am häufigsten wird der kreisrunde Kurs der sogenannte Circle Pattern abgeflogen.

Blick in die Kabine, die Crew von Magic 56. Bei vielen Einsätzen sind zusätzlich zur Standardcrew weitere Crewmitglieder an Bord, um z.B. nötige Überprüfungen abzunehmen.

Der »Tactical Director« führt die Mission Crew und hält alle Fäden zusammen. Das System ermöglicht eine sehr übersichtliche Darstellung der Radarkontakte in einem großen Umkreis. In diesem Fall betrachtet der TD aufmerksam den Start von SU-27 Jagdflugzeugen der russischen Luftstreitkräfte in Kaliningrad. Durch die zunehmenden Spannungen zwischen dem russischen Regime und der NATO im Rahmen der Krimkrise fühlen sich viele ehemalige Staaten des »Warschauer Pakts« vom einstigen »Waffenbruder« Russland bedroht.

Nach kurzem Westkurs Richtung NATO 06 drehen die Flanker nun nach Norden ab und nähern sich der E-8. Weiterhin spielt es eine große Rolle, auf beiden Seiten seine Reaktions- und Verteidigungsfähigkeit zu demonstrieren.

Magic 56 unter der ständigen Kontrolle durch den Tactical Director, verfolgt derweil alle Aktivitäten ganz genau, es besteht dabei jederzeit direkter Kontakt zur Joint STARS-Maschine aber auch zu diversen NATO-Bodenstationen. Mittlerweile haben sich die zwei Flanker gezeigt und fliegen wieder Südkurs Richtung Kaliningrad. Die ersten Crewmitglieder haben nun etwas Zeit eine erste Pause einzulegen und sich in der Bordküche im hinteren Bereich des Flugzeugs eine Mahlzeit warmzumachen. Löslicher Kaffee steht ebenfalls immer zur Verfügung. Der Routinebetrieb an Bord geht weiter. Laufend werden Luft- aber auch Seeziele aufgefasst und identifiziert. Darüber hinaus beobachtet Magic 56 Radaranlagen und Boden-Luft-Stellungen. Sollten diese im aktiven Modus sein, markiert ein Pfeil die Anlage. Aber auch im passiven Modus kann NATO AWACS die Anlagen sehen und identifizieren.

Im Vorfeld des Einsatzes waren auch Führungsübungen mit Alarmrotten vereinbart worden. In Absprache mit der polnischen Leitstelle wird nun das in Bereitschaft stehen-

Die Arbeitsplätze in der Weapons Section. Zwei Jägerleitoffiziere (Weapons Controller) und in der Mitte der Chef-Jägerleitoffizier (Fighter Allocator). Der Monitor ist vom Hersteller General Dynamics. Links daneben pro Arbeitsplatz ist das »Category select panel« mit seinen gelben und grünen Drucktasten, die ein Menü öffnen, um verschiedenste Funktionen im System und auf dem Monitor anzuzeigen bzw. darzustellen. Ist die Taste beleuchtet, ist das Element / Area ausgewählt.

de Duo aus Malbork, südlich von Danzig, alarmiert. Knapp zehn Minuten nach dem Signal erscheinen die zwei MiG-29 auf den Bildschirmen von Magic 56. Die Weapons Section hat jetzt das Sagen, der Fighter Allocator führt nun mit Unterstützung der Weapons Controller die zwei Abfangjäger, wobei abwechselnd einer als Ziel und der andere als Abfangjäger fungiert. Für die Controller der Weapons Section, aber auch für die Piloten der 41. Staffel, sind die Übungen enorm wichtig. Nach einer knappen halben Stunde endet das Training, die polnische Rotte tritt ihren Rückflug nach Malbork an.

Auch für NATO 06 wird es Zeit, weiter westlich ist ein Rendezvous mit einem KC-135-Tanker der US Air National Guard geplant. Die Surveilance Controller haben das Flugzeug längst auf dem Schirm. Im deutschen Luftraum ist dies allerdings nicht erlaubt, hier muss weiterhin die Bodenleitstelle die Koordinierung der beiden Luftfahrzeuge vornehmen. Behutsam nähert sich NATO 06 dem Tanker mit dem Rufnamen Esso 77. Die Annäherung und das Andocken der E-3A erfordert großes Fingerspitzengefühl und Können durch die Piloten. Die Luftbetankung ist ein wesentliches Einsatzelement von NATO AWACS, bei allen Flügen, die geplant länger als acht Stunden andauern, wird eine Luftbetankung vorgesehen. Deswegen ist das fortlaufende

Der Radartechniker verfügt im hinteren Teil der Kabine über einen Arbeitsplatz, von hier aus kann er die Anlage steuern und überwachen. Bei NATO 06 ist der RT ein polnischer Offizier.

Während des Transits wird die Zeit genutzt und eine Notfallübung durchgeführt.

Die zwei Radarflugmelder habe Notsauerstoff angelegt.

Trainieren, auch bei Nacht, enorm wichtig. Insgesamt drei trockene Kontakte, also ohne Treibstoffübernahme, werden heute durchgeführt. In dieser Phase muss übrigens das Radar abgeschaltet werden (siehe Technik). Nach ca. 60 Minuten wird die Übung beendet, Esso 77 dreht mit Südkurs ab. Für NATO 06 steht nun der nächste Programmpunkt an. Mit Westkurs geht es in Richtung Norddeutschland. Auf dem Flug dorthin plötzlich Alarm im Flugzeug: Im Heck ist ein Feuer ausgebrochen und eine Person ist bewusstlos. Zum Glück nur eine Übung, doch die Besatzung reagiert blitzschnell und exakt nach Checkliste. Mit angelegtem Sauerstoff wird die Situation geprüft und der bewusstlose Kamerad versorgt und geborgen. Simuliert werden Gegenmaßnahmen eingeleitet. Nach ca. zehn Minuten kann die Übung beendet werden.

Mittlerweile ist NATO 06 im reservierten Luftraum in der Nordheide, südlich von Hamburg angekommen. Der Orbit wird eingeleitet und durch den Autopiloten automatisch nachgeflogen. Die Luftbildsituation über Nordeuropa, wie auch der Schiffsverkehr auf Nord- und Ostsee, stellt sich Magic 56 unverändert klar und deutlich dar. Die große Reichweite des Radars und der Sensoren, der hohe Ausbildungsstand der Crew und die gute und klare der Situationsdarstellung auf den farbigen Displays ermöglicht einer NATO AWACS eine enormen Lage-Übersicht. Zusammen mit der bestehenden Vernetzung ergibt sich darüber hinaus ein sehr effektives Leitsystem für eigene Einsatzkräfte. Letzteres soll nun nochmal geübt werden. In Absprache mit der Bodenleitstelle werden die zwei Eurofighter der Wittmunder QRA alarmiert. Wenige Minuten später sind die Flugzeuge in der Luft und fliegen nach Norden Richtung eines größeren, reservierten Luftraums über der Nordsee. Wieder übernimmt die Weapons Section von Magic 56 und führt die Alarmrotte simuliert im Luftraum voneinander weg und dann aufeinander zu, eine sehr hohe Arbeitsbelas-

Nach ca. acht Stunden Flugzeit nähert sich NATO 06 bei einsetzender Dunkelheit der Heimatbasis in Geilenkirchen.

tung für die Controller. Nach einer weiteren halben Stunde sehr konzentrierter Arbeit wird die Übung beendet und die beiden Eurofighter fliegen Richtung Wittmund.

Für das Flight Deck, also für die Piloten, den Navigator und den Flugingenieur beginnt nun wieder eine arbeitsreiche Flugphase. Der Rückflug nach Geilenkirchen beginnt. Das Wetter hat sich verschlechtert, die Sonne ist untergegangen. In der Kabine werden die Systeme runtergefahren, die Crew bereitet sich auf die bevorstehende Landung vor. Durch die Geilenkirchner Anflugkontrolle unterstützt, nähert sich NATO 06 dem Heimatflugplatz, durchbricht ca. fünf Kilometern vor der Landebahn die Wolkenuntergrenze und landet kurz darauf nach genau acht Stunden Flugzeit sicher.

Das Vorfeld der MOB ist in gelbliches Licht getaucht. Zwei Busse warten schon, einer bringt die Mitglieder des Cockpits zur Technik, um über aufgetretenen Probleme oder Fehler des Einsatzflugzeugs zu sprechen. Der zweite Bus, mit der Kabinencrew an Bord, fährt zur Staffel zurück. Dort findet ein kurzes Debriefing unter der Leitung des TDs statt. Erst dann, nach ca. 12 Stunden Dienstzeit (maximal sind 16 erlaubt) endet der Tag für die Crewmitglieder von NATO 06 bzw. von Magic 56.

Die Aircrew Training Squadron

Die Ausbildung nimmt in der E-3A Component eine ganz zentrale Rolle ein und wird für die Cockpit- und für die Taktische Besatzung durch die Aircrew Training Squadron (ATS) durchgeführt.

Der ATS Commander, ein deutscher Oberstleutnant, greift dazu neben einigen Stabsstellen auf zwei Bereiche zu, der Flight Training Branch sowie der Academic und Simulator Branch. Insgesamt stehen ihm 120 Dienststellen zur Verfügung, die von allen beteiligten Nationen besetzt werden. Die Aufgabe der ATS besteht darin, sichere, effektive und effiziente Ausbildung durchzuführen. Dabei gilt es ausreichend Crewmitglieder für alle Positionen in der E-3 aber auch entsprechend qualifizierte Lehrer auszubilden und vorzuhalten.

Die Nationen stellen auf vakante Positionen, seien es Piloten, Flugingenieure oder Mitglieder der taktischen Crew geeignetes Personal ab, das entsprechende Vorbildung mit sich bringt. Eine Auswahl von Seiten der E-3A Component findet nicht statt. Die Piloten z. B. sind in ihren Streitkräften häufig Transportflugzeuge, überwiegend Propellermaschinen geflogen. Einige Piloten verfügen ab und an auch über Jetvorkenntnisse. Piloten der US Air Force sind die einzigen, die ggfs. schon Erfahrung auf der E-3 oder anderen ähnlichen Modellen (KC-135, E-8 Joint Stars) haben können. Die Mitglieder der Mission Crew stammen überwiegend aus dem Radarführungsdienst, die Techniker bringen viel Erfahrung aus spezialisierten technischen Bereichen mit. Trotz der soliden Grundlagen ist es nötig, sehr intensive Ausbildung durchzuführen, um die Besonderheiten der E-3 als Flugzeug, aber auch als sehr modernes Frühwarn- und Führungssystem zu ermöglichen. Im Mittelpunkt steht dabei, dass die Besatzung als Team auftreten muss, entsprechend erfolgen viele Ausbildungsschritte in größeren Gruppen.

In einem separaten, modernen Gebäude stehen diverse Ausbildungshilfen zur Verfügung, darunter ein vollbeweglicher Flugsimulator und ein weiterer Flugsimulator, der zwar unbeweglich ist, aber ebenfalls über ein sehr realistisches Sichtsystem verfügt. Dieser Flight Training Device (FTD) wurde zuerst auf das Glass-Cockpit umgebaut und dient nun ganz wesentlich bei der Umschulung auf das neue Umfeld.

Die angehenden Mitglieder der taktischen Crew können auf zwei Einsatzsimulatoren zurückgreifen, dem Mission Simulator 1 (MS1) und auf das sehr moderne und leistungsfähige Mission Training Center (MTC). Im MTC stehen praktisch alle Funktionen wie Radar, IFF, ESM, Link 11und 16, Radar Jamming, Radar Terrain Masking, Weather-Masking, ASCOT-Übermittlung und diverse Funkanalgen zur Verfügung. In einem laufenden Szenario kann der Ausbilder in Echtzeit zusätzliche Inhalte einspielen und so gezielt Ausbildungsschwerpunkte vertiefen oder erneut trainieren. Das gesamte Spektrum an Tactical Data Link (TDL) wird für den Operator angeboten. Hier kann der Ausbilder sehr realistisch den Datenaustausch mit anderen Nutzern simulieren, inklusive mögliche auftretende Fehler. Das wichtige Zusammenspiel der gesamten Crew kann optimal trainiert werden. Zusätzlich werden alle Konsolenplätze, inklusive Sprechfunk, aufgezeichnet, sodass die Szenarien im Debriefing nochmal durchgegangen werden können. Die Aufzeichnung kann jederzeit angehalten und der dazugehörige Funk angehört werden. Diese spezielle Funktionalität ist bei der Ausbildung sehr hilfreich, insbesondere, wenn komplexe Szenarien wie z. B. Red Flag oder TLP trainiert werden.

Die Ausbildung der einzelnen Crew-Positionen ist grundsätzlich in drei Abschnitte aufgeteilt:

Akademischer Teil: Einleitend werden allgemeine Themen wie Rettungsmaßnahmen, Feuerbekämpfung und CRM

Luftbetankungsübungen mit den vor Ort stationierten Tankern der US Air National Guard stellen einen wesentlichen Teil der Ausbildung dar.

Mit dem großen Flugsimulator von CAE steht den E-3A-Flugbesatzungen eine optimale Trainingsmöglichkeit zur Verfügung. Zwischen 2017 und 2018 wird er auf das neue Glass-Cockpit umgebaut.

Ganz rechts: Das ebenfalls von CAE stammende sogenannte Flight Training Device (FTD) verfügt zwar nicht über ein Bewegungssystem, ist aber dennoch sehr realistisch. Bevor eine Umschulung erfolgreich abgeschlossen ist, gilt es allerdings Flüge im Einsatzflugzeug zu absolvieren.

Das FTD wurde schon auf das Glass-Cockpit umgerüstet und wird derzeit intensiv für die Umschulungen genutzt.

Im Mission-Simulator trainieren die Besatzungen für ihre spätere Aufgabe an Bord von AWACS.

Nach Ausmusterung der eigenen TCA wurde externe Transportkapazität von der Firma ASL Airlines Belgium (vormals TNT Airways) permanent gechartert. Nun steht dem Verband exklusiv eine grau lackierte Boeing 757 zur Verfügung.

Der sogenannte Command Post im Operations Wing.

(Crew Resource Management) gelehrt. Anschließend findet in Form von Selbststudium und Unterricht eine theoretische Basisausbildung statt.

Simulator Phase: Flight Crew (Piloten und Flugingenieur) werden im Flight Training Device (FTD) sowie im Full Flight Simulator (FFS) geschult. Die Mission Crew nutzt das Mission Training Center und den Mission Simulator 1. Fliegende Phase: Im praktischen Anteil werden dann die einzelnen Ausbildungsabschnitte vermittelt, welche sich in der Simulation nicht darstellen lassen.

Alle Crew Positionen (außer Radartechniker, Kommunikationstechniker und Systemtechniker) müssen zwei Überprüfungsflüge erfolgreich absolvieren und zwar zum Abschluss der Simulator-Phase sowie zum Ende der fliegerischen Ausbildung. Danach werden die fertig ausgebildeten Soldaten im Status Combat Ready an die fliegenden Staffeln abgegeben. Insgesamt dauert die Ausbildung für alle Crew Positionen zwischen 91 und 130 Arbeitstage.

Zwei Staffeln der Ops Wing, die Plans Squadron und die Execution Squadron, planen und unterstützen bei den vielfältigen Randbedingungen, die für den weltweiten E-3-Einsatz zu beachten sind. Darüber hinaus kümmern sich die Mitarbeiter um die Organisation laufender Einsätze und Operationen dazu gehört u.a. auch die Beauftragung der externen Firma ASL Airlines Belgium (vormals TNT Airways), die nach Ausmusterung der eigenen 707 Frachtflugzeuge (Trainer Cargo Aircraft), für Passagier- und Frachtflüge eingebunden ist. Normalerweise steht dafür exklusiv eine grau lackierte Boeing 757-28A(C) mit der Kennung OO-TFA zur Verfügung. Diese Maschine verfügt über ein großes Frachtladetor auf der vorderen, linken Seite. Im hinteren Bereich sind Passagiersitze eingebaut. Sollte diese Maschine nicht zur Verfügung stehen oder zusätzliche Kapazität benötigt werden, setzt ASL andere eigene Maschinen, zumeist Boeing 737, ein.

Im Scheduling Team werden die vielfältigen Einsatz-Anforderungen an die E-3A Component in Einklang gebracht, sodass die Aufträge inklusive Ausbildungsanforderungen durchgeführt werden können. Als Teil der Execution Squadron unterstützt die Intelligence Branch bei der Auswertung und Aufbereitung gewonnener Daten, die während der Flüge aufgezeichnet werden und anschließend zur Verfügung stehen.

Das CNS/ATM Transition Team arbeitete vor allem ab 2016 sehr intensiv daran, die Ausbildungs- und Umsetzungsmaßnahmen im Hinblick auf das neue E-3A Glass-Cockpit zu organisieren. Dazu gehörte die Überprüfung von 4000 Seiten neuer technischer Vorschriften, Erstellung von Lehrplänen für die Qualifizierung und Unterschiedsschulung, Validierung der neuen Lehrgänge und Einleitung der Besatzungs-Ausbildung. Im Laufe des Jahres 2017 wurden sechs Cockpitbesatzungen auf das neues System geschult.

Die Logistic Wing

Die komplexe Technik und Logistik rund um das NATO-Frühwarnsystem erfolgt in Verantwortung der Logistic Wing. Sie wird durch einen US-amerikanischen Oberst geführt, sein deutscher Stellvertreter ist ein Oberstleutnant. Zwei Staffeln sind Teil der Einheit, die Maintenance Production Squadron und die Logistics Support Squadron. Dem Kommandeur steht eine Stabsstelle zur Seite, der Staff Assistant/Squadron Coordination Section. Sie kümmert sich um die Planung bezüglich der personellen und materiellen Ausstattung der Staffel. Auch Sicherheits- und Trainingsaspekte werden durch diese Section verfolgt.

Maintenance Production Squadron (MPS)

Die Staffel verfügt über 286 Mitarbeiter, davon 178 Zivilisten und 108 Soldaten aus diversen Mitgliedsländern, allerdings ganz überwiegende Unteroffiziersdienstgrade. Sie sind vier Teileinheiten, sogenannten Branches, zugeordnet.

Die A/C & AGE Servicing Branch wird durch einen deutschen Oberleutnant geführt, ihm unterstehen drei weitere Sections, die A/C Servicing Section, die AGE Servicing Section, sowie die Tools und Equipment Section.

Im Fokus der Teams steht die Ausrüstung der E-3, von großem Bodengerät bis hin zu Werkzeug und Servicematerial, jederzeit einsatzbereit und nutzbar zu halten. Die A/C Servicing Section stellt unter anderem die Crew Chiefs, die die Verantwortung aus technischer Sicht für die Bereitstellung einer AWACS haben. Wichtiger Bestandteil dabei ist die Durchführung der Vor- und Nachflugkontrollen. Weiterhin gilt es Systemfunktionskontrollen an der Maschine durchzuführen, Betankung und Schleppvorgänge und, falls nötig, Enteisung zu organisieren. Darüber hinaus bereiten die Mitarbeiter dieser Section, es sind insgesamt ca. 40,

Die Flugzeugwarte der A/C Servicing Section kümmern sich um die technische Abfertigung der Einsatzmaschinen.

Ein Elektronikspezialist führt hier gerade Messungen an einem Bauteil durch.

eine Einsatzmaschine für anstehende Instandhaltungsmaßnahmen vor. In der AGE (Aircraft Ground Equipment) Section werden die vielen Unterstützungsgeräte wie Wartungsplattformen und Hebebühnen regelmäßig gewartet und falls nötig instandgesetzt. Hierfür steht der Section 17 Mitarbeiter zur Verfügung. Die vielen Werkzeuge des Logistic Wing werden durch die Tools/Equipment Section betreut. Das zehnköpfige Team fokussiert sich auf die Prüfung und Wartung aller Hilfsmittel und Werkzeuge. Die Section stellt die Verfügbarkeit der Tools sicher, dazu gehört auch die Bestellung von neuem Gerät, wenn nötig. Nicht nur die Ausrüstung am Standort Geilenkirchen oder auf den FOBs der FOL, sondern auch die im Einsatzflugzeug mitgeführte Werkzeuge und Testsausrüstung, gilt es zu betrachten. Ohne diese wären die vielen Verlegungen der E-3A Component mit ihrer technisch sehr komplexen Ausrüstung nicht möglich.

Ein US-amerikanischer Hauptmann führt die A/C-Systems Branch, die ebenfalls über drei Teams verfügt, der Fuselage Section, der Electronics/ECS Section und der Propulsion Section. Die Fuselage Section verantwortet die Reparatur, den Wechsel und die Einstellung von primärer und sekundärer Flugsteuerung sowie von Hydraulik-, Pneumatik und Kraftstoffsystemen. Darüber hinaus kümmert man sich um die Fahrwerke der E-3. Die Section stellt weiterhin Spezialisten für das Disabled Aircraft Recovery Team (DAR), sollten Flugzeuge irgendwo auf der Welt liegen bleiben. Insgesamt ca. 20 Mitarbeiter tun Dienst in der Staffel, der überwiegende Anteil sind Zivilisten.

Die elektrischen Flugzeugsysteme werden durch die Mitarbeiter der Electrical and Environmental Section gewartet und falls nötig repariert. Dazu gehören auch die Flugzeugbatterie und die Generatoren, die fortlaufend getestet werden müssen. Als Sonderaufgabe kümmert sich die Staffel um die Inspektion und Wartung der Sauerstoffwagen des Verbandes. Die Propulsion Section ist verantwortlich für Wartung und Instandhaltung der TF33-Triebwerke und der Hilfsturbine (APU). Insgesamt 14 Angehörige stellen diese Aufgabe sicher.

Die Missionselektronik und Avionik repräsentiert das Herzstück der E-3A. Die zuverlässige technische Betreuung ist für die Erfüllung des Einsatzauftrages unabdingbare Voraussetzung. Nicht umsonst ist die A/C Electronics Systems Branch mit knapp 80 Mitarbeitern, 70 Zivilisten und 10 Soldaten, die größte Teileinheit der Logistic Wing. Fünf Sections sind Teil der A/C Electronics Systems Branch, die Communications Section, die Computer/ESM Section, die Radar Section, die Avionics Section und die ERCS Ground/IMF Section.

Die Mitarbeiter der Communications Section sind auf die Kommunikations-Avionik der E-3 spezialisiert. Sie ersetzten Komponenten und sind mittels diverser spezieller Testgeräte und Instrumente in der Lage Fehlersuche zu betreiben und ausgebaute Avionikkomponenten einzustellen bzw. zu kalibrieren. Bei schwerwiegenden Defekten werden die Bauteile allerdings vom Hersteller repariert. Besonders das Glass-Cockpit bedeutet eine Herausforderung für die Mitarbeiter.

Ähnliche Anforderungen bestehen auch für die Computer/ESM Section. Hier stehen aber Wartung und Instandhaltung der MCS,- ESM und LAIRCM Komponenten im Mittelpunkt. Die Spezialisten der Section sind darüber hinaus dafür verantwortlich das Mission-System der E-3 als Ganzes zu testen. Dazu kommen spezielle Testgeräte zum Einsatz. Knapp über 20 Mitarbeiter gehören zu diesem Team.

Das Herzstück der E-3 ist das AN/APY-2-Radar. 23 Mitarbeiter der Section (18 Zivilisten, fünf Soldaten) sind mit diesem komplexen System bestens vertraut. Alle geplanten und ungeplanten Wartungsarbeiten am Radar und am IFF-System erfolgen durch die Section. Die Fachleute unterstützen darüber hinaus Software-Weiterentwicklungen und Verbesserungen und unterstützen Hardware-Anpassungen.

Ein Systemtechniker kontrolliert den Laser Transmitter des Large Aircraft Infrared Countermeasures Systems.

In der Lifesupport Section wird sichergestellt, dass die Notausrüstung immer im optimalen Zustand ist.

Durch ihre Fachkompetenz nehmen sie an internationalen Treffen teil, um damit die Grundlage für ein weiterhin leistungsfähiges und zuverlässiges System zu legen.

Die Avionics Section kümmert sich um die Wartung und Instandhaltung diverser Avionik-Komponenten und zwar vor allem solche, die durch die Glass-Cockpit-Modifikation eingerüstet wurden. Ein Sonderprojekt ist es Prozeduren zur Fehlereingrenzung beim Kraftstoffanzeigesystem (FQIS, Fuel Quantity Indicating System) zu definieren. Insgesamt 18 Mitarbeiter gehören zu diesem Team.

Schließlich kümmert sich die ERCS Ground IMF Section um das komplexe und für den Einsatz sehr wichtige Gebiet der Datenübertragung mittels Link 16. Die Spezialisten betrachten dabei aber nicht nur das Flugzeug, sondern ebenso die Bodenstationen um sicherzustellen, dass NATO AWACS immer zuverlässig seine Daten zur Verfügung stellen kann.

Das vierte Standbein der Maintenance Production Squadron ist die General A/C Maintenance Branch, bestehend aus drei Bereichen der Aircraft Inspection Section, der Structures Section und der Life Support Section.

Die Mitarbeiter der Aircraft Inspection Section führen die Phaseninspektionen an den E-3A-Maschinen durch.

Im Bereich des Logistic Wing befindet sich auch ein digital vernetzter Unterrichtsraum mit Farbmonitoren zur Schulung unter anderem der neuen »Glass-Cockpit« Instrumentierung. Hier werden gerade bestimmte Funktionen des Ground Prox Warning Systems durchgespielt.

Auch Strukturarbeiten, wie z.B. hier am Rotodome, können in Eigenregie durchgeführt werden.

Als Teil der Inspektionsmaßnahmen gilt es unter anderem Korrosion an der Struktur zu erkennen. Deswegen verfügt die Section über Spezialisten, die mögliche Korrosionsstellen suchen und behandeln können. Dazu gehört auch die Nutzung von zerstörungsfreien Testmethoden wie Ultraschall o.ä. Weiterhin kümmert sich das Team um die Montage, Demontage und Aufbereitung der Flugzeug-Felgen und Reifen. Ca. 30 Mitarbeiter gehören zu dieser Section.

Es gibt keine Phaseninspektion ohne Befunde und damit verbundenen Nacharbeiten. Hier kommt der Structural Repair Shop zum Tragen. Strukturreparaturen, seien es Metall oder auch Fiberglas, werden durchgeführt. Dazu gehört auch eine spezialisierte Schweißerei sowie ein Werkstatt, die u.a. auch über Drehbänke und Fräsmaschine verfügt.

Kein Flug findet ohne die vorgeschriebene Notausrüstung statt. Dazu gehören Schwimmwesten genauso wie Rettungsinseln, Sauerstoffflaschen usw. Die Life Support Section kümmert sich mit ihren acht Angehörigen nicht nur um diese Ausrüstung, sondern führt auch Lehrgänge für die fliegenden Crews durch.

Wartung und Instandhaltung der E-3A

Die NATO E-3A steht ca. 35 Jahre nach dem Bau weiterhin sehr zuverlässig im täglichen Flugdienst und soll dies nach aktuellen Planungen noch weitere 17 Jahre lang bleiben. Grundlage für diese Leistung ist eine gute und gründliche Wartung, sowie geplante wie ungeplante Instandhaltung.

Im täglichen Flugdienst kümmern sich die Wartungscrews unter Führung des Crewchiefs um technische flugklare Maschinen z. B. mittels Durchführung von Vorflugkontrollen und diverser Maßnahmen nach der Landung. Viele kleinerer Wartungsdienste werden durch die Mitarbeiter der A/C Servicing Section sichergestellt.

Die planbare Wartung und Instandhaltung basiert auf einem Phasenkonzept. Jede Maschine erhält einmal pro Jahr (oder nach 600 Flugstunden, je nachdem was vorher eintrifft) eine Phaseninspektion. Nach sechs Phasen steht eine ausführliche Grundüberholung an, die Depot Level Maintenance (DLM). Danach startet die Phasenlogik von vorne. Die drei verschiedenen Phasen decken neben einem Standardprogramm jeweils verschiedene Schwerpunkte ab. Für eine Phase werden 20 Arbeitstage eingeplant, die tatsächliche Dauer hängt aber auch davon ab, welche Befunde sich ergeben. Die Durchführung erfolgt normalerweise im Zweischichtbetrieb.

Die Überprüfung läuft folgendermaßen ab: Nach ihrem letzten Flug und der Landung wird die Maschine enttankt und anschließend gewaschen. Danach kommt sie in die Wartungshalle. Der erste Tag dient der Vorbereitung, es werden sämtliche Arbeitsbühnen, zum Beispiel für Antennen und das Leitwerk platziert, weiterhin alle beweglichen Teile gesichert. Anschließend beginnen die Mechaniker die zu inspizierenden Bereiche frei zu legen. Korrosionskontrolle nimmt einen wesentlichen Stellenwert ein. Zunächst ohne jeglichen Korrosionsschutz ausgeliefert, wurde das Metall nach und nach versiegelt. Dieser Schutz muss nun ständig kontrolliert und ggfs. erneuert werden.

Nach den Freilegungsarbeiten startet die sog. Look-Phase (Inspektionsphase) d.h. im Verbund aller Fachgruppen wie z. B. Triebwerker, Hydrauliker, Elektriker, Strukturspezialisten etc. werden die jeweiligen Bereiche genau kontrolliert. Anschließend wird das Flugzeug komplett abgeschmiert. Dabei sind z. B. alleine für den Flügel zwei Mitarbeiter einen Tag lag beschäftigt. Nun startet die Fix-Phase, in der alle Befunde durch die Fachgruppen repariert werden. Ist dies beendet, kann der Zusammenbau erfolgen, danach wird die Maschine aus der Halle geschleppt und aufgetankt. Nun folgen umfangreiche Funktionsüberprüfung aller beweglichen Teile sowie ein Triebwerkslauf bei 85% Leistung, um mögliche Undichtigkeiten zu lokalisieren. Das findet mit sechs bis acht Mechanikern statt und dauert zwischen vier und sechs Stunden. Parallel werden durch die Spezialisten für die Mission-Systeme umfangreiche Funktionstests durchgeführt. Nach Beendigung der Arbeiten wird das Statusbuch des Flugzeugs gepflegt und die Daten werden in der Planungsstelle elektronisch aufgenommen: Nun kann die Maschine wieder flugklar erklärt werden.

Zwischen den Phasen wird nach 150 Tagen noch eine Zwischenphase durchgeführt. Nachdem das Flugzeug gewaschen ist, geht es vor allem um Sichtprüfungen, wozu auch wieder Verkleidungen abgenommen werden müssen. Natürlich stehen auch immer Bereiche im Mittelpunkt, die besonderes Augenmerk verlangen. Eine permanente Schwachstelle des Flugzeugs ist das Seitenruder. Durch die besonderen Strömungen aufgrund der Radarantenne liegen am Ruder im Flug besonders große Kräfte an, die immer wieder zu Struktur-Schäden führen. Um diese Schäden eindeutig zu erkennen und das Ruder ausbauen zu können, muss ein sogenanntes Fin-Fold, ein Umklappen des Seitenleitwerks, erfolgen. Insgesamt ist das Flugzeug technisch aber sehr zuverlässig und macht, auch wegen der intensiven und gründlichen Wartung, wenig Probleme.

Auch die Struktur im hinteren Bereich des Flugzeugs, rund um die Rotodome-Aufnahme, bereitet keine speziellen Sorgen, da der Flugzeughersteller eine sehr robuste Auslegung realisiert hat. Das Alter der Maschine bedeutet aber immer wieder Herausforderungen bezüglich der benötigten Ersatzteile. Oftmals sind Ersatzteile, die selten benötigt werden, nicht mehr erhältlich. Diese Teile müssen also mit eigenen Mitteln oder durch externe Firmen instandgesetzt oder auch aufwendig und teuer nachgebaut werden. Dies führt zu höheren Kosten und längeren Standzeiten.

Alle sechs Jahre steht dann eine sehr intensive Überholung an, die sog. Depot Level Maintenance (DLM). Sie wird bei der Airbus Defence und Space GmbH in Manching durchgeführt und benötig ca. 200 Arbeitstage. Insgesamt 120 Airbus-Mitarbeiter sind pro Ereignis ca. 80.000 Stunden beschäftigt, bis wieder eine vollständig überholte Maschine zur Verfügung gestellt werden kann. Nach der Entlackung werden in einer eigenen Halle zunächst diverse Komponenten der E-3, wie z. B. Fahrwerke, Triebwerke, Steuerflächen, Mission-Systeme, Avionik etc. ab- und ausgebaut und

Zwei große Hallen stehen für die Wartungs- und Instandhaltungsmaßnahmen an der E-3A zur Verfügung.

Im Zuge der Depot Level Maintenance (DLM) bei Airbus Defence in Manching, die alle sechs Jahre stattfindet, wird die Maschine zunächst völlig vom Lack befreit.

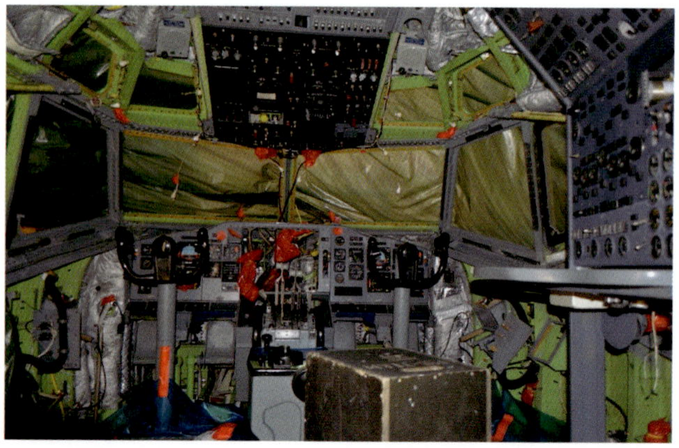

Auch im Cockpit werden alle Instrumente entfernt und auf korrekte Funktion geprüft.

Die intensive Instandhaltung ermöglicht es, dass die E-3A schon 35 Jahre zuverlässig im Dienst steht und noch weitere 17 Jahre aktiv bleiben soll.

weltweit verschickt, da die Arbeitspakete im Rahmen des Industrial Benefit von vielen internationalen Firmen durch geführt werden. In Manching erfolgt vor allem die sehr intensive Inspektion der Flugzeugzelle sowie der vielen Leitungen und Kabelbäume und, bei Befund, Tausch oder Reparatur der defekten Teile. Unter anderem werden fortlaufend Befestigungsnieten erneuert, bis zu 60.000, um die Einsatzlebensdauer der E-3 bis ca. ins Jahr 2035 sicher zu stellen. Gegen Ende der Liegezeit erfolgen der langwierige Zusammenbau, die Lackierung und diverse Bodentests, unter anderem auch ein 48 Stunden dauernder Dichtigkeitstest der Kraftstofftanks. Schließlich wird ein Abnahmeflug absolviert. Überlappend befinden jedes Jahr zwei bis drei Maschinen in der DLM. Bis Ende 2016 wurden schon insgesamt 50 DLMs an der NATO AWACS-Flotte in Manching durchgeführt.

Die Vergabe der Arbeiten wird übrigens über die NATO-Beschaffungsorganisation NSPA (NATO Supply and Procurement Agency) an das Firmenkonsortium IAMCO (International Aerosoace Management Company) mit Sitz Mestre, Italien, geregelt. Die IAMCO besteht aus den Firmen Airbus Defence & Space, KLM, Sabena Aerospace und Leonardo (ehemals Finmeccanica).

In Manching steht eine separate Halle zur Verfügung, die ausschließlich für NATO AWACS genutzt wird. Eine DLM dauert ca. 200 Arbeitstage.

Logistics Support Squadron

Ohne funktionierende Materialversorgung ist es nicht möglich einen Einsatz durchzuführen. Die Logistics Support Squadron unter Führung eines deutschen Majors mit seinen 125 zivilen und militärischen Mitarbeitern und einem jährlichen Budget von ca. 460 Mio € stellt dieses sicher, verantwortet aber darüber hinaus viele weitere Aufgaben. Die Staffel besteht aus vier Bereichen, der Material Management Branch, der Material Storage & Distribution Branch, der Logistics Support Programme Branch sowie der Logistics Support Branch.

Die Material Management Branch besteht aus sechs Sections und stellt sicher, dass die E-3A Component immer auf ausreichend Material wie z. B. Flugzeugersatzteile (instandsetzbare Teile sowie Verbrauchsartikel), Kraftstoffe, Munition, Einsatzkleidung, Schutzausrüstung aber auch jegliches Großgerät usw. zugreifen kann. Dabei ist es wichtig jederzeit Bestand und ggfs. Ablauftermine zu beachten und rechtzeitig nach zu beschaffen. Ein Team der Branch, die Host Nation Support Section, koordiniert und führt alle Einkäufe des Verbandes von lokalen deutschen Anbietern durch. Eine Section kümmert sich um die Inventarisierung der Ausrüstung.

Die Logistic Squadron verantwortet u.a. die Ersatzteilversorgung, die für das komplexe AWACS eine besondere Herausforderung bedeutet. Insgesamt 28 Lagerorte werden betrieben und verwaltet.

Die Material Storage & Distribution Branch ist dafür verantwortlich das Material des Verbandes anzunehmen, in einem der insgesamt zwölf Lager am Standort Geilenkirchen unterzubringen und bei Bedarf zeitgerecht zur Ver fügung zu stellen. Ca. 25.000 Artikel im Werte von 250 Mio € werden durch das Team gehandhabt. Weiterhin verantwortet die Branch, dass jederzeit drei sogenannte Mission Readiness Spare Packages (MRSP) zur Verfügung stehen. Diese Zusammenstellung von einsatzwichtigen Geräten und Teilen sind in verladbaren Containern untergebracht und sollen im Bedarfsfall eine sehr schnelle Verlegung und sofortigen Einsatz sicherstellen. Der Wert dieses Ersatzgerätes beträgt ca. 31 Mio €. Auch die Kraftstoffversorgung erfolgt durch die Teileinheit. Im Jahr werden ca. 42 Mio. Liter Kraftstoff für ca. 2000 Flugzeugbewegungen (inklusive der US ANG Tanker) zur Verfügung gestellt. Auch die 164 Fahrzeuge des Verbandes werden durch die Branch versorgt.

Die Logistics Support Programme Branch formuliert und stellt die Einhaltung der nötigen Vorschriften und Durchführungsanweisungen für den Materialwirtschaftsbereich sicher. Die Einheit verfolgt einsatzwichtige Teile und verwaltet die diversen Unterstützungs- und Austauschabkommen zwischen der NATO mit der US Air Force, der Royal Air Force und der französischen Luftwaffe. Das Team ist auch dafür verantwortlich, dass das Inventar korrekt ist und die notwendige Dokumentation dazu stimmt. Dabei gilt es insgesamt 28 Lagerorte auf der MOB aber auch auf den FOBs und der FOL im Blick zu behalten. Weiterhin werden Analysen erstellt, um hieraus Erkenntnisse für zukünftige Planungen zu erhalten. Schließlich ist die Logistics Support Programme Branch Ansprechpartner bei den regelmäßig stattfindenden Audits.

Das vierte Standbein der Logistics Support Squadron ist die Logistics Support Branch, das wiederrum aus drei Teams besteht. Die Tool and Equipment Section kümmert sich um die vielen Arbeits- und Testgeräte der Maintenance Production Squadron. Das Team betreibt die Ersatzteil- und Werkzeugausgabe, stellt die Verfügbarkeit der Werkzeuge und Testgeräte sicher und beschafft, wenn nötig, zeitgerecht nach. Auch die Arbeitsvorschriften in der Flugzeugwartung werden verwaltet und akkurat gehalten.

Die Logistics Support Branch kümmert sich darüber hinaus um die Betreuung der durch die E-3A Component transportierten Passagiere inklusive deren Gepäck und transportiert und verlädt mitgeführte Fracht. Dafür stehen spezielle Fahrzeuge und Geräte zur Verfügung.

Schließlich ist die Branch für die Aus- und Weiterbildung der Angehörigen verantwortlich. Hierfür wird ein spezielles Trainingssystem verwendet (Instructional Systems Development, ISD), das standardisierte und nachverfolgbare Ausbildung ermöglicht. Über 200 Kurse müssen eingeplant und durchgeführt werden.

Die Base Support Wing

Diese Teileinheit der E-3A Component bündelt diverse Unterstützungsaufgaben, die für einen reibungslosen Einsatzauftrag unerlässlich sind. Die Base Support Wing wird von einem deutschen Oberst geführt. Ihm untersten ca. 560 Soldaten und zivile Mitarbeiter (ca. 230 Soldaten aus den NATO-Mitgliedsländern, 140 Zivilisten aus den NATO-Mitgliedsländern und 190 lokale Zivilisten), die in fünf Staffeln und drei selbständigen Gruppen eingesetzt sind.

Die Sicherheit der E-3A Component wird durch die Security Squadron gewährleistet, sie stellt den Militärpolizei-Kommandeur. Die Hauptaufgabe besteht darin den Standort Geilenkirchen rund um die Uhr zu sichern und damit auch die Mitglieder der Component zu schützen. Dies betrifft den gesamten Flugplatz- und Unterkunftsbereich sowie nochmal speziell den besonders gesicherten Vorfeldbereich. Die Staffel stellt in ihrem Verfügungsbereich die Einhaltung der Vorschriften sicher und wirkt Verbrechensvorbeugend. Der zur Staffel gehörige verantwortliche Sicherheits-Offizier der E-3A Component definiert sinnvolle Sicherheits- und Schutzmaßnahmen für die MOB aber auch für die FOBs und die FOL. Eine wichtige Aufgabe ist weiterhin die Ausbildung und das fortlaufendes Training der Staffelmitglieder.

Die Component verfügt über eigene medizinische Kapazitäten, die in der Medical Squadron konzentriert sind. Die Fliegerärzte der Staffel stellen die Flugtauglichkeit der Besatzungsangehörigen sicher bzw. leiten, wenn nötig, Behandlungen ein. Die Crews haben darüber hinaus die Möglichkeit sich zahnmedizinisch versorgen zu lassen. Die Staffel stellt eine Notfall-Erstbehandlung für alle Angehörigen

Nicht nur auf dem Vorfeldbereich spielt die Base Support Wing eine wichtige Rolle und ermöglicht so die Durchführung der Einsatzaufträge.

Flugbewegungen finden nur unter Aufsicht der Feuerwehr statt.

Die Fluglotsen der Air Traffic Control & Airfield Services Squadron ermöglichen einen sicheren Flugbetrieb in und um Geilenkirchen.

am Standort sicher. Mitglieder der Staffel sind auch Teil der Crash Crew bei eventuellen Flugunfällen auf dem Flugplatz. Die Staffel verantwortet weiterhin die Vorgaben zur Gesundheit am Arbeitsplatz, die am Standort zu beachten und einzuhalten sind. Weiterhin bieten die Angehörigen der Staffel medizinische Unterstützung bei Verlegungen an und stellt einen medizinischen Berater beim Kommandeur der Component, aber auch der übergeordneten Dienststelle der NATO AEW&C Force.

Die Communication and Information Systems Squadron hat die wichtige Aufgabe, die diversen IT- und Kommunikationssysteme des Verbandes einzuführen und zu unterhalten, inne. Die betrifft insbesondere auch ganz spezielle Systeme für Boden-Prozesse aber auch zur Missionsdurchführung. Die Staffel hat weiterhin die Aufgabe, die dazugehörige Hardware, wie Computer usw., betriebsbereit zu halten und verfolgt dazu die Lebensdauer der Geräte. Schließlich verfügt die Staffel über Spezialisten, die die wichtige und besonders sensible Internetsicherheit für die E-3A Component sicherstellen.

Auch die Motor Pool Squadron erbringt einen sehr wichtigen Beitrag, dass die Component ihren Auftrag erfüllen kann. Die Staffel verwaltet und überwacht alle Fahrzeuge des Verbandes, nicht nur auf dem Heimatstandort, sondern auch auf den FOBs bzw. der FOL. Die Staffel übernimmt alle Transportfahrten z. B. für die Einsatzcrews zu und von den Flugzeugen. Aber auch die Reinigung und ggfs. die Räumung von Schnee und Eis auf den Vorfeldbereich und der Start- und Landebahn gehört zum Verantwortungsbereich der Einheit. Die unterstellten Fahrzeuge werden in der Staffel gewartet bzw. die Wartungsmaßnahmen werden organisiert. Schließlich stellt die Staffel den sogenannten Airfield Manager.

Ohne die Air Traffic Control & Airfield Services Squadron gäbe es keinen Flugbetrieb in Geilenkirchen. Die Staffel verantwortet die Flugleitung- und Kontrolle und baut dabei auf hochqualifizierte Fluglotsen, die in Schichten Dienst tun. Besondere Herausforderung bedeutet die komplexe Luftraumstruktur und die Nähe des Platzes zur niederländischen Grenze und den damit verbundenen Einschränkungen aus Gründen des Fluglärms. Um Ausbildung und Training für die Fluglotsen zu ermöglichen, verfügt die Staffel über einen entsprechenden ATC (Air Traffic Control)-Simulator. Auch ein meteorologischer Dienst gehört zum Repertoire der Staffel. Ganz wichtig und Grundvoraussetzung für den Flugbetrieb ist die Flugplatz-Feuerwehr,

Die 67 Mitglieder der Feuerwehr sorgen nicht nur für Sicherheit auf dem Vorfeld, sondern auch am gesamten Standort.

Die Food & Service Branch kümmert sich um das leibliche Wohl der E-3A Component. Besonders im Blickpunkt steht die Bordverpflegung für die Einsatzcrews.

die ebenfalls Teil der Air Traffic Control & Airfield Services Squadron ist. Bevor ein Flugzeug die Triebwerke anlässt, sind Einsatzwagen in Bereitschaft und sichern somit den Anlass- und Startvorgang einer E-3, einer KC-135 oder einer Gastmaschine ab. Insgesamt verfügt die Flugplatz-Feuerwehr über 67 Personen (vor allem zivile Mitarbeiter), es stehen zwölf Fahrzeuge zur Verfügung.

Schließlich kümmert sich die Staffel selbst um ihre Ausrüstung wie z. B. das Kontrollradar, die Funk- und Navigationsausrüstung.

Teil der Base Support Wing sind neben den Staffeln drei eigenständige Gruppen. Die Base Support Management Branch leistet administrative und funktionale Unterstützung für die internationalen Angehörigen der E-3A Component. Dazu gehören unter anderem auch ein Übersetzungs-Service und diverse weitere Angebote.

Eine gute und ausreichende Verpflegung sind Voraussetzung erfolgreicher Leistungen, insbesondere die Einsatzcrews können Dienstzeiten von bis zu 16 Stunden erreichen. Die Food & Service Branch ist für die Versorgung der Besatzungen, aber auch der Angehörigen am Standort verantwortlich. Um diese Aufgabe zu gewährleisten, betreibt die Staffel mit ihren 43 Angehörigen u.a. eine große Küche und auch eine moderne Kantine, das Rotodome. Für die täglichen Missionen wird die Verpflegung vor Ort zusammengestellt, sie besteht aus mehreren eingefrorenen Mahlzeiten, Obst, Snacks, diverse Getränke und natürlich heißes Wasser für die Zubereitung von Tee oder löslichem Kaffee. Pro Jahr werden über 22.000 Mahlzeiten für die Crews vorbereitet. Insgesamt kümmert sich die Staffel um die Moral und das Wohlergehen der Angehörigen. Sie betreibt weiterhin Clubs und Sportstätten, sowie die Bibliothek am Standort.

Die Infrastructure Branch schließlich stellt die volle Nutzbarkeit der Gebäude und Einrichtungen auf der MOB sowie auch auf den FOBs und der FOL sicher. Darüber hinaus ist die Staffel Ansprechpartner des Bau- und Liegenschaftsbetriebs NRW und des Bundeswehrdienstleistungszentrums Aachen, die bei Infrastrukturmaßnahmen involviert sind.

In den Verantwortungsbereich des Base Support Wings fallen schon laufende oder geplante Infrastrukturvorhaben. So steht eine Modernisierung des Vorfeld-Bereichs, der IT-Unterstützungs-Einrichtung und diverser Gebäude am Standort Geilenkirchen an. Darüber hinaus soll eine neue Feuerwache gebaut werden und ein modernes System zur Erkennung von möglichen Eindringlingen installiert werden. Weiterhin wird ein neues Radar (ASR-S) eingeführt werden. Bei allen Vorhaben handelt es sich um Investitionen im zweistelligen Millionenbereich.

Forward Operating Bases

Um das NATO-Gebiet optimal abdecken zu können, aber auch um politischen Forderungen gerecht zu werden, wurde schon früh beschlossen, neben der Hauptbasis in Geilenkirchen weitere Basen mit permanenter Besetzung einzurichten. Es wurden drei Standorte im Süden des Bündnisgebietes ins Auge gefasst und zwar in Konya (Türkei), in Aktion (Griechenland) sowie in Trapani (Italien). Darüber hinaus ein Standort im Norden Europas und zwar in Orland (Norwegen). Die Arbeiten starteten zunächst in Konya mit dem Bau eigener Wartungs-, Einsatz- und Unterkunftsbereiche. Am 25. Oktober 1983 erfolgte der erste Einsatz einer E-3A von der FOB (Forward Operating Base) Konya aus. Kurz darauf, am 2. November 1983, wurde der Standort in Orland eröffnet. Am Tag zuvor war dort die erste E-3A aus Geilenkirchen kommend gelandet. Im hohen Norden war nur ein kleinerer Ableger der E-3A Component geplant, darüber hinaus erlaubt Norwegen es nicht, dass NATO-Angehörige permanent in Orland stationiert sind. Aus diesem Grund firmiert die Station dort bis heute als Forward Operating Location (FOL).

Im März 1983 begann der Flugbetrieb auf den FOBs in Trapani und in Aktion mit dem AWACS.

In den zurückliegenden Jahren wurde Konya am intensivsten genutzt, über 10.000 Einsätze erfolgten von dort. Auf jeder FOB sind ca. 20 Mitarbeiter der E-3A Component ständig stationiert um operationelle, logistische und technische Unterstützung zu leisten.

Abendstimmung auf der FOB Trapani, Sizilien.

Eine E-3A wird in Orland vor einem Einsatz enteist.

Start einer AWACS in Konya, Türkei. Diese FOB wurde aufgrund der diversen Einsätze in dieser Gegend bis dato am häufigsten genutzt.

Die E-3D Component

Die in Waddington stationierte britische E-3D Component ist wie auch die E-3A Component Teil der NATO AEW&C Force und nimmt mit ihren sechs einsatzfähigen E-3D Sentrys eine wichtige Rolle im Verteidigungskonzept des westlichen Bündnisses ein. Von Anfang an war Großbritannien sehr intensiv in das Vorhaben zur Etablierung einer durch die NATO operierten, luftgestützten Frühwarnflotte eingebunden. Allerdings führte die Entwicklung neuer Radarsysteme auf nationaler Ebene, sowie die Verfügbarkeit eines geeigneten Trägersystems dazu, das erheblicher Druck auf der britischen Regierung lastete, eine eigenständige Lösung zu verfolgen und sich nicht NATO AWACS anzuschließen. So trennten sich Ende März 1977 die Wege und Großbritannien schritt mit einer separaten Entwicklung, der Nimrod AEW voran. Allerdings gab es keinen Dissens, dass beide fliegenden Systeme unter einem gemeinsamen Dach operieren sollten, deswegen wurde weiter ein intensiver Austausch gepflegt und Vertreter der RAF stellten jederzeit Mitglieder in den NATO AWACS Arbeitsgruppen.
Großbritannien wollte auch deswegen zügig voranschreiten, da die Zeit drängte: Auf der einen Seite erwartet man eine längere Hängepartie bezüglich dem NATO-Vorhaben, anderseis verfügte man selbst nur über zwölf betagte Avro Shackleton, die als Übergangslösung zu Frühwarnflugzeugen umgebaut worden waren und von RAF Lossiemouth in Nord-Schottland aus operierten. Somit wurden die Arbeiten an einem nationalen System zügig vorangetrieben. Als Trägerflugzeug war die British Aerospace Nimrod vorgesehen, eine militärische Version der de Havilland Comet. Die AEW-Version entstand dabei aus umgebauten Nimrod MR2-Seeaufklärern. Insgesamt elf Nimrod AEW Mk.3 waren für die RAF vorgesehen. Die Entwicklung der Maschine zog sich allerdings länger hin, als es erwartet worden war. Der Erstflug fand zwar am 16. Juli 1980 statt, die Ausrüstung war zu diesem Zeitpunkt aber noch weit von einer akzeptablen Einsatzreife entfernt. Das Flugzeug kämpfte vor allem mit viel zu schwach ausgelegten Computern, die dem Datenvolumen nicht Herr wurden. Ein größeres Konstruktionsdefizit betraf die Gerätekühlung, die über Wärmetauscher im Kraftstoffsystem funktionierte. Effektiv war dies aber nur bei vollen Tanks, sodass es während einer Mission bald zu Überhitzungen kam. Ein Neustart im Flug konnte durch das nötige Aufspielen von Daten mehrere Stunden in Anspruch nehmen. Trotz noch vieler bestehender Einschränkungen führte die RAF das Frühwarnflugzeug ab 1984 bei der No. 8th Squadron ein.

Kein rühmliches Kapitel britischer Luftfahrtgeschichte: Der Plan ein unabhängiges Frühwarn-Muster zu operieren ging für Großbritannien nicht auf. Insgesamt elf Nimrod AEW Mk.3 (inklusive drei Prototypen) wurden aus der Version Nimrod MR.2 umgebaut und trafen ab 1984 bei der Einsatzstaffel, No 8th Squadron, ein. Aufgrund diverser Probleme wurde das Vorhaben am 18. Dezember 1986 aber beendet und die Maschinen wurden außer Dienst gestellt.

Nach Ausmusterung der Nimrod wurden die Maschinen auf RAF Abington eingemottet.

Die E-3D Component nimmt auch regelmäßig an NATO-Übungen teil. Hier ist die ZH104 auf der spanischen Luftwaffenbasis Zaragossa zu sehen, um dort an einem Tactical Leadership Programme teilzunehmen.

Doch auch in der Folgezeit konnte kein Durchbruch erzielt werden und so erwog man den kurzfristigen Ausstieg aus dem Programm. Parallel lief das NATO AWACS-Programm auf Grundlage der Boeing E-3A recht reibungslos, die ersten Einsatzmaschinen waren zu diesem Zeitpunkt schon lange im Einsatz. Erste Überlegungen reiften deswegen eine marktverfügbare Lösung ins Auge zu fassen. Mitte 1986 fragte das britische Verteidigungsministerium deswegen konkret u.a. bei den Firmen Boeing (E-3 Sentry), Grumman (E-2 Hawkeye) und Lockheed (P-3 Orion) an. Nach dem kurzen Auswahlverfahren wurde schon zum 18. Dezember desselben Jahres beschlossen, aus dem Nimrod AEW-Programm auszusteigen und stattdessen sechs (später wurde die Bestellung auf sieben erhöht) Boeing E-3D zu kaufen. Das Beschaffungsprogramm der Maschine wurde gemeinsam mit Frankreich unternommen, denn dort hatte man sich nach langem Zögern aufgrund der Kosten nun auch zum Betrieb der Maschine durchgerungen. Die französische E-3F und die britische E-3D erhielten beide die leistungsfähigen CFM56-Triebwerke, einen festen Betankungsstutzen auf der rechten, vorderen Seite und eine Bank mit Arbeitsplätzen im hinteren Bereich weniger als die US Air Force und die NATO-Maschinen. Die glücklosen Nimrods AEW wurden ausgemustert und eingemottet. Sie dienten bis zu ihrer endgültigen Verschrottung im Jahre 1990 noch als Ersatzteillager für die weiterhin im Dienst stehenden Nimrod Seeaufklärer. Insgesamt hatte das Nimrod-Programm ca. 1,3 Mrd US-Dollar verschlungen. Die Avro Shackletons, zwischenzeitlich auf eine Flotte von nur noch sechs Maschinen geschrumpft, mussten derweil weiter im Einsatz verbleiben.

Schon Mitte 1987 begann das Training der ersten RAF-Crews bei der E-3A Component in Geilenkirchen. Das Personal der No. 8th Squadron schulte nun sukzessive die weiteren Angehörigen. Die ersten E-3D trafen ab Ende 1990 ein, sofort begann das Training auf dem modernen Muster, gleichzeitig wurden die Shackletons ausgemustert und die No. 8th Squadron in Lossiemouth aufgelöst. Kurz darauf wurde die Staffel in Waddington erneut in Dienst gestellt und erhielt zum 1. Juli 1991 offiziell ihre erste E-3D Sentry AEW Mk.1 übergeben. Ein Jahr später, im Juli 1992, erreichte die Einheit ihrer vorläufige Einsatzreife (Initial Operating Capability, IOC) zuerkannt und wurde aktiv in das Luftverteidigungssystem der NATO eingebaut. Sehr zügig nahm die E-3D Component bzw. die No. 8th Squadron an den diversen Einsätzen auf dem Balkan teil. Zu nennen sind die Operationen Maritime Monitor, Sky Monitor, Deny Flight, Deliberate Force und Silver Wake sowie später ab

Besonderheiten der E-3D sind die ESM-Behälter an den Flügelspitzen und der fest installierte Betankungsstutzen, der zusätzlich zum standardmäßigen Betankungssonden-Aufnehmer besteht.

Das Cockpit der E-3D unterscheidet sich in einige Details vom analogen Cockpit der E-3A. Eine Nachrüstung des Glass-Cockpits steht für die Maschinen noch nicht bevor.

1998 Allied Force und Joint Guardian. Ab dem Jahre 2001 beteiligte sich die Component an der Operation Veritas in Afghanistan sowie an der Operation Telic im Irak. Am 1. April 2005 feierte die Staffel ihren 90. Geburtstag. Dazu erhielt die E-3D mit der Kennung ZH103 eine attraktive Sonderbemalung.

Die E-3D Component deckt ca. 25% der Einsätze für die NATO AEW&C Force ab. Deswegen nimmt auch ständig ein britischer Air Commodore (Brigadegeneral) die Position des Stellvertreters des Kommandeurs der NATO AEW&C Force in Geilenkirchen ein. Die E-3D wird bei der RAF standardmäßig mit einer Crew von 18 Personen geflogen

Die britischen Sentrys der 8th Squadron sind auf RAF Waddington stationiert. Von den ursprünglich sieben Maschinen sind nur noch sechs aktiv.

(2 Piloten, 1 Flugingenieur, 1 Navigator, 1 Tactical Director, 1 Fighter Allocator, 3 Weapons Controller, 1 Surveillance Controller, 1 Data Link Manager, 2 Surveillance Operators, 1 ESM-Operator, 1 Communications Technician, 1 Communications Operator, 1 Radar Operator und 1 Display Technician). Von Austauschpersonal abgesehen sind die Crews britische Militärangehörige.

Zwischen 1998 und 2000 erhielten die Maschinen die Radar-Verbesserung RSIP und weitere Verbesserungen, analog der US Air Force-Block 30/35-Modifikationen. Dies fand allerdings nur bei sechs Maschinen statt, eine E-3D, die ZH105, wurde aus Kostengründen Mitte 2011 außer Dienst gestellt und dient seit dem der Ersatzteilgewinnung. Bis 2014 wurde mit Hilfe von Northrop Grumman das IFF-System verbessert, weitere Modernisierungsmaßnahmen an den Maschinen sind sukzessive bis ins Jahr 2025 vorgesehen.

In den letzten Jahren waren die Angehörigen der Staffel wieder stark international gefordert. So z. B. als Teil der Operation Deference und Unified Protector in Libyen im Jahre 2011. Anschließend war die Staffel Teil der Operationen Luminous in Syrien sowie Shader im Irak. Aktuell laufen routinemäßig Einsatzflüge im Rahmen der NATO Assurance Measures zur Sicherung der NATO Ostgrenze.

Die E-3D Sentry der RAF spielt eine sehr wichtige Rolle für die NATO. Der Name Sentry (Wachposten) wird übrigens nur bei der US Air Force und bei der Royal Air Force verwendet.

Das Missions Systems Engineering Centre (MSEC)

Die NATO AEW&C Force ist in der komfortablen Situation, auf eine eigene Organisation für die so wichtige Missions-Systemvernetzung und Software-Entwicklung zurückgreifen zu können. Das MSEC wird von einem italienischen Direktor geleitet, der auf vier Branches zurückgreifen kann: Der Labatories Branch, der Mission Software Engineering Branch, der Sensors and Ground Software Engineering Branch und der Engineering Assurance Branch.
Das MSEC ist dafür verantwortlich, die Software der E-3A Mission-Systeme, aber auch der Boden-Unterstützungssysteme bereitzustellen, zu prüfen und, wenn nötig, anzupassen oder zu verbessern. Dazu kann das MSEC auf diverse System-Integrations-Labors zurückgreifen, um Software Updates, auch von externen Zulieferern, im realen Umfeld zu testen, zu validieren und für den Einsatz im Flugzeug zuzulassen. Im Systems Integration Labatory wird die Mission Radar und ESM relevante Software geprüft. Im Continuous Engineering Labatory werden aktuelle In-Service Probleme nachgestellt und behoben. Auch neue bzw. verbesserte Hardware wird vor Einbau in diesem Umfeld getestet. Weiterhin steht ein ESM-Software-Entwicklungszentrum zur Verfügung, hier wird die ESM-Datenbasis weiterentwickelt und getestet.

Laufende und künftige Arbeitsschwerpunkte im Missions Systems Engineering Centre sind die CNS/ATM Modifikation sowie die laufenden ESM- und Überwachungsradar-Erweiterungen bzw. Verbesserungen. Das vom TÜV Rheinland nach DIN ISO 9001 zertifiziert MSEC ist auf dem Flugplatz Geilenkirchen stationiert und verfügt über 46 Mitarbeiter.

Die NAPMA

Die NATO Airborne Early Warning and Control Programme Management Agency (NAPMA) wurde im Dezember 1978 für die Beschaffung der NATO AWACS Flotte gegründet. Nach Abschluss der Beschaffungsphase hat sie die Aufgabe übernommen, mittels Modernisierungsvorhaben den Betrieb der NATO AWACS Flotte langfristig sicherzustellen. Darüber hinaus zeichnet die NAPMA seit einigen Jahren auch für die technische Lufttüchtigkeit des Luftfahrzeugs verantwortlich.

Im Rahmen der Modernisierung plant sie Systemverbesserungen, wenn möglich in Kooperation mit der US Air Force, beschafft die Arbeitspakete, initiiert deren Umsetzung und betreibt das notwendige Lieferantenmanagement. Die NAPMA handelt auf Direktive der NAPMO (NATO Airborne Early Warning and Control Programme Management Organisation) und dem dortigen Entscheidungsgremium, dem NAPMO Board of Directors. Die derzeit an der NATO AEW&C Force beteiligten Nationen entsenden jeweils Vertreter in dieses Gremium, wobei Großbritannien über ein eingeschränktes Stimmrecht verfügt. Zusätzlich nimmt Frankreich eine Beobachterrolle ein. Die Agentur befindet sich im niederländischen Brunssum, nur wenige Kilometer von Geilenkirchen und der NAEW&C Force entfernt. Dort ist auch das NATO Hauptquartier Allied Joint Force Command beheimatet. Der NAPMA stehen aktuell 116 zivile NATO Stellen zur Bewältigung ihrer Aufgaben zur Verfügung. Das Budget beträgt jährlich etwa 120 Mio. US-Dollar und schließt ca. 100 Mio. US-Dollar für die Projektrealisierung der Modernisierungsvorhaben ein. Die NATO Agentur ist multinational besetzt, alle NAPMO Nationen sind vertreten.

Unter der Führung des General Managers, grundsätzlich ein deutscher Brigadegeneral, kümmern sich aktuell zwei Abteilungen, die Programme Management Division sowie die Programme Support Division um die Durchführung der Modernisierungsprogramme. Verschiedene weitere Unterstützungselemente stehen darüber hinaus zur Verfügung, um die Vorhaben bestmöglichst betreuen zu können.

Die Programme Management Division gliedert sich derzeit in die vier aktuell laufenden bzw. sich in Vorbereitung befindlichen Projekte: Dies ist die umfangreiche Cockpit-Modifikation und Ausstattungsanpassung im Rahmen von CNS/ATM (»Glas-Cockpit«). Die Umrüstung ist bereits weit fortgeschritten. So waren im Frühjahr 2018 bereits neun Maschinen umgerüstet; bis Ende des Jahres 2018 sollen alle 14 NATO AWACS Luftfahrzeuge diesbezüglich fertiggestellt sein. Ein weiteres Vorhaben betrifft die Verbesserung der IFF-Abfragesysteme (Mode 5/Mode S). Im Laufe des Jahres 2018 wird ein Mustereinbau bei der ersten Maschine stattfinden und in 2019 folgt die Umrüstung der restlichen Flotte. Ein weiteres, zu Mode 5/Mode S parallel laufendes Projekt mit dem Namen Internet Protokoll Communication (IP Comms), hat die Verbesserung bzw. Erweiterung der Kommunikationsmöglichkeiten im Flug zum Ziel.

Aktuell wirft schon das nächste und vorrausichtlich letzte Nutzungsdauer-Verlängerungsprogramm für die E-3A seine Schatten voraus. Unter der Bezeichnung Final Lifetime Extension Programme (FLEP) soll die Einsatzfähigkeit der Luftfahrzeuge bis ins Jahr 2035 sichergestellt

Die LX-N90459 war die erste Maschine mit eingerüstetem Glass-Cockpit. Die NAPMA hatte auch bei diesem Programm maßgeblichen Anteil.

werden. Obwohl noch die endgültige Freigabe fehlt, haben die Nationen schon prinzipiell zugestimmt und ein Budget von 1 Mrd. US-Dollar vorgegeben. Ziel ist es den Entwicklungsvertrag im Jahr 2019 zu unterzeichnen und die Umsetzung bis ins Jahr 2025 bis 2026 zu beenden. Neben weiteren Systemverbesserungen bei den Kommunikationsgeräten wird die Aktualisierung der an Bord befindlichen Hard- und Software im Mittelpunkt stehen. Darüber hinaus sollen Schwachpunkte bezüglich diverser kaum noch lieferbarer Ersatzteile im Rahmen von Obsoleszenz-Management behoben werden.

Die Programme Support Division besteht aus vier Dezernaten und unterstützt die Programm Management Division bei der Durchführung der einzelnen Projekte im Rahmen einer Matrix-Organisation. Die Contracting/Industrial Participation Branch ist für die umfangreichen Vertragsangelegenheiten im Zuge der Projekte verantwortlich. Die Logistics & Configuration/Data Management Branch stellt im Rahmen von Integrated Logistik Support (ILS) Aktivitäten, u.a. Ersatzteilberechnung und -beschaffung, Aktualisierung der Dokumentation, Ausbildungsplanung, usw., die Nutzung und die Versorgbarkeit des neuen Equipments sicher.

Die Evaluation/Test Branch ist schließlich für die Leistungs-Abnahme bei der Industrie verantwortlich. Zusätzlich unterhält die Agentur derzeit auch eine Außenstelle in Manching, um die dort laufende CNS/ATM-Modifikation bei Airbus Defence zu überwachen. Die Information Management Branch stellt den Betrieb der IT-Infrastruktur der NAPMA sicher.

Durch die NAPMA wird die NATO AEW&C Force seit annähernd 40 Jahren in die Lage versetzt, auf ein leistungsfähiges und modernes Einsatzmittel zurückgreifen zu können, das noch bis ca. ins Jahr 2035 verlässlich seinen Dienst erfüllen wird.

Die Technik im Detail

Die Boeing E-3A ist ein luftgestütztes, mobiles und störsicheres Warnsystem und zugleich ein Kommando-, Leit- und Kommunikationszentrum, welches in seiner Grundkonzeption auf dem Verkehrsflugzeug B707-320B basiert. Es wurde in den frühen 70er-Jahren von Boeing in Zusammenarbeit mit Westinghouse entwickelt und als Trägerplattform für den speziellen Anwendungszweck in vielen Bereichen modifizierten. Diese Modifikationen betreffen einerseits die Struktur, insbesondere natürlich das schon äußerlich markante, rotierende Radom, welches das Überwachungsradar und die IFF-Antennen enthält, sowie dessen Tragstruktur. Sie betreffen andererseits aber auch zahlreiche Systeme, wie die Triebwerke, die Stromgeneratoren, das Stromversorgungsnetz, die Hydrauliksysteme und ähnliches mehr. Auch Cockpit und Navigationssysteme sind gegenüber der Zivilversion modifiziert. Zusätzlich verfügt die Maschine über die Möglichkeit der Luftbetankung. Diverse Modifikationen bzw. Umrüstungen werden, da sie noch nicht bei allen Flugzeugen eingebaut wurden, im Anhang beschrieben. Viele Gerätebezeichnungen wurden in englisch übernommen, da diese Bezeichnungen häufig präziser oder bekannter sind, als eine deutsche Übersetzung.

Technische Daten Boeing NATO E-3A	
Verwendung: Luftraumüberwachung und Führung	
Hersteller	Boeing, Seattle
Ursprungsland	USA
Triebwerke	4 x P&W TF33-PW-100A
Besatzung	4 Flight Crew, 17 Mission Crew
Länge über alles	46.68 m
Spannweite	44.45 m
Höhe	12.70 m
Flügelfläche	283.4 m²
Vorderkantenpfeilung	35°
Leergewicht	73.480 kg
Maximales Abfluggewicht	147.400 kg
Treibstoffmenge	90.303 Liter
Startrollstrecke	2100 m
Höchstgeschwindigkeit	853 km/h
Reisegeschwindigkeit	800 km/h
Patrouillengeschwindigkeit	579 km/h
Einsatzhöhe	über 9150 m
Maximale Reichweite	9251 km

Dreiseiten-Übersicht

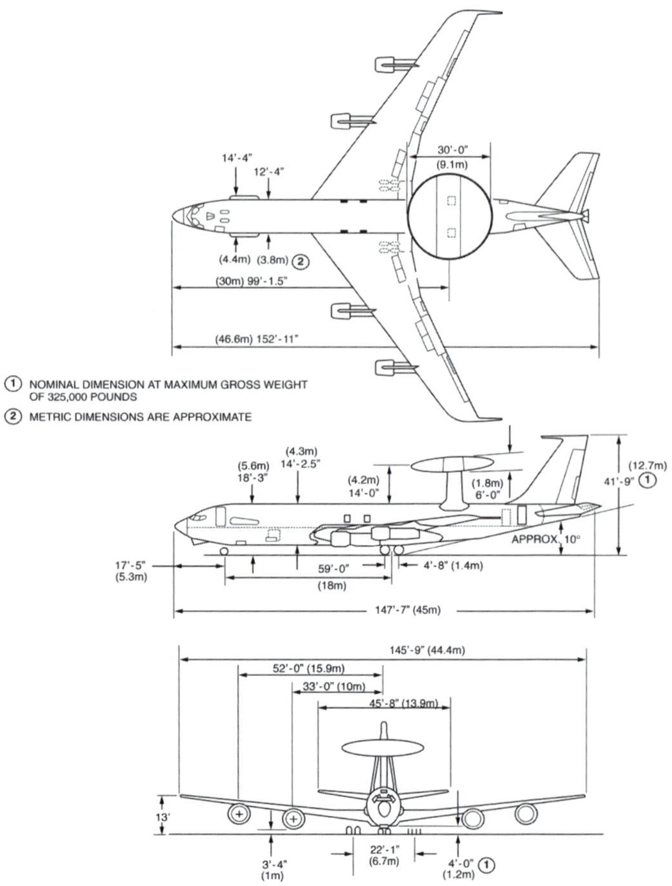

Zelle/Rumpf

Das Flugzeug entspricht als vierstrahliger, gepfeilter Tiefdecker mit gondelmontierten Triebwerken der klassischen Jet-Airliner-Bauweise, wie sie bereits bei der Boeing 367-80 verwirklicht wurde.

Der Rumpf der Boeing E-3A besteht, wie bei B707, aus Ganzmetall, der in Halbschalenbauweise nach dem Fail-Safe-Prinzip aufgebaut ist. Die Spanten haben unterschiedliche Radien. Die oberen sind größer als die unteren, so dass der Rumpfquerschnitt nicht oval ist, sondern eine leichte Einschnürung aufweist. Die Struktur ist gegenüber einer B707 verstärkt. Er besteht aus dem druckbelüfteten Cockpit, dem Kabinenbereich (Mission Crew Compartment) und im Rumpfunterteil, dem vorderen und hinteren »Lower Forward and Aft Equipment Compartment« (ehemals vorderer und hinterer Frachtraum), die durch den Flügelmittelkasten und die Schächte des Hauptfahrwerkes getrennt sind. Sie sind im Fluge durch nach oben zu öffnende Klappen zugänglich, am Boden von jeweils einer »Forward und Aft Cargo Door«. Während im vorderen »Equipment Compartment« sich für die »Mission Electronic« die Gerätegestelle befinden, sind im hinteren Compartment u.a. die beiden großen Behälter für die Radaranlage, die Transmitter, Endstufenröhren, Stromversorgung, Flaschen für das Schwefelhexafluorid und die Auxillary Power Unit (APU) eingebaut. Im oberen Teil, dem druckbelüfteten Mission Crew Compartment, befinden sich die 17 Arbeitsplätze. Im hinteren Teil der Kabine befindet sich die Ruhezone mit zweimal 3er und einmal eine 2er Sitzbank und dahinter drei übereinander angeordnete Liegen. Auf der linken Seite befindet sich die Küchenzeile und im hinteren Teil der Kabine die Toilette, hinter der Küche auf der linken Seite eine Passagiertüre, gegenüber eine wesentlich kleineren »Servicedoor«. Hinter dem Cockpit auf der linken Seite befindet sich die 183 cm × 86 cm große Einstiegstür der Besatzung.

Oberhalb der Tragflächen findet sich pro Seite eine Notausstiegtüre. Darüber hinaus gibt es kleine runde Fenster in den Türen, bei denen ein Strahlungsgitter eingelassen ist.

Im vorderen Drittel des Kabinenbereichs befindet sich auf der linken Seite das von Anbeginn eingebaute Fallschirm Ausstiegssystem, welches durch Öffnen eines Rostes vom Gang aus nach unten zur Ausstiegsklappe führt. Seit der Installation diverser Antennen unter dem Rumpf und die dadurch bei einem Ausstieg im Fluge mögliche Verletzungsgefahr wurde das gesamte Fallschirm-Rettungssystem deaktiviert. Im vorderen Kabinenbereich befindet sich auch die Zugangsklappe zum vorderen, unteren Geräte Compartment. So auch im hinteren Kabinenbereich die Zugangsklappe zum hinteren unteren Geräte Compartment.

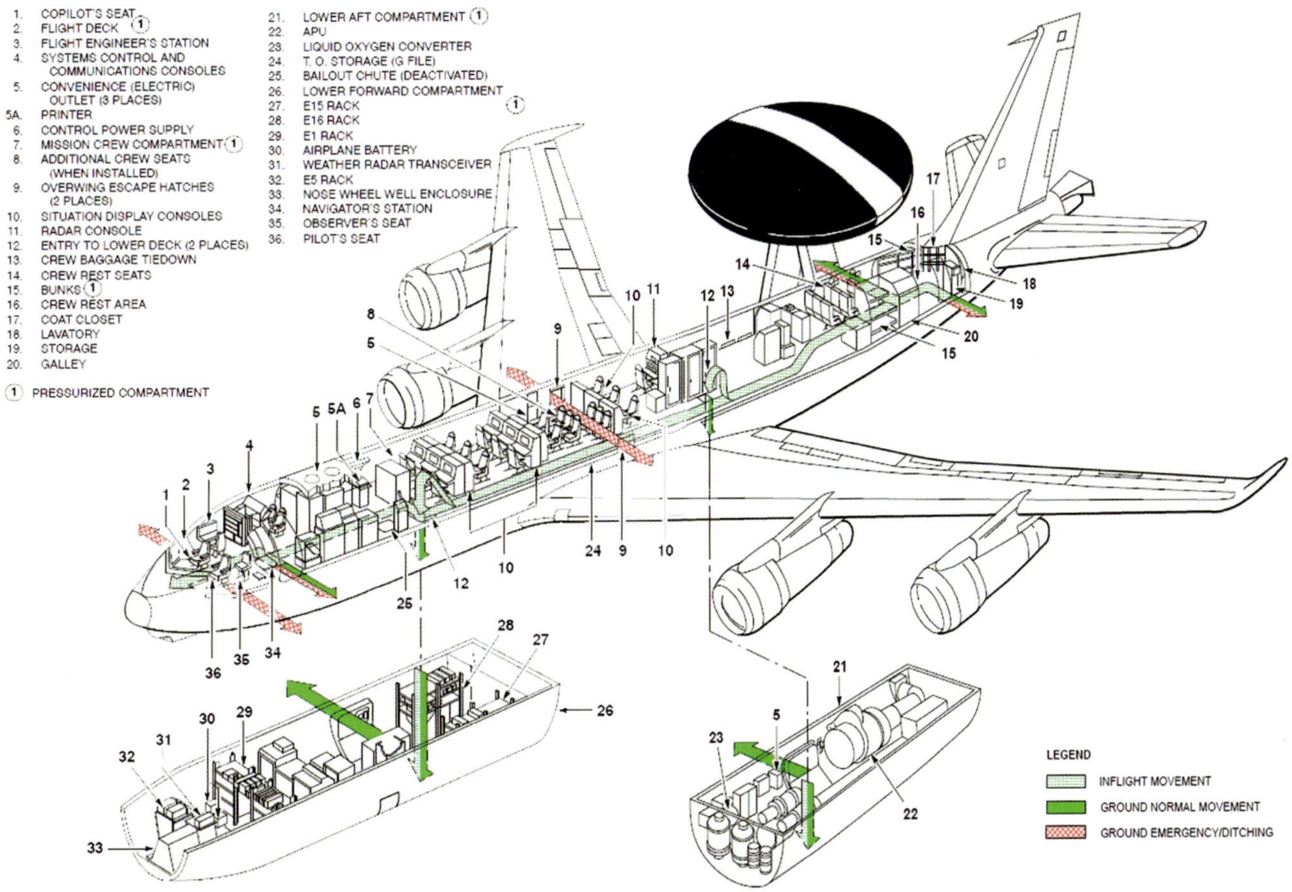

Innenaufbau, Fluchtwege in der Kabine und den unteren Geräte-Compartments.

Endmontage bei Boeing mit den einzelnen Rumpfsektionen.

Tragflächen

Die Tragflächen der Boeing E-3A entsprechen jenen der B707 und sind so konstruiert, dass sie mit ihrer 35° Vorderkantenpfeilung einen guten Kompromiss zwischen dem Erreichen hoher Reise- und geringer Landegeschwindigkeit aufweisen. Sie sind aus Ganzmetall nach dem Fail-Safe-Prinzip konstruiert. Die V-Stellung beträgt 7°. Im zweiholmigen Ganzmetall-Flügel befinden sich auf der linken Seite die Kraftstofftanks 1, Reserve 1, 2 und auf der rechten Seite die Kraftstofftanks 3, 4 und Reserve 4. Ein siebter Tank befindet sich im Flügelkasten. An der Vorderseite der Tragflächen sind Krügerklappen angebracht, welche bei einer Landeklappenstellung von über 9,5° automatisch ausfahren und die sich über zwei Drittel der Tragflächenvorderkante erstrecken.

Auf der Rückseite befinden sich die Landeklappen mit unterschiedlichen Aufgaben: Direkt am Rumpf sind die sogenannten »Fillet Flaps«, welche die aerodynamische Lücke zwischen den Fowler-Klappen und dem Rumpf füllen. Ebenfalls an der Hinterseite montiert sind Doppelspalt-Landeklappen, je zwei Querruder, wobei die äußeren nur beim Landeanflug verwendet werden können, sowie vier Spoiler, welche paarweise vor den Fowler-Klappen angeordnet sind.

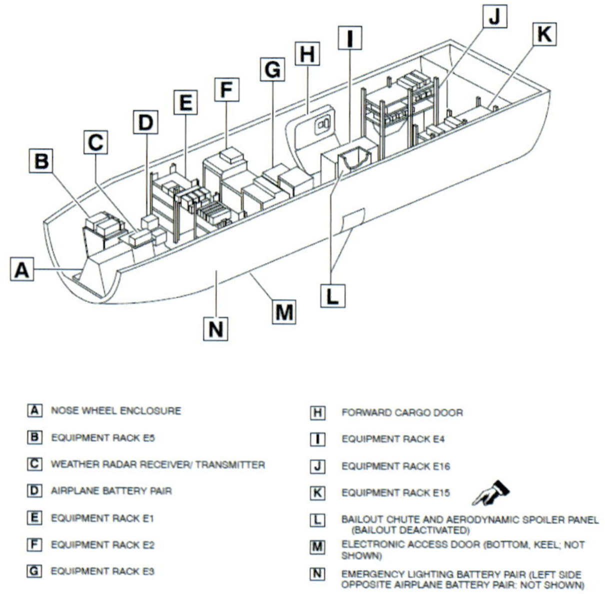

Geräteverteilung im vorderen, unteren Geräte-Compartment.

Die Ansteuerung der Klappen funktioniert hydraulisch, lediglich die Querruder werden mechanisch angelenkt. Auf den Tragflächen befinden sich zudem zwei Reihen von kleinen Metallplättchen, die als Wirbelgeneratoren wirken.

Notausstieg auf der rechten Seite mit Rutsche und davor die Klappe mit Rettungsfloß.

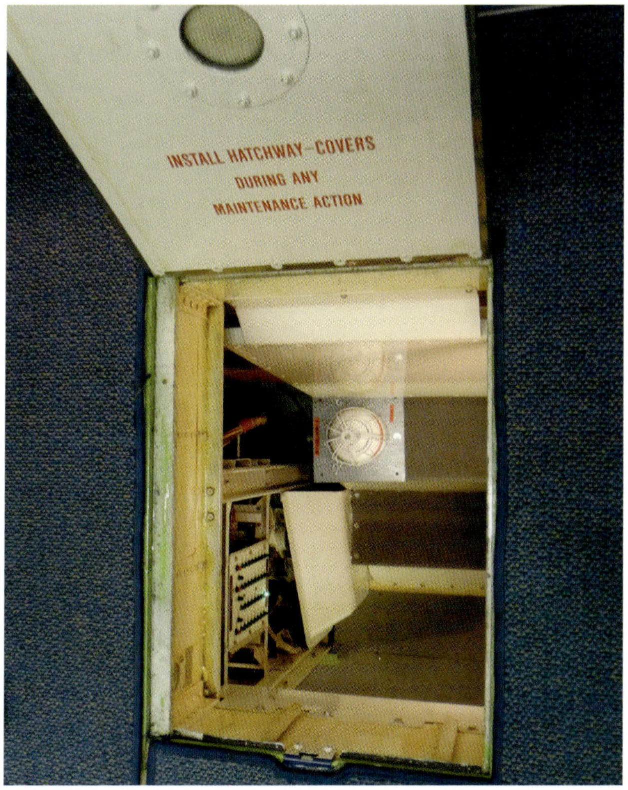

Durchstiegsklappe nach unten.

Notausstieg in der Kabine für die Verwendung eines Fallschirms. Das System ist deaktiviert.

Die primäre Flugsteuerung

Die primäre Flugsteuerung besteht aus dem Höhen- Seiten- und dem Querruder.

Das Leitwerk mit dem Höhen-und Seitenruder ist aus Ganzmetall freitragend gefertigt. Das Höhenleitwerk, dessen Einstellwinkel mittels eines Elektromotors im Fluge veränderbar ist, verfügt über Höhenruder, die sowohl mit Trimm- als auch mit Hilfsruder bestückt sind. An der Unterseite befinden sich sogenannte Wirbel-Erzeuger ähnlich denen auf den Tragflächen. Zweck dieser Wirbelerzeuger ist es, eine Strömungsablösung zu verhindern.

Zu den Auffälligkeiten des Seitenleitwerkes zählt die stachelähnliche HF-Antenne. In die Hinterkante des fast 10 m^2 großen Seitenruders ist darüber hinaus eine Trimmklappe eingelassen. Das Seitenleitwerk kann man für Reparaturarbeiten durch ziehen von Haltebolzen (vier Stück, zwei pro Seite) nach erforderlichen Freilegungsarbeiten zur Seite legen (Fin-Fold).

Die Querruder und Höhenruder werden über den Steuerknüppel betätigt und durch aerodynamische Trimmklappen unterstützt. Das Ruder wird normalerweise hydraulisch angetrieben und kehrt automatisch in den manuellen Betrieb zurück, wenn der hydraulische Druck verloren geht. Spoiler auf den oberen Flügelflächen arbeiten als Geschwindigkeitsbremsen und mit den inneren Querrudern, um die seitliche Steuerung zu verstärken. Die Außenbordquerruder sind bei eingefahrenen Landeklappen verriegelt und arbeiten erst wenn drei Außenbordklappen ausgefahren werden. Der volle Querruderausschlag wird bei etwa 23° Außenklappenstellung erreicht. Die Trimmung erfolgt über die Quer- und Seitenrudersteuersysteme und über einen Stabilisator mit variablem Einfall. Der Autopilot des Flugzeugs bedient die Höhen- und Querruder, Spoiler und die bewegliche gesamte Höhenflosse, auch »Stabilizer« genannt, auf die gleiche Weise wie der Pilot.

Primäres und sekundäres Klappensystem

Über zwei Drittel der thermisch enteisten Flügelvorderkante erstrecken sich Krüger-Klappen, die als Auftriebshilfen fungieren und ab einer Landeklappenstellung von mehr als 9,5° automatisch ausfahren. An der Tragflächen-Hinterkante befinden sich beidseitig die Landeklappen. Zunächst sind die unmittelbar zwischen Flügelwurzel und Rumpf angeordneten »fillet-flaps« zu erwähnen, die einen aerodynamischen Übergang vom Rumpf zu den Landeklappen bilden. Der inneren Landeklappe schließt sich ein kleines Querruder an. Es folgen weitere Landeklappen und das äußere Querruder, das nur in Verbindung mit den Landeklappen aktiviert werden kann. Im Reiseflug übernehmen die inneren Querruder im Zusammenspiel mit vier Störklappen (Spoiler), die paarweise vor den Landeklappen angeordnet sind die Steuerung um die Längsachse. Wie effektiv die Spoiler sind, zeigt die Rollrate, die beim Einsatz der inneren Querruder 10 Grad pro Sekunde beträgt und die durch die Verwendung der Störklappen auf 30 Grad pro Sekunde ansteigt. Zur Verkürzung der Landerollstrecke aber auch zur Erhöhung der Sinkgeschwindigkeit, werden die Spoiler ebenfalls herangezogen. Die Betätigung der Lande-und Störklappen erfolgt hydraulisch während die Querruder mechanisch angetrieben werden, wobei integrierte Hilfsruder für annehmbare Ruderkräfte sorgen.

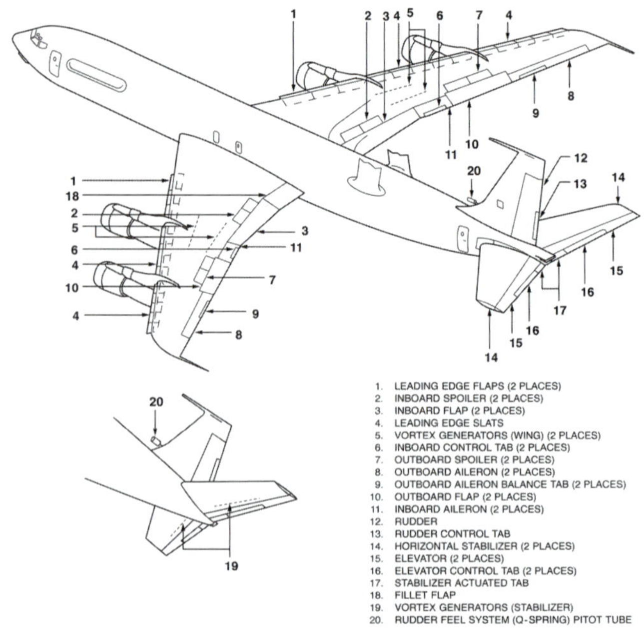

Übersicht das Klappensystem und die Flugsteuerung.

Die ausgefahrenen Landeklappen und »Speed Brakes«, um Wartungsarbeiten ausführen zu können.

Stabilizer Trim-Spindel mit elektrischem Antrieb im hinteren »Stabilizer Compartment«. Hiermit wird die gesamte Höhenflosse nach oben oder unten bewegt.

Das Cockpit

Die Gestaltung des Cockpits entspricht der Generation der 70er-Jahre. Die fliegende Besatzung dieser Militär-Version besteht aus vier Personen, dem Kommandanten, dem Piloten, dem Navigator und dem Flugingenieur.

Der Crew steht die übliche Avionik-Ausrüstung zur Verfügung, die aus einem Wetter-Radar im Rumpfbug einer aus VHF-UHF und HF-Geräten bestehenden Funkanlage, einem TACAN und einem Instrument-Landing-System (ILS), einem Autopiloten und einem INS System besteht.

Die Instrumentierung entspricht nicht der üblichen Boeing B707 Version, sondern wurde für den militärischen Einsatz entsprechend geändert und erweitert. Unter dem Kapiel »Die Modifikationsprogramme« wird das überarbeitete »Glass-Cockpit« separat beschrieben.

Die Sicht nach draußen wird durch zehn Fenster ermöglicht (zwei kleine Fenster über Pilot und Copilot, zwei Frontscheiben, zwei Scheiben links und rechts, die zum Öffnen sind und zwei hintere Seitenfenster).

Wohl aufgeräumt, ergonomisch gestaltet und übersichtlich, das Cockpit der E-3A. Hierbei handelt es sich noch um die unmodifizierte Version vor dem Umbau zum Glass-Cockpit.

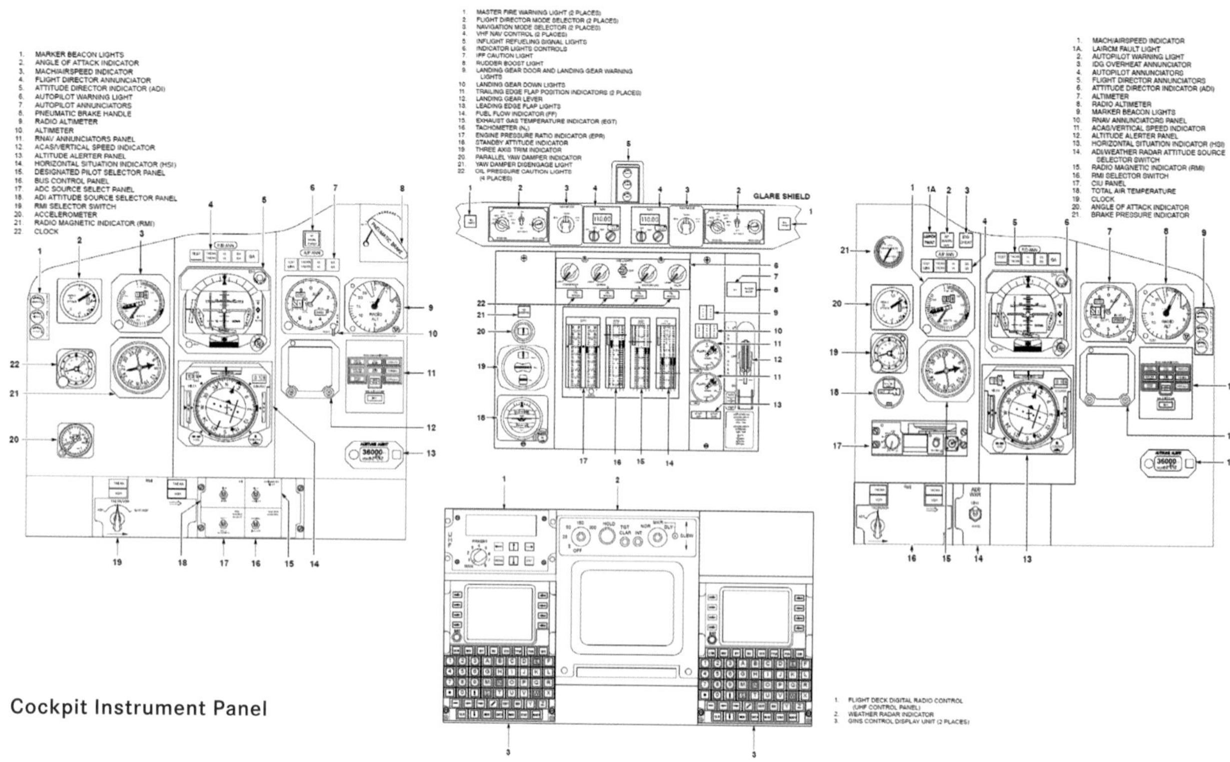

Cockpit Instrument Panel

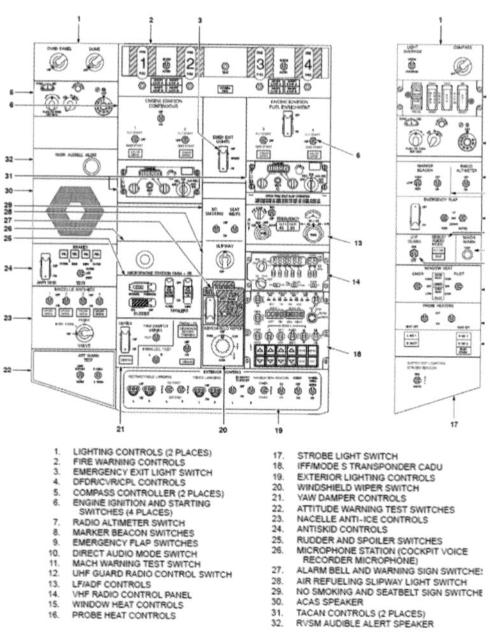

Cockpit Overhead Panel

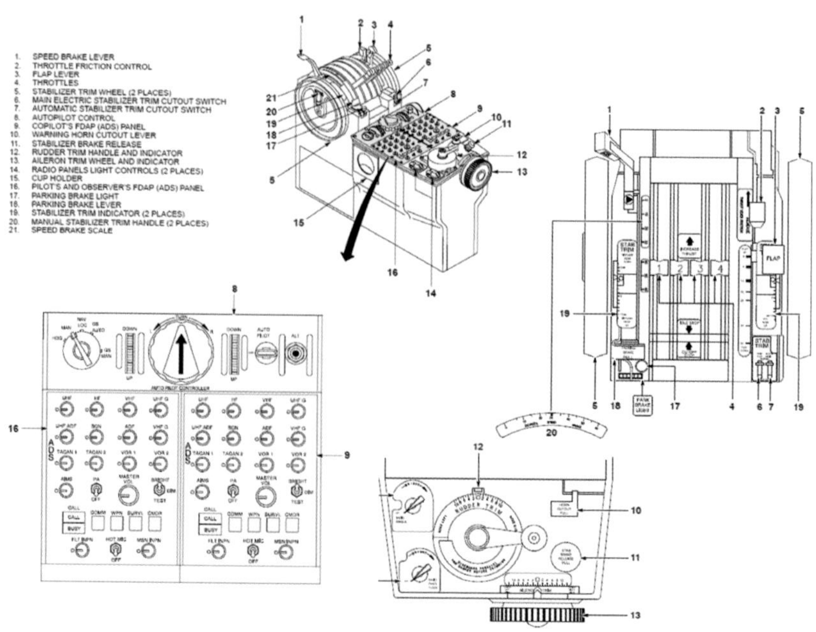

Mittelkonsole mit Schubhebel Quadrant und Trimmräder, sowie dem Autopilot Control Panel

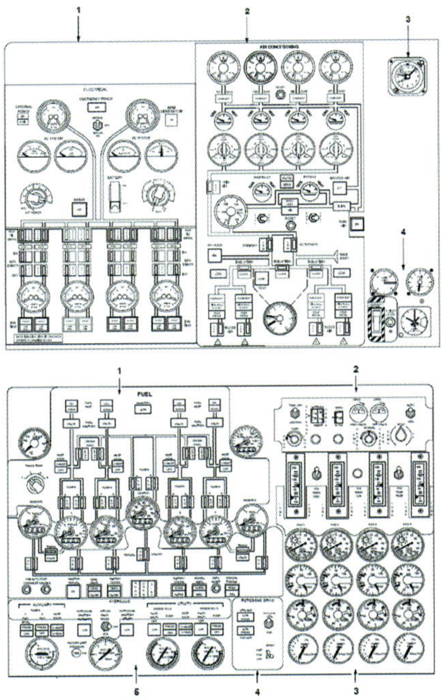

1. ELECTRICAL PANEL
2. AIR CONDITIONING AND BLEED AIR PANEL
3. CLOCK
4. PRESSURIZATION CONTROLS AND INDICATORS

1. FUEL SYSTEM CONTROLS
2. PRESSURIZATION CONTROLS
3. ENGINE INSTRUMENTS
4. ROTODOME DRIVE CONTROLS AND CAUTION LIGHTS
5. HYDRAULIC SYSTEM CONTROLS

FE Instrument Panel

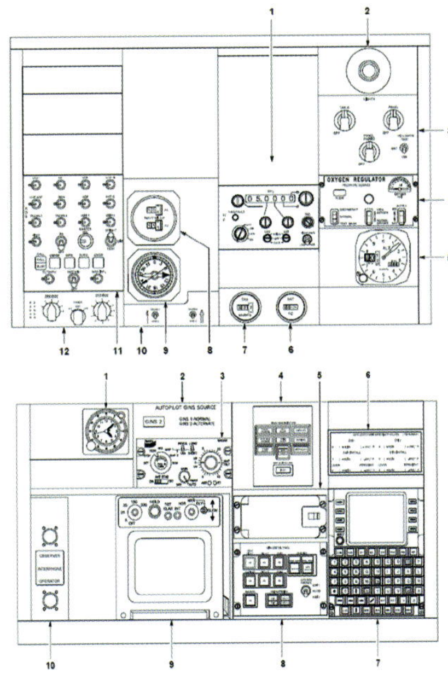

upper

1. HF RADIO CONTROL PANEL
2. GASPER AIR
3. LIGHTING CONTROLS
4. OXYGEN REGULATOR
5. ALTIMETER
6. STATIC AIR TEMPERATURE INDICATOR
7. TRUE AIR SPEED INDICATOR
8. DUAL DISTANCE DISPLAY
9. RADIO MAGNETIC INDICATOR (RMI)
10. RMI SELECTOR PANEL
11. FLIGHT DECK AUDIO PANEL (FDAP), ALSO REFERRED TO AS ADS PANEL
12. RENDEZVOUS RADAR BEACON CONTROL PANEL

lower

1. CLOCK
2. AUTOPILOT GINS SOURCE DISPLAY
3. WEATHER RADAR CONTROL PANEL
4. RNAV ANNUNCIATORS PANEL
5. GINS MISSION DATA LOADER
6. GPS LEVER ARM/BORESIGHT PLACARD
7. GINS CONTROL DISPLAY UNIT
8. GINS CONTROL PANEL
9. WEATHER RADAR INDICATOR
10. INTERPHONE CONNECTORS

Navigator Instrument Panel

Autopilot

Das Autopilotsystem bietet eine automatische Steuerung des Flugzeugs, um den Kurs, die Höhe und die Fluglage beizubehalten oder auszuwählen. Der Autopilot kann Navigationssignalen von VOR, TACAN, ILS oder Lenksignalen von der vorhandenen GPS-Trägheitsnavigationsplattform folgen. Die Hauptkomponenten des Autopilotsystems ist das Autopilot Control Panel unterhalb der Schubhebel auf der Mittelkonsole und unter anderem die drei Achsen Trimmanzeige, diverse Autopilotanzeigen, Stab Trim Schalter und Quer- und Höhenruderservos. Die Stromversorgung für das Autopilotsystem ist 115 VAC vom AC-Bus Nr. 1 und 28 VDC vom Notstrom-Bus.

Fluginstrumente

Nachfolgend in Auszügen eine Zusammenfassung der Instrumentierung. Einzelne davon werden näher beschrieben. (Glass-Cockpit-Beschreibung unter dem Kapitel »Die Modifikationsprogramme«.

- Pitot-Static System mit seinen Instrumenten,
- Mach and Airspeed Warning System,
- Air Data System,
- Pilots‘ Servo-Pneumatic Altimeter,
- Vertical Speed Indicator (VSI)
- Altitude Alerting System,
- Airborne Collision Avoidance System,
- Angle of Attack System,
- Total Air Temperature Indicating System,
- Navigators Altimeter,
- Standby Attitude Indicator,
- Clocks,
- Accelerometer und
- Attitude and Heading References

Das Pitot-Static-System

Das Pitot-Static-System mit seinen Instrumenten, die durch Statik und Luftdruckmessfühler der Cockpitbesatzung alle relevanten Daten über Flughöhe, Geschwindigkeit und Außentemperatur liefern. Jedes System umfasst Pitot-Sonden zur Messung des Gesamtdrucks, statische Anschlüsse zur Messung des Umgebungsdruckes (statisch) und Verbindungsschläuche. Die gemessenen Drücke dienen zur Bestimmung der Fluggeschwindigkeit, Höhe, der Machzahl und der Vertikalgeschwindigkeit. Der Luftdatenrechner (Air Data Computer, ADC) erhält ebenso die Drücke und die Außentemperatur, um weitere Anzeigegeräte zu versorgen.

Pitot-statische Instrumente umfassen den Fluggeschwindigkeitsanteil der Fluggeschwindigkeit, Mach-Anzeige, die Höhenmesser der Piloten (wenn im STBY-Modus), den Navigator-Höhenmesser und die Vertikalgeschwindigkeitsanzeige (Vertical Speed Indication, VSI).

Luftdatensystem

Das Luftdatensystem (Air Data System, ADS) berechnet und liefert Luftdateninformationen an die Instrumentenanzeige, dem Flight Director System, dem Autopilot-System, IFF/Mode S-Transponder, Höhenalarmsystem, dem Kraftstoffsystem und dem digitalen Flugdatenschreiber (DFDR). Das Luftdatensystem verwendet den statischen Druck, den Stauluftdruck und die Gesamtlufttemperatur.

Das Airborne Collision Avoidance System (ACAS)

Das ACAS, wie es in der E-3A installiert ist, besteht aus dem Verkehrswarn- und Kollisionsvermeidungssystem (TCAS II, Version 7). ACAS erfordert die Installation eines Mode S-Transponders. ACAS ist ein Flugzeug-zu-Flugzeug-Abstandsüberwachungssystem, das unabhängig von bodengestützten Systemen ist. Die Version 7 ist jedoch in der Lage, zu ordnungsgemäß ausgestatteten Bodenstationen zu wechseln. Es überwacht den Verkehr in seiner Nähe durch Abfrage anderer Flugzeugtransponder und Beurteilung des Kollisionsrisikos. Normalerweise fragt ACAS im Modus S und im Modus C ab, muss jedoch den Modus S aktiv haben, um zu arbeiten. Es bietet eine Anzeige der Verkehrssituation an Bord sowie akustische und visuelle Hinweise für Piloten. Berechnet ACAS ein Kollisionsrisiko, gibt es zunächst eine Verkehrsempfehlung (Traffic Advisory, TA) aus, die den Piloten bei der visuellen Erfassung vom vorhandenen Flugverkehr unterstützt, jedoch keine Ausweichmanöver anzeigt. Wenn das Bedrohungsniveau zunimmt und die Flugzeughöhe zu einem anderen Flugzeug abnimmt, gibt ACAS eine Lösungsempfehlung (Resolution Advisory, RA) aus. Die RA empfiehlt ein Ausweichmanöver in der Vertikalen, um die Kollisionsgefahr zu beheben. ACAS bietet einen Kollisionsvermeidungsschutz zwischen Flugzeugen mit einer horizontalen Schließgeschwindigkeit von bis zu 1200 Knoten und eine vertikale Schließgeschwindigkeit von bis zu 10.000 Fuß pro Minute.

Das Flight-Director-System

Es gibt zwei unabhängige Flight-Director-Systeme. Jedes Flight-Director-System hat die folgende primäre Ausrüstung: Fluglageanzeiger (Attitude Director Indicator, ADI), eine horizontale Situationsanzeige (Horizontal Situation Indicator, HSI), Flugdirektorsteuerungen, einen Lenkcomputer mit getrennten Pitch-and-Roll-Computern, Signalverstärker und Warnmonitorschaltungen. Die Betriebsart wird auf der Instrumententafel angezeigt, so auch die gewählte Betriebsart. Eingänge werden von den folgenden Systemen empfangen: VOR/ILS und TACAN-Navigationsfunksysteme, Niedrigbereichs-Funkhöhenmesser, Marker Beacon, GINS, Luftdaten-System und Fluglage-Referenzsystem (AHRS).

Navigationssysteme

Auch bei den Navigationsanlagen der E-3A besteht ein Mix aus althergebrachten und neuesten Navigationssystemen. Zum einen sind es Geräte, die zum Standard der Boeing B707 gehören zum andern INS oder GPS Systeme. Ein paar typische Systeme werden hiermit vorgestellt. So zum Beispiel:

- TACAN-System,
- UHF-ADF-System,
- VHF-Navigations-System,
- Marker Beacon System,
- Low Range Radio Altimeter,
- Automatic Direction Finder (ADF),
- Digital Flight Data Recorder/Cockpit Voice Recorder/ Crash Position Locator (DFDR/ CVR/ CPL),
- GPS Integrated Navigation System (GINS),
- Global Positioning System,
- Weather Radar und
- IFF Transponder (STR2000-A1) Mode S

Antennenübersicht

1 Weather Radar
2 JTIDS Fwd
3 Glideslope
4 ESM Fwd
5 UHF High Power Transmit
6 ESM Side
7 GPS Antennas
8 Upper ACAS Directional
9 TACAN No.1 Upper
10 UHF Low Power Transmit
11 IFF Upper
12 TACAN No.2 Upper,
13 SATCOM No.1
14 Flight Crew VHF AM Transmit / Receicer
15 SATCOM No.2
16 UHF Receive
17 HF Transmit
18 Surveillance Radar
19 Mission IFF
20 UHF Transmit Tadil-C-Link 4
21 Crash Position Locator
22 VOR / Loalizer
23 Flight Crew HF Transmit
24 Flight Crew HFReceive
25 ESM Aft
26 Lower ACAS, Directional
27 TACAN No.1 Lower
28 UHF High Power Transmit
29 Flight Crew UHF Low Power Transmit / IFF
30 Rendezvous Radar Beacon
31 Have Quick UHF 8/9 Transmit
32 TACAN No.2 Lower
33 Marker Beacon
34 ADF Loop
35 Have Quick UHF 15 / 16 Transmit
36 VHF Lo Band
37 UHF 7/12/14/20 Receive
38 ADF Sense
39 VHF-AM Transmit / Receive
40 UHF ADF
41 Have Quick UHF 15/16 Receive
42 Low Range Radio Altimeter
43 UHF 6/12/14/20 Receive
44 UHF Receive
45 Flight Crew UHF 19 and Mission Crew UHF 7 Rec.
46 Have Quick UHF 8/9 Receive
47 JTIDS Aft

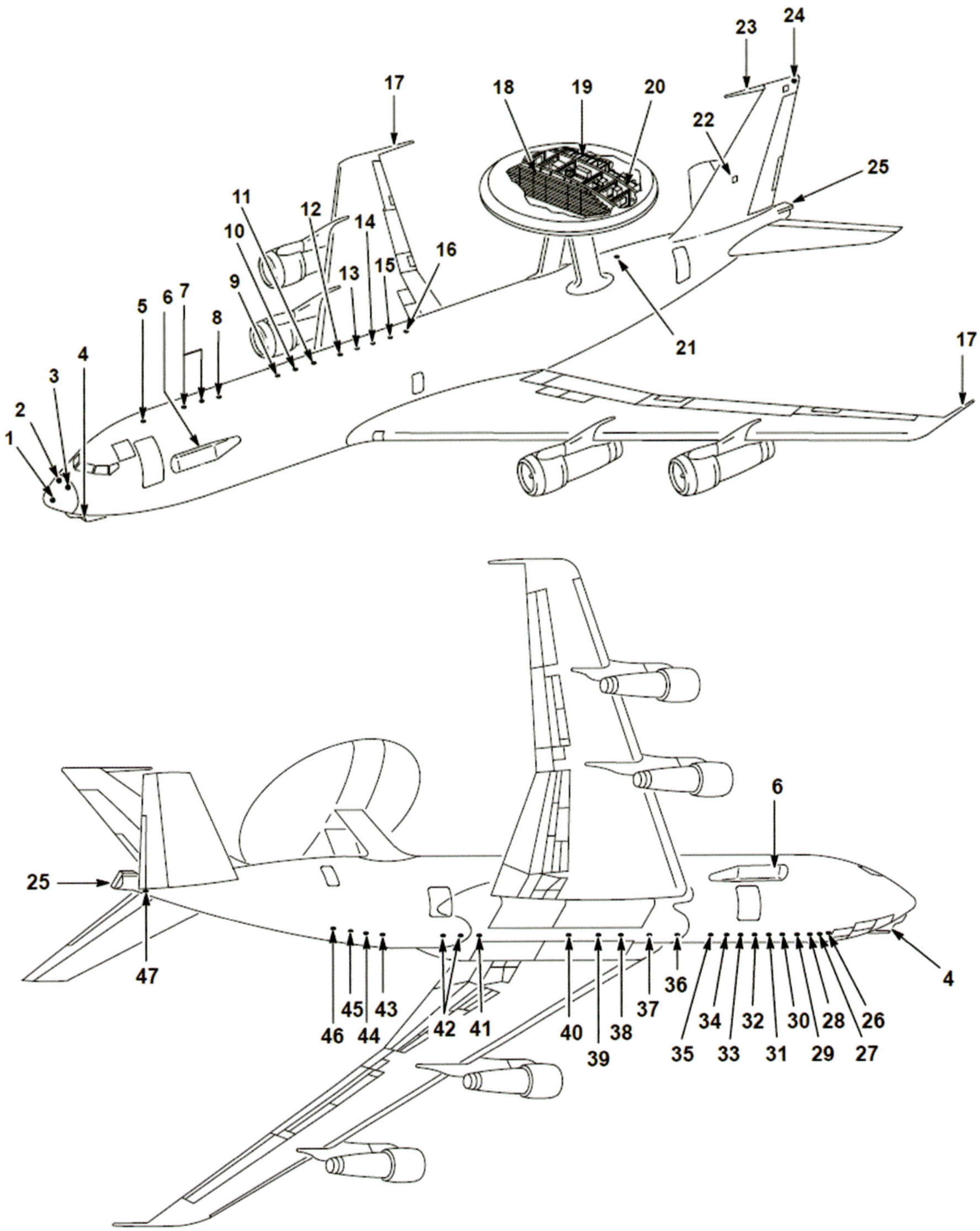

TACAN

Das Tactical Air Navigation System (TACAN System) ist ein militärisches Funkfeuer, das dem zivil genutzten VOR/DME sehr ähnlich ist. Es liefert Entfernungs- und Azimutinformation (Polarkoordinaten) von einer einzigen Bodenstation.

Im A/AT/R-Modus (Air to Air Transmit/Receive) kann man sowohl die Peilung, als auch die Distanzinformation erhalten. Das System arbeitet im Frequenzbereich von 962 bis 1213 MHz und hat abhängig von der Sichtlinie einen Betriebsbereich von bis zu ca. 390 Meilen.

Die Komponenten eines einzelnen TACAN-Systems umfassen einen Empfänger-Sender, einen Signaldatenwandler, ein Bediengerät und zwei Antennen (jeweils oben und unten am Flugzeug). Die T/R-Einheit und der Signaldatenkonverter enthalten Schaltungen, die unter anderem sowohl den Empfänger als auch den Sender auswählen, Peilungen und Entfernungssignale verarbeiten und Stationsidentifikationssignale erkennen.

UHF-ADF-System

Das UHF-ADF-System arbeitet in Verbindung mit dem Mission UHF-Kommunikationssystem und wird von dem UHF-Funkgerät gesteuert. Das UHF-ADF-System besteht aus einer Richtungsfinder-(DF)-Antenne und einer Verstärkerrelaisanordnung. Die Leistung für das System beträgt 115 Volt Wechselstrom und 28 V Gleichstrom.

Der UHF-Peiler ermittelt automatisch die magnetische Peilung von Funksignalen im Frequenzbereich von 225,0 bis 399,9 MHz. Signale werden von der Peilantenne empfangen und im UHF-Empfänger verarbeitet. Die magnetische Lage an einem Boden- oder Flugfunksender wird durch die Positionsnadel Nr. 1 auf dem RMI des Piloten angezeigt, wenn zum Beispiel der RMI-Modus des Piloten auf UHF-ADF eingestellt ist.

VHF-Navigations-System

Das VHF-Navigations-System besteht aus zwei separaten Systemen. Jedes der beiden liefert Informationen über die Position des Flugzeugs in Bezug auf das VHF (UKW)-Drehfunkfeuer (VHF Omnidirectional Radio Range, VOR) oder das Instrumentenlandesystem (ILS), den Landekurssender (Localizer, LOC) und den Gleitpfad (Glideslope, GS). Der Empfang von VHF-NAV-Audio ist an jeder Bordkonsole verfügbar. VOR- und ILS-Informationen werden auf Navigationsinstrumenten angezeigt und auch an den Flugdirektor und den Autopilot übermittelt. Eine einzelne Gleitpfadantenne ist unter dem Nasenradom und eine einzelne VOR/LOC Antenne ist in der vertikalen Finne installiert. Die Antenne besteht aus zwei Elementen, eines auf jeder Seite der Finne, die durch ein Phasenkabel verbunden ist. Jede Empfängereinheit ist eine Kombination von VOR/LOC/GS.

Marker-Beacon-System

Das Marker- Beacon-System liefert sowohl eine visuelle als auch eine akustische Anzeige beim Überflug über einen 75-MHz-Markierungssender. Das System wird als Navigations- und Landehilfe verwendet. Zur Lokalisierung zählen der Z-, ILS-Innen-, Mittel- und Außenmarker. Das Marker-Beacon-System besteht aus einem Empfänger mit integrierter Stromversorgung und einer Antenne an der Rumpfunterseite.

Low Range Radio Altimeter

Das einziges Funk-Höhenmesser System (Lo Range Radio Altimeter, LRRA) mit niedriger Reichweite liefert eine genaue Anzeige der Flugzeughöhe über dem Gelände von maximal 762 m (2500 Fuß) bis zum Aufsetzen. Das System besteht aus einem Empfänger-Sender, einer Sendeantenne, einer Empfangsantenne, zwei Radio-Höhenmesser-Anzeigen, zwei Warnleuchten (eine auf jeder Funkhöhenmesser-Anzeige) und zwei Entscheidungshöhen (eine auf jedem ADI).

Automatic Direction Finder (ADF)

Der automatische Richtungsfinder (Automatic Direction Finder, ADF) ist ein Gerät, welches mithilfe einer Kompassrose die Richtung zu einem gerade sendenden Mittelwellensender anzeigt. Das ADF-System empfängt die Signale von Rundfunkstationen und Niederfrequenz-Navigationshilfsstationen im Frequenzbereich von 190 bis 1750 kHz. Das System bietet sowohl die automatische (ADF) als auch die manuelle Funk- (RDF) Peilungsfunktion zusätzlich zum Empfang von Rundfunk- oder Kurs-orientierten Funkreichweitensignalen. Das ADF-System umfasst einen Empfänger, eine Schleifenantenne, eine Erfassungsantenne und ein Bedienfeld. Der Empfänger ist in einem Geräteträger installiert und empfängt Signale der Sense- und Loop-Antennen. Die untere Mittellinie des Rumpfes bestimmt die Peilung von Funkstationen und übermittelt die Informationen an die ADF-Anzeigen im Cockpit. Audiosignale vom Empfänger werden über das Interphone Panel überwacht.

Das GPS Integrierte Navigations-System (GINS)

Die Flugzeugnavigationsausrüstung umfasst unter anderem das integrierte Navigations-System (GINS), das globale GPS, das Wetterradar und das Rendezvous-Funkfeuer.

Das GINS ist das primäre Flugzeugnavigationssystem und liefert Positions-, Lage-, Höhen-, Kurs- und Geschwindigkeitsdaten an die Missionsausrüstung.

Zu anderen Bordgeräten, die mit GINS arbeiten oder Signaleingänge für GINS bereitstellen, gehören der AHRS, der ADCS, die Flugsteuerungscomputer, die HSIs, die ADIs, der Autopilot und die JTIDS-Datenverbindung.

GINS kann u.a. folgende Funktionen ausführen:

- Initialisierung und Start
- Navigation
- Leit- und Fluginstrumente
- Flugplan und alternative Flugplanverwaltung
- Navigation Sensor-Management
- Daten laden/Daten speichern
- Notbetrieb der EGI-Batterie
- Statusüberwachung und Fehleralarmierung (kontinuierlicher eingebauter Test, CBIT)
- Tageszeit (TOD), um einen schnellen Radiofrequenzoszillator zu haben

Die drei CDU's sind die primäre Crew-Schnittstelle zur Steuerung und Überwachung von GINS. Jede CDU hat volle alphanumerische Dateneingabe und spezifische Funktionsauswahlmöglichkeiten.

Embedded GPS/INU (EGI)

EGI ist ein Navigationssystem welches zum einen das Trägheitsnavigationssystem (INU) und das GPS verbindet, diese Daten aufbereitet und an Systeme, die solche Informationen benötigen, wie z.B den Flight Direktor, weitergibt. Das EGI erhält von einer laserkreiselstabilisierten INU Pitch-, Roll-, Heading- und Attitude-Signale und vom eingebetteten GPS-Signalempfänger die GPS Satellitensignale.

Das Global Positioning System (GPS)

Das GPS liefert präzise Positions-, Geschwindigkeits- und Zeitdaten (Position, Velocity, Time, PVT) unter allen Wetterbedingungen. Das GPS besteht aus 24 Erdsatelliten. Einundzwanzig aktive Satelliten bilden eine vollständige Konstellation; drei Satelliten dienen der Reserve. Die Satelliten haben eine Umlaufzeit von zwölf Stunden. Der Benutzer empfängt typischerweise Übertragungen von sechs bis elf Satelliten gleichzeitig. Der Empfänger verfolgt fünf Satelliten gleichzeitig und wählt die besten vier Signale für seine Navigationslösung aus. Almanachdaten werden einmal pro Tag hochgeladen. Ephemeriden-Daten werden etwa einmal alle zwei Stunden übertragen.

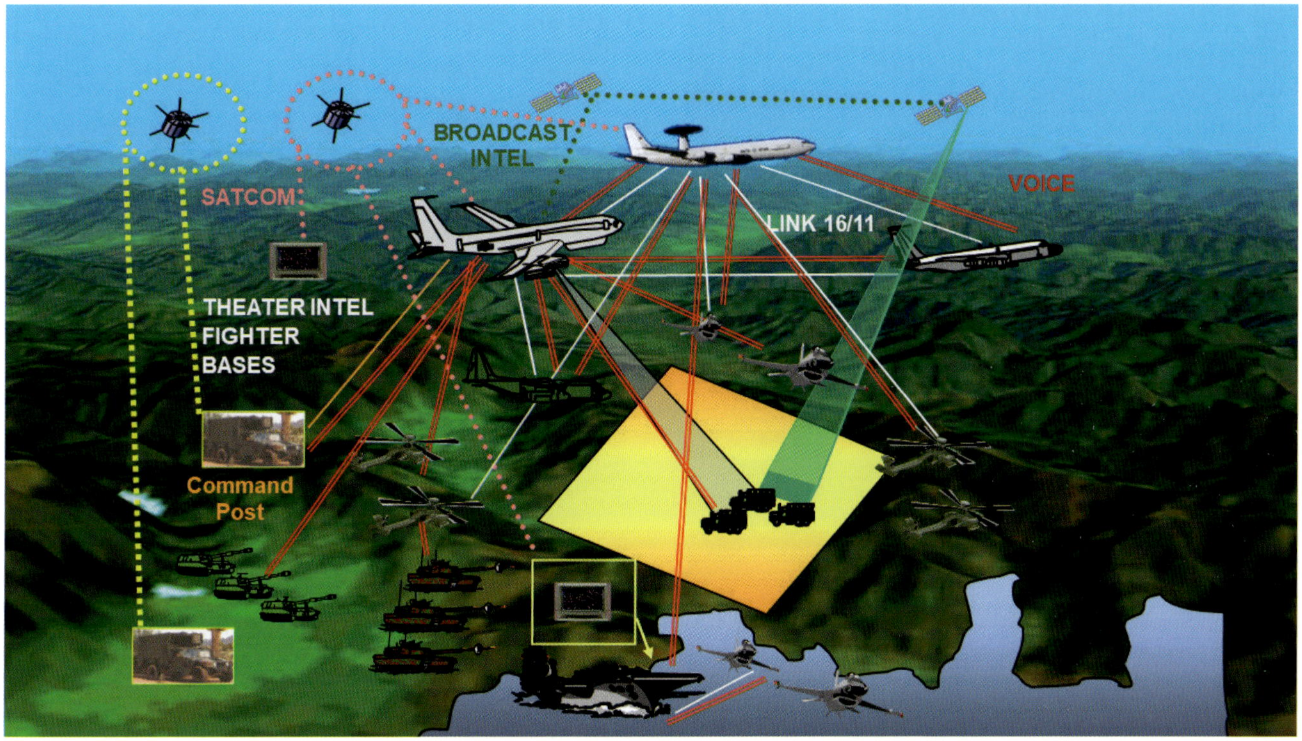

Kommunikationswege und Auftrags-Szenario in einer grafischen Darstellung.

Der Digitale Flugdatenschreiber, der Cockpit Voice Recorder und der Crash Position Locator (DFDR/CVR/CPL)

Die DFDR und CVR bieten eine automatische Aufzeichnung von Flugereignissen und der Kommunikation an Bord. Der DFDR zeichnet die letzten 25 Stunden Flugdaten auf wie z. B. Fluggeschwindigkeit, Treibstoffdurchfluss und Flugstrecke, Position usw. Die CVR zeichnet die letzten 30 Minuten der Kommunikation der Flugbesatzung auf. Die CPL ist eine Notfunkbake zur Identifizierung einer Flugzeugabsturzstelle. Der DFDR und der CVR sind immer dann aktiviert, wenn die APU oder Flugzeuggeneratoren eingeschaltet sind.

Das Wetter-Radar

Das Wetterradar soll Gewitter oder starke Niederschläge erkennen. Das System besteht aus zwei Anzeigegeräten und Bediengeräte im Cockpit. Die Wetterradarantenne ist unter dem Radome in der Flugzeugnase eingebaut. Auf den beiden Anzeigeinstrumenten im Cockpit werden alle Informationen über Niederschlagsintensität oder starke Turbulenzen in unterschiedlichen Farben (grün, gelb, rot) dargestellt.

Das IFF (Friend or Foe) System

Das IFF (Friend or Foe) System ist eine Zielidentifizierung und wird im Einsatz als ein integraler Bestandteil der eigenen Verteidigung angesehen und ist sehr wichtig die militärische Effektivität zu erhöhen. Das IFF-Systeme bietet die Möglichkeit eigene Kräfte, sei es in der Luft, am Boden oder auf der See, schnell und zuverlässig zu identifizieren.

Kommunikationssysteme

Das Kommunikationssystem der E-3A stellt die gesamte von der Flugbesatzung und der Missionsbesatzung benötigte Kommunikation innerhalb und außerhalb des Flugzeugs bereit. Die vom digitalen Audiosystem (DAS) zur Verfügung gestellte Intra-Flugzeug-Kommunikation besteht aus fünf Intercom-Systemen und der Technikerkonsole. Alle Ein- und Ausgänge dieser Systeme durchlaufen das digitale Audiosystem.

Durch das Flight Deck Audio Panel (FDAP) hat die Flugbesatzung Zugang zur vierkanaligen, selektiven Gegensprechanlage, zur Wartungsinterkommunikation zur, Intercom-Sprechanlage und der Lautsprecheranlage. Diese Systeme versorgen die Flugbesatzung mit allen erforder-

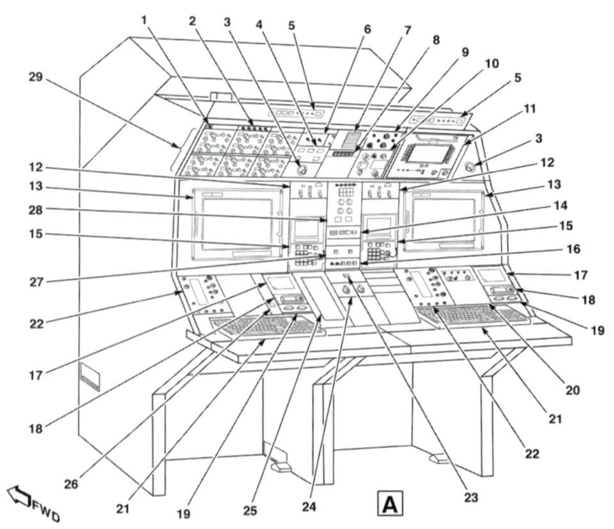

1. WBSV ZEROIZE CONTROL
2. WBSV DELAY CONTROL
3. GASPER AIR (2)
4. ESMG CONTROL PANEL
5. DISPLAY CONTROL SWITCH PANEL (2)
6. OBTM&M POWER PANEL
7. VISUAL WARNING INDICATOR
8. COOLING AIR MONITOR
9. KG-40 CONTROL
10. JTIDS SDU LOAD CONTROL UNIT
11. JTIDS CONTROL DISPLAY UNIT
12. OXYGEN REGULATOR (2)
13. FLAT PANEL DISPLAY (2)
14. FLIGHT DECK INTERFACE CONTROL (SEIZE INDICATOR)
15. HAVE QUICK CONTROL INDICATOR (2)
16. RATT/LINK 14 CONTROL
17. STOWAGE MODULE (2)
18. COMPACT DATA RECORDER (2)
19. RS-232 SERIAL PORT (LEFT) (2) CURSOR CONTROL CONNECTOR (RIGHT) (2)
20. KG-84C REMOTE CONTROL
21. COMPUTER KEYBOARD (2)
22. MISSION AUDIO PANEL (2)
23. HAVE QUICK TOD SOURCE SELECTOR (SELECTS RT20 FOR TOD, OR SELECTS RT20 FOR AUDIO AND GPS FOR TOD)
24. LIGHT DIMMER CONTROL
25. BOOK HOLDER
26. LAMP TEST PANEL
27. RATT INTERFACE CONTROL
28. DATA SET CONTROL TADIL-A
29. KYV-5 RCU (6)

Links: Wetter-Radar-Antenne

Rechts: Techniker-Konsole, eingebaut im vorderen rechten Bereich der Hauptkabine, hinter dem Cockpit.

lichen Intra-Flugzeug-Kommunikationen. Die Wartungs-Gegensprechanlage ist an der Bordkonsole des Flugingenieurs mit allen Sprechstelle der Flugbesatzung verbunden. Die Gegensprechanlage der Flugbesatzung ermöglicht die Kommunikation zwischen den Flugbesatzungsstationen und zwischen der Flugbesatzung und dem Wartungspersonal. Die externe Kommunikationsausrüstung, die aus UHF-, VHF- und HF-Funkgeräten besteht, stellt den Funksprechverkehr für die Flugbesatzung sicher.

Für die »Mission Crew Communication« gibt es in der Kabine für die 17 Arbeitsplätze jeweils »crew auxiliary box units«.

Um die gesamte Kommunikation der Mission Crew sicherzustellen, befindet sich im vorderen Bereich der Kabine eine Technikerkonsole. Von hier aus steuert ein Kommunikationstechniker die Ausrüstung und wählt die entsprechenden Funkgeräte aus, die auch für die Cockpitbesatzung verfügbar sind.

Fahrwerk

Das Fahrwerk der Boeing E-3A ist ein hydraulisch betriebenes Dreibein-Fahrwerk und besteht, ebenso wie bei der B707, aus einem doppelt bereiften Bugfahrwerk und dem Hauptfahrwerk, welches sich pro Einheit aus je zwei Achsen mit jeweils zwei Rädern zusammensetzt. Das Hauptfahrwerk ist mit einem Scheibenbremssystem und einer Anti-Skid-Anlage ausgestattet.

Nach dem Start schwenkt das Bugfahrwerk nach vorne in einen durch zwei Klappen verschließbaren Fahrwerkschacht ein. Beim Einfahren der beiden Hauptfahrwerke schwenken diese nach dem Öffnen der Fahrwerksklappen in ihren Fahrwerksschacht ein. Danach schließen die Fahrwerksklappen wieder.

Nach dem Start wird der Fahrwerkshebel im Cockpit auf »UP« gestellt, damit öffnen zuerst die Fahrwerksklappen aller drei Fahrwerke, die Fahrwerke fahren ein und danach schließen die Fahrwerksklappen wieder. Der Fahrwerkshebel wird wieder auf »OFF« gelegt.

Das Hauptfahrwerk, welches sich pro Einheit aus je zwei Achsen mit jeweils zwei Rädern zusammensetzt. Eingelassen darin pro Rad das Scheibenbremssystem.

Der Verriegelungsmechanismus bei ausgefahrenem und verriegeltem Hauptfahrwerk.

Die elektrische Bordversorgung

Für dieses elektrisch/elektronische Kraftpaket ist ein ausgeklügeltes Stromversorgungssystem zur Bereitstellung von elektrischer Energie die wichtigste Voraussetzung.

Den dafür erforderlichen Wechselstrom liefern über Gleichlaufgetriebe acht (zwei pro Triebwerk) motorbetriebene, bürstenlose 75-kVA-Drehstromgeneratoren mit 115/200V und 400 Hz. Transformatoren/Gleichrichter sorgen für die Bereitstellung von 28V Gleichstrom. Zusätzlich stehen für Störfälle Batterien zur Verfügung.

Sollten alle normalen Wechselstromquellen ausfallen, wird eine Notstromversorgung von einem batteriebetriebenen Wechselrichter an einen Not-Aus-Bus geliefert. Das DC-Stromverteilungssystem liefert Batterieleistung von zwei 28-V-Batterieverteilerschienen (Verteilerschienebus) zu einem »hot Batteriebus«, der direkt UHF- und VHF-Funkgeräten des Cockpits, den »Emergency-DC-Bus« und den Notfallinverter versorgt. Zwei wechselstrombetriebene Ladegeräte versorgen die Batterien. Am Boden liefert in der Regel der APU-Generator oder eine externe Stromversorgung den benötigten Strom. Die Flugzeuggeneratoren werden normalerweise parallel betrieben. Die APU und die externe Stromversorgung können nicht parallel zu den Flugzeuggeneratoren oder untereinander betrieben werden. Im Normalfall werden alle zu versorgenden Systeme im Parallelbetrieb und alle Verteilerschiene mit Strom versorgt. Überwacht wird die Stromversorgung im Cockpit vom Flugingenieur. Er kann auch an seiner Bediengerätetafel den Stromfluss erkennen und im Bedarfsfall auch eingreifen.

Generator mit Gleichlaufgetriebe (IDG)

Jeder Drehstromgenerator mit dem Gleichlaufgetriebe wird zusammen als integrierter Antriebsgenerator bezeichnet (IDG). Der Generatorantrieb wird hydraulisch gesteuert, um eine konstante Ausgangsdrehzahl von einem variablen Eingang zu erhalten. Jeder Generatorantrieb hat sein eigenes Öl-System.

Wechselstromquellen

Die allgemeine Stromversorgung erfolgt über die folgenden Quellen: Die triebwerkbetriebenen Generatoren, der APU-gesteuerte Generator, bis zu vier externe Steckdosen und ein Not-Wechselrichter (Emergency Inverter).

Normalerweise werden die acht triebwerksgetriebenen Generatoren parallel betrieben, um die notwendige Leistung zu liefern. Der APU-Generator, ein dreiphasiger luftgekühlter Generator mit 60 KVA (170 Ampere), 115/200 Volt, 400 + - 7 Hz, wird verwendet, um vor dem Triebwerksstart und, nachdem die Triebwerke herunterfahren, die benötigte Energie zu liefern oder wenn externe Stromversorgung nicht verfügbar ist. Er kann nicht parallel zu den anderen Generatoren oder mit externen Generatoren betrieben werden. Normalerweise reicht ein externer Stromerzeuger aus, um Strom für das Flugzeug zu liefern. Ein Emergency Inverter kann bei Bedarf Strom für bestimmte Wechselstromverbraucher, wenn keine andere Wechselstromquelle verfügbar oder ausgewählt ist, liefern.

Im Cockpit ist auf dem oberen FE Instrument Panel die Stromversorgung bzw. Verteilung auch optisch dargestellt.

Ausreichenden Wechselstrom liefern über Gleichlaufgetriebe acht (zwei pro Triebwerk) triebwerksbetriebene, bürstenlose 75-kVA-Drehstromgeneratoren mit 115/200V und 400 Hz von Westinghouse Electric Corporation.

Die komplexe Stromverteilung mit den »Load Controllern«, den »Generator Control Units« und den »Bus Tie Breakern«, befinden sich im hinteren Bereich des unteren, vorderen Geräte-Compartment.

Das Hydraulik-System

Wie auch bei der Boeing B707 gibt es bei der E-3A zwei hydraulische Systeme, das »utility hydraulic system" (primäres Hydraulik-Versorgungssystem) und das »auxiliary hydraulic system« (Hilfshydrauliksystem). Die Systeme sind im Wesentlichen unabhängig mit getrennten Behältern, Pumpen und Leitungen. Beide Hydrauliksysteme arbeiten mit einem Nenndruck von 3025 psi (213 bar). Das primäre Hydraulik-Versorgungssystem wird durch eine triebwerksbetriebene Pumpe unter Druck gesetzt, die an den Triebwerken zwei und drei (Innbordtriebwerke) angebracht sind. Das Hilfshydrauliksystem wird durch zwei elektrische Pumpen unter Druck gesetzt. Beide Systeme haben Pumpen mit variabler Kapazität. Die Menge der gepumpten Flüssigkeit ändert sich, um die Anforderungen des Systems zu erfüllen. Bei hydraulisch betriebenen Geräten wird die Pumpenleistung erhöht, um den Systemdruck aufrechtzuerhalten.

Hydraulic Systems Block Diagram

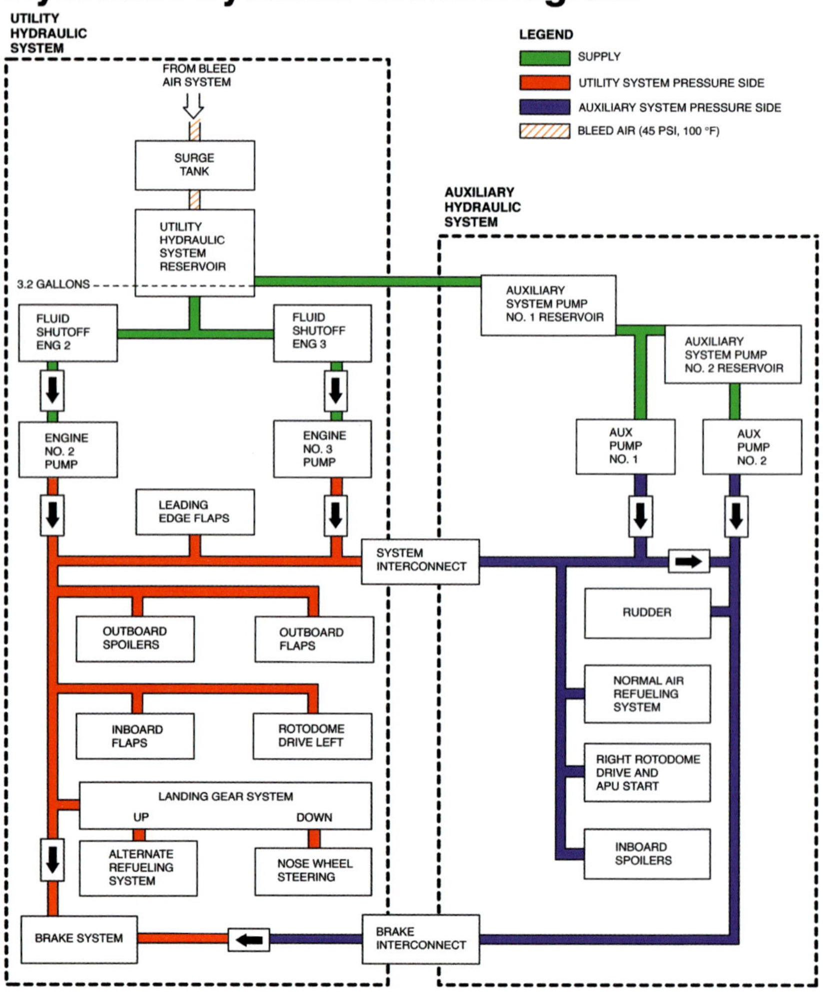

Das primäre Hydraulik Versorgungssystem (utility hydraulic system)

Das »utility hydraulic system" liefert hydraulische Energie für den Betrieb des Fahrwerks, Bugradlenkung, Klappenaußenspoiler, Bremsen und Rotodomantrieb mit einem Druck von 2400 bis 3100 psi (169 bis 218 bar).

Die zwei triebwerksbetriebenen Pumpen (Triebwerk Nr. 2 und Nr. 3) liefern Druck für das Versorgungssystem. Der Versorgungsbehälter befindet sich im linken Fahrwerkschacht. Obwohl normalerweise nur 7,3 Gallonen (27,6 Liter) benötigt werden, beträgt die Kapazität des Reservoirs und des Ausgleichsbehälters 9,7 Gallonen (36,7 Liter). Das Reservoir wird mit Triebwerksluft von den Innentriebwerken auf etwa 45 psi (3,1 bar) unter Druck gesetzt. Die Luft wird durch Ausdehnung durch eine Öffnung in der Leitung auf etwa 100ºF (38°C) abgekühlt. Flüssigkeit, die von dem Rotodome-Antriebs-, Außenspoiler- und Versorgungspumpenkasten zurückfließt, wird durch den Wärmetauscher im Tank Nr. 2. gekühlt. Das Versorgungssystem hat einen 25-Kubikzoll-Akkumulator, der sich im rechten Fahrwerkschacht befindet.

Das Hilfshydrauliksystem (auxiliary hydraulic system)

Es liefert Hydraulikdruck an die Seitenrudersteuerungen, Innenspoiler, Rotodome Antrieb, Luftbetankungssystem, APU-Startakkumulator und an die Bremsen mit einem Druck von 2600 bis 3200 psi (179 bis 220 bar). Wenn das System nicht belastet wird, liegt der Pumpendruck zwischen 2800 und 3200 psi (193 bis 220 bar). Mit dem Rotodome- auxiliary hydraulic system in Schalterstellung XMIT (6 U/min), ist der Systemdruck 2600 bis 3200 psi (179 bis 220 bar grünes Band auf dem Systemdruckmesser). Es gibt zwei elektrische Pumpen mit getrennten Reservoiren im System.

Die Hydraulikflüssigkeit, welche von dem »auxiliary rotodome drive« und vom No.1 »auxiliary pump case drain« zurückkehrt, wird durch einen Wärmetauscher im Kraftstofftank Nr. 3 gekühlt. Das auxiliary hydraulic system enthält zwei 50-Kubik-Inch-Akkumulatoren, die als Stoßdämpfer dienen und außerdem eine Reservequelle für Hydraulikflüssigkeit unter Druck bereitstellen. Die Akkumulatoren befinden sich im rechten Fahrwerkschacht.

Der Rotodome Antrieb

Der Rotodome wird entweder vom utility hydraulic - oder auxiliary hydraulic system angetrieben. Jeder Rotodome-Antrieb verfügt über ein unabhängiges Schmiersystem, das das Rotodome Lager bei der Auswahl des zugehörigen Antriebs schmiert. Ein LOW PRESS Warnlicht (eines für jedes System und die Rotodome-Antriebssteuerung befindet sich auf der Gerätetafel des Flugingenieurs) leuchtet auf, wenn der Druck im Schmiersystem unter einen festgelegten Wert fällt. Das LOW PRESS-Warnlicht ist nur dann aktiv, wenn das entsprechende Rotodom-Laufwerk ausgewählt ist.

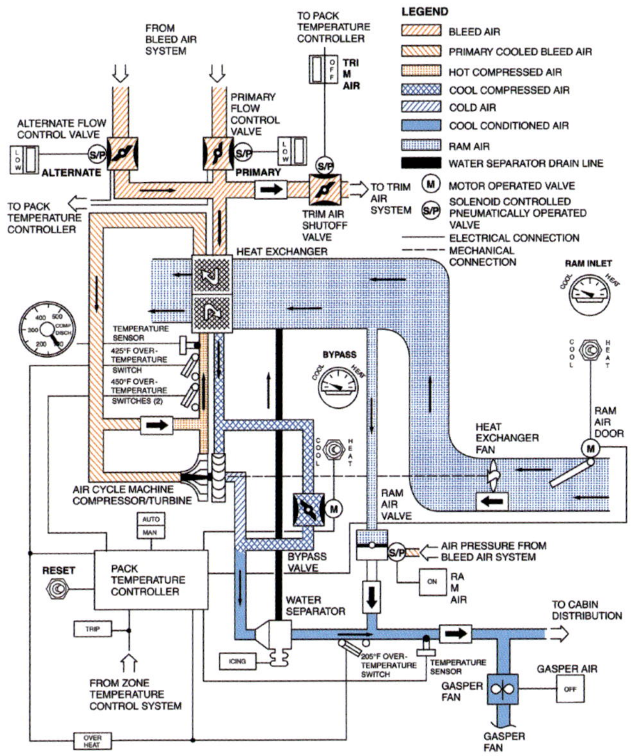

Schematische Darstellung der Druck-/Klimaanlage.

Die Druck-/Klimaanlage

Die universelle Druck/Klimaanlage der E-3A sorgt dafür, dass immer ein lebensnotwendiger Kabinendruck im Cockpit, dem Missionsbereich in der Kabine sowie den unteren Räumlichkeiten zur Verfügung steht. Die Anlage sorgt weiterhin für ausreichende Belüftung und regelt die Temperatur.

Die Druck/Klimaanlage wird mit Druckluft durch das Bleed System versorgt, das wiederum die Luft von den laufenden Triebwerken, am Boden von der APU oder einem Bodenluftgerät erhält.

Das Bleed System

Die komplette Luftversorgung (Bleed System) für das Flugzeug wird hauptsächlich vom Triebwerk bereitgestellte. Hochdruckluft wird von der 16. Stufe des Hochdruck-Verdichters entnommen und über einen Druckregel-/Absperrventil und einem Vorkühler mit einem geregelten Druck in den Luftverteilungssystem (wing manifold) geleitet. Ähnlich wird Bleed Air von der APU und dem Bodenluftgerät in das wing manifold eingeführt. Der Außenanschluss für das Bodengerät befindet sich in der rechten Flügelwurzel. Er dient als Luftdruckquelle für den Motorstart oder zur Bereitstellung von Hochdruckheißluft für die Klimaanlagen am Boden.

Die regelbare Klimaanlage sorgt für eine angenehme Raumtemperatur. Um dies zu ermöglichen, wurde eine Luftmischanlage, ein Rohrverteiler- und Temperaturüberwachungssystem mit zugehörigen Ventilen, eine Zonen Temperaturregelung, Messfühlern etc. im unteren Teil der Kabine installiert.

Geregelt und überwacht wird das gesamte System im Cockpit vom Flugingenieur an seiner Geräte- und Instrumententafel.

Für die Sicherstellung des benötigten Kabinendrucks muss jederzeit genügend Bleed Air zur Verfügung stehen. Im Fluge steht daher nur die Hochdruckluft aus den Triebwerken über das Klimaanlagen-Verteilersystem zur Verfügung. Über die beiden Outflow Valves und den elektronisch betriebenen Druckregler wird der Kabinendruck so reguliert, dass er die Kabinenhöhe maximal auf 2000 m hält und der Differenzdruckgrenzwert von 8,6 psi (0,6 bar) nicht überschritten wird.

Der Kabinendruck Regler arbeitet entweder im Automatik- oder im manuellen Modus.

Der Flugingenieur kann über das Bediengerät den Kabinendruck regeln. Im Automatik Betrieb stehen vier Möglichkeiten zur Auswahl, die er einstellen kann:

Kabinenhöhe, Start- oder Lande-Modus der Druckregelung, Luftdruck-Korrektur und Kabinen-Rate der Druckänderung. Die maximale Kabinen-Rate der Änderung ist auf 300 bis 500 Fuß (91 bis pro 152 m) Minute begrenzt. Unter normalen Betriebsbedingungen findet ein kompletter Luftaustausch der Kabinenluft in fünf bis sechs Minuten statt.

Ice and Rain Protection

Für den Eis-und Regenschutz wird Bleed Air von den Triebwerken verwendet, um Eisansatz der Triebwerks-Nasenverkleidung, den »Inlet Guide« Vanes und an den EPR System (Pt2) Fühlern zu verhindern. Elektrisch beheizt werden die Staudrucksonden, die gesamte Lufttemperatursonde, Q-Inlet Sonde, Cockpitscheiben, »Attitude Warning Vanes and Angle of Attack Probes«. Weiterhin auch der Kabinenwasserabfluss, sowie rumpfnahe Wasserleitungen.

Sauerstoffanlage

Das Flugzeug ist mit einem einzigen Sauerstoffsystem für Flugbesatzung und Missions-Besatzung ausgestattet. Flüssiger Sauerstoff wird in einem 75 Liter Vorratsbehälter und Verdampfer (Konverter) gelagert. An jeder Besatzungs-Station befindet sich ein Luft/Sauerstoff Regler. Tragbare Sauerstoffflaschen befinden sich in allen Bereichen des Flugzeugs. Bei einem Druckverlust in der Kabine, basierend auf einer maximalen Besetzung von 36 Personen, können alle Besatzungsmitglieder noch etwas mehr als 2,5 Stunden versorgt werden.

Die Kraftstoffanlage

Für lange Standzeiten in der Luft musste für eine ausreichende Kraftstoffversorgung gesorgt werden. Die E-3A verfügt über sieben Kraftstofftanks: linker und rechter Reservetank (oder Nr. 1 und Nr. 4 Reserve), Haupttank Nummer 1, 2, 3 und 4, sowie der mittlere Flügeltank.

Die Betankung kann wahlweise über Druck oder Schwerkrafteinfüllstutzen erfolgen.

Das Flugzeug ist für Einzelpunkt-Bodenbetankung ausgestattet und kann auf der Flugingenieurgerätetafel kontrolliert bzw. gesteuert werden. Auf der rechten Seite vor dem Flügel am unteren Rumpf befindet sich ebenfalls eine Gerätetafel mit den Bedienelementen für den Flugzeugwart, der vorrangig die Betankung von dort aus vornimmt. Jeder Tank verfügt über Betankungsstutzen auf der Tragflächenoberseite, im unteren Tragflächenbereich sind Abflüsse (drain holes) und »Messstäbchen« zur Messung der Kraftstoffmenge vorhanden.

Die Tankentlüftung ist mit in die Tragflächenstruktur integriert.

Die Kraftstoffversorgung wird über ein Rohrleitungssystem in den Tanks und sogenannten »Boost Pumps« sichergestellt. Sie befinden sich in jedem der vier Haupt-

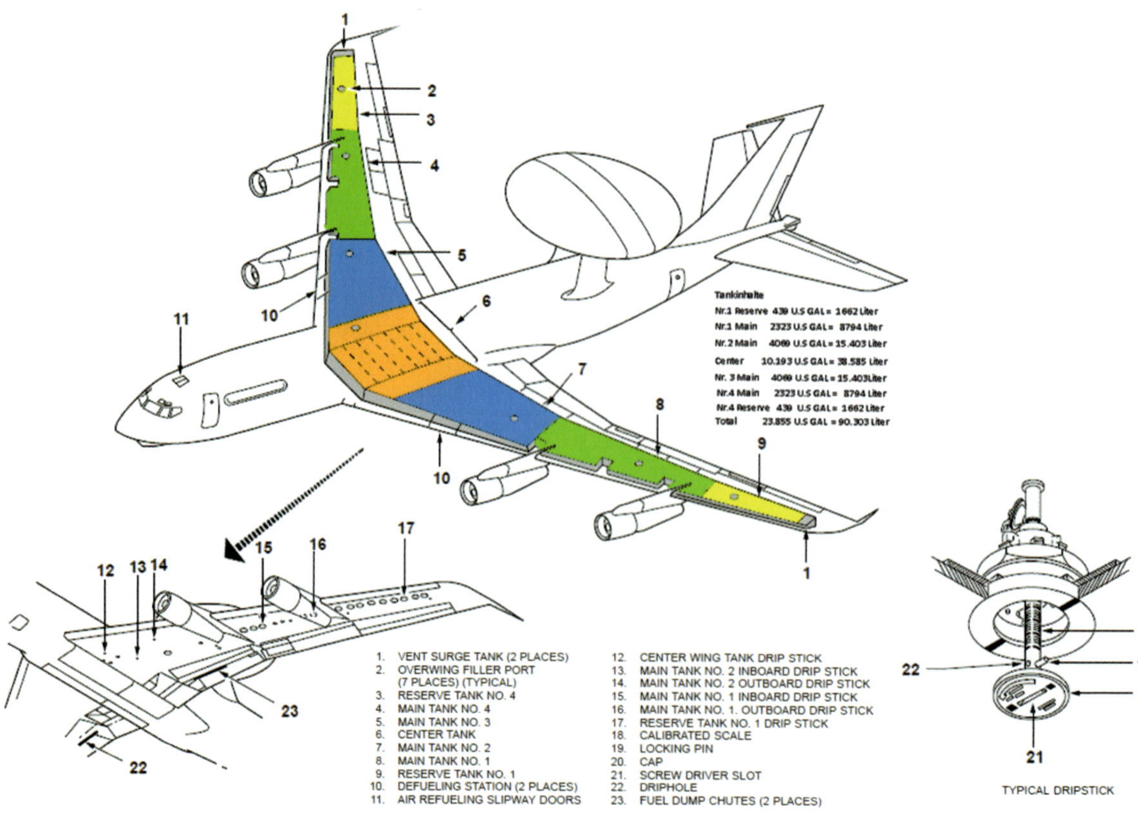

Die Kraftstoffverteilung der E-3A.

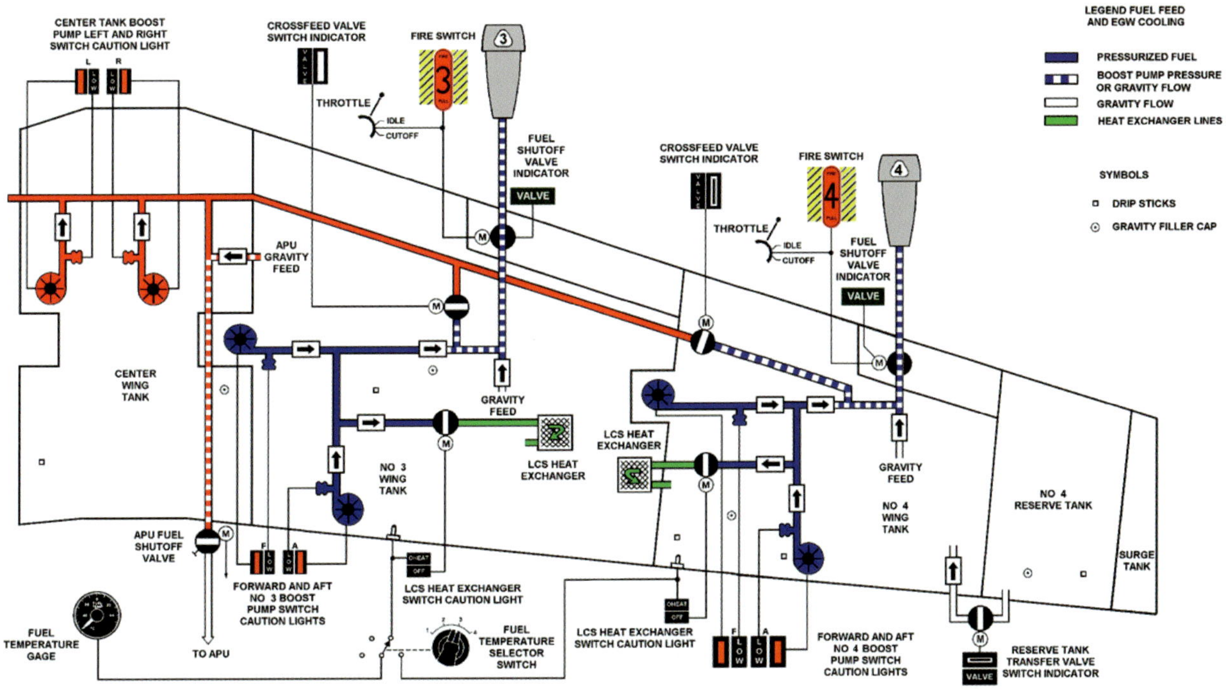

Schematische Darstellung des Kraftstoff-Verteilersystems im rechten Tragflügel der E-3A.

tanks und im Mitteltank. Von hier aus wird der Kraftstoff über die Haupttankpumpen zum Triebwerk bei entsprechen geöffneten »Crossfeed-Valves« gepumpt. Die Pumpensteuerungen befinden sich auf der Bediengerätetafel des Flugzeugwarts bzw. dem des Flugingenieurs im Cockpit. Wenn im Falle einer nötigen Sicherheitslandung das zulässige Landegewicht zu hoch ist, können im Fluge über einen Kraftstoffschnellablass rund 2000 Liter Treibstoff pro Minute abgelassen werden.

Luftbetankung

Um die Reichweite bzw. Stehzeit des AWACS deutlich zu erhöhen, ist die Maschine auch in der Luft betankbar.

Das Luftbetankungssystem ermöglicht die Betankung des Flugzeugs von einem Tanker mit Ausleger. Es besteht aus einem Behälter, Rohrleitungen zum Betankungsverteiler und Steuerventilen.

Die Betankungsanlage in der Struktur oberhalb des Cockpits verfügt über zwei hydraulisch betätigte Klappen, Lichter für Nachtbetankung, Auslegeraufnahme, Riegel und Signalspulen für das Tanker-Empfänger-Signalsystem. Die Klappen werden von beiden Hydrauliksystemen über den Schalter »SLIPWAY DOORS OPEN-CLOSE« an der Flugingenieurs-Gerätetafel bedient.

Die Nachtbetankungslichter befinden sich in jeder Klappe und in der Auslegeraufnahme. Die Auslegerverschlüsse, die sich in der Aufnahme befinden, werden hydraulisch betrieben. Die Verschlüsse arbeiten normalerweise automatisch. Durch Drücken des Schalters »SIGNAL AMPL« kann man die Klappen auch manuell steuern.

Das Kraftstoffmengenanzeigesystem

Das Kraftstoffmengenanzeigesystem (Fuel Quantity Indicating System, FQIS) besteht aus einer Kraftstoffmengenmessung für jeden Tank, einer Gesamtkraftstoffmengenanzeige, einer »Transient Suppression Unit” (TSU) für jeden Tank (zwei für den mittleren Flügeltank), Kraftstoffsonden für jeden Tank (zwei bis sieben, abhängig vom Tank) und die zugehörige elektrische Verkabelung. Auf der unteren Gerätetafel des Flugingenieurs befinden sich die Kraftstoffmengenanzeigen für jeden der sieben Tanks. Diese werden sowohl zum Boden- als auch zur Luftbetankung verwendet. Das FQIS kompensiert Unterschiede in der Nicklage auf dem Boden und in der Luft. Am Boden zeigen die Anzeigen korrekte Kraftstoffmenge an, wenn das Flugzeug mit null Neigung geparkt wird. Im Flug geben die Messgeräte korrekte Werte.

Annäherung an den EC-135-Tanker.

Bei dieser Aufnahme wurde der Kontakt zur Kraftstoffübernahme hergestellt.

Die Triebwerksanlage, das Pratt & Whitney TF33

Das TF33-Triebwerk ist eine Ableitung des JT3D Zweiwellen-Turbofan-Triebwerks des amerikanischen Triebwerkherstellers Pratt&Whitney, welches bei vielen zivilen Passagierflugzeugen z. B. Boeing B707 und Douglas DC8 zum Einsatz kam.

Das Zweiwellentriebwerk ist ein 16-stufiger Axialverdichter mit zwei Fanstufen.

Beim TF33-100A Triebwerk wurde der Kompressor derart verändert, dass die ersten drei Stufen des Kompressors durch zwei neue Stufen, die als Fan ausgelegt sind, ersetzt wurden. Dieser Fan erzeugt einen Nebenstrom um das Kerntriebwerk herum. Das Nebenstromverhältnis liegt bei etwa 1,4:1. Durch den Fan erhöhte sich der Schub von etwa 55 kN des Ausgangstriebwerks auf etwa 94 kN.

Den zwei vorgeschalteten Fanstufen folgen sieben axiale Stufen für den Niederdruckverdichter und sieben Axial-Stufen für den Hochdruckverdichter. Um den größeren Fan anzutreiben, wurde eine zusätzliche Turbine eingebaut. Der Kompressor verfügt nun über insgesamt zwei Fan- und 13 Verdichter-Stufen, die Turbine besitzt insgesamt vier Stufen. Gelagert sind die Wellen mittels acht Lager. Der Treibstoff wird in einer Ringbrennkammer, die aus acht einzelnen Brennkammern besteht, verbrannt. Der Luftdurchsatz beträgt maximal 204 kg/s.

Im Gegensatz zum JT-3D besitzt dieses Triebwerk keinen Umkehrschub.

Jedes der vier Triebwerk ist an einer individuellen Triebwerksgondel, dem sogenannten »Strut«, aerodynamisch verkleidet, mit der Tragfläche verbunden.

Die Aufhängung des Triebwerks besteht aus drei Befestigungspunkten. Die beiden vorderen Befestigungspunkte sind mit dem vorderen »Forward Engine Mount Fitting« verschraubt. Die hintere Triebwerksbefestigung besteht aus zwei Teilen, die mit der Oberseite eines Doppelflansches verschraubt ist. Folgend werden Betrieb und diverse Zusatzaggregate beschrieben:

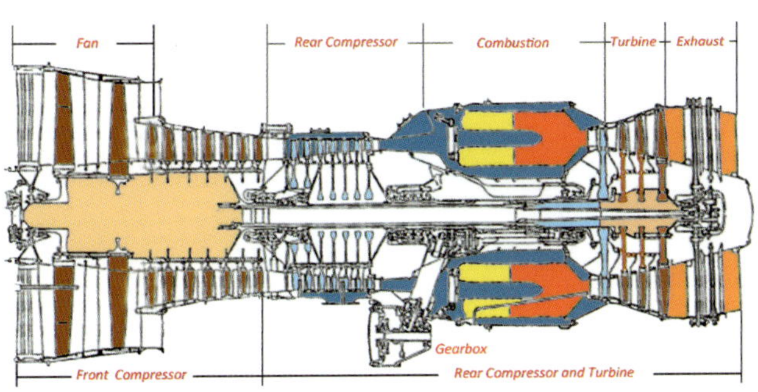

Grafische Darstellung des TF33-100A-Triebwerks im Schnitt.

Fan-Gehäuse des Pratt&Whitney TF33-100A-Triebwerks.

Der Betrieb

Gestartet wird das Triebwerk vom Cockpit aus mit dem luftbetriebenen Starter, der Schubhebelstellung der Mittelkonsole über die Zündschalter (Starter Switch) am Overhead Panel (P13) für Triebwerk 1 bis 4. Beim Startvorgang wird der Schubhebel in Richtung Engine Start gestellt und über den Starter Switch am P13 »GND« und Position »Start« die Luftzufuhr zum Starter geöffnet und die Zündung aktiviert. Das Triebwerk dreht bis die entsprechende Drehzahl erreicht ist und zündet. Die Anzeige »Valve Open« leuchtet auf und zeigt an, dass die Starterluft zum Starter geleitet wird. Bei etwa 15% N2 RPM muss der Gashebel auf »IDLE« (Leerlauf) gestellt werden, um den Kraftstofffluss und die Zündung einzuleiten. Bei ca. 35% N2 RPM wird der Motorstartschalter manuell gelöst. Das Startersteuerventil schließt dann, die Anzeige »Valve Open« erlischt, der Starter löst sich und das Triebwerk wird auf Leerlauf beschleunigt.

Technische Daten Pratt & Whitney TF-33-PW-100A	
Hersteller	Pratt&Whitney
Ursprungsland	USA
Flugzeugmuster	Boeing E-3A
Muster	TF33-PW-100A
Bauart	16 stufiges Axial Triebwerk
N1 low Pressure	neun Stufen inklusive 2 Fan Stufen
N2 high Pressure	sieben Stufen
Bypass-Verhältnis	1,4 : 1
N1, 101,1%	6870 RPM
N2, 104,5%	10.095 RPM
Take off Schub (15°C)	94 kN
Turbine	4 Stufen
Brennkammer	8 Brennkammern
Gesamtlänge	3613,4 mm
Durchmesser	1373 mm
Gewicht (trocken)	2184 kg

Über die Schubhebel an der Mittelkonsole im Cockpit erfolgt mittels Kabel und Umlenkrollen etc. die Kraftstoffsteuerung an den Triebwerken. Zum Abschalten des Triebwerks wird der Schubhebel auf die Position »Cutoff« zurückgestellt.

Kraftstoffversorgung

Die Kraftstoffversorgung wird aus den jeweiligen Tanks über die Rohrleitungssysteme den Triebwerken zugeführt.

Das Motorölsystem

Für ausreichend Schmierung aller Lager stellt ein geschlossener Öl-Kreislauf die Ölversorgung sicher. Das Öl-System besteht aus einem Druck-, einem Spül-, einem Kühl-, einem Entlüftungs- und einem Anzeigesystem. Von einem Öltank für 25,7 Liter Öl, von dem zirka 18 Liter in den Kreislauf gelangen, werden damit über die Hauptölpumpe die Hauptlager und Getriebelager der Nebenaggregatantriebe versorgt.

Feuerschutz

Um die Besatzung im Cockpit rechtzeitig vor Überhitzung und Brand im oder am Triebwerk zu warnen, ist pro Triebwerk ein Brandmeldesystem und ein Feuerlöschsystem eingebaut. Das Feuerdetektionssystem bietet visuelle und akustische Warnungen vor Feuer in den Triebwerksgondeln. Je zwei Feuerlöschbehälter mit Löschmittel Halon befinden sich in den Struts der beiden inneren Triebwerke. Sie können wahlweise vom Cockpit aus auf das eine oder andere Triebwerk, oder beide auf ein Triebwerk pro Seite zum Löschen ausgelöst werden.

Das TF33-100A-Triebwerk im eingebauten Zustand mit seinem überdimensionalen Fan-Gehäuse.

Triebwerksanzeigen

Diverse Triebwerkssysteme werden neben dem Feuerwarnsystem im Cockpit zur Anzeige gebracht. So z.B.: Das »Engine Pressure Ratio« System (EPR), das Abgastemperatursystem EGT (Engine Gas Temperature), Drehzahlanzeigen in Prozent Angaben bei N1- und N2, Öldruckanzeige-, Öldruckwarn-, Ölmengenanzeige- und das Öltemperaturanzeigesystem. Folgende Zusatzsysteme werden unter anderem über eine Getriebeeinheit (Gearbox) vom Triebwerk angetrieben: So z. B. pro Triebwerk das Hydrauliksystem mit der triebwerksbetriebenen Pumpe und einer Zu- und Abführleitung, die nur an den beiden Innenbord Triebwerken installiert ist.

Das Nacelle Anti-Icing System, wird ebenfalls mit Luft aus der 16. Stufe vom Diffusorgehäuse versorgt. Es verhindert die Eisbildung am Triebwerkeinlass (Nosecowl), dem »Nosedome« und den Leitschaufeln.

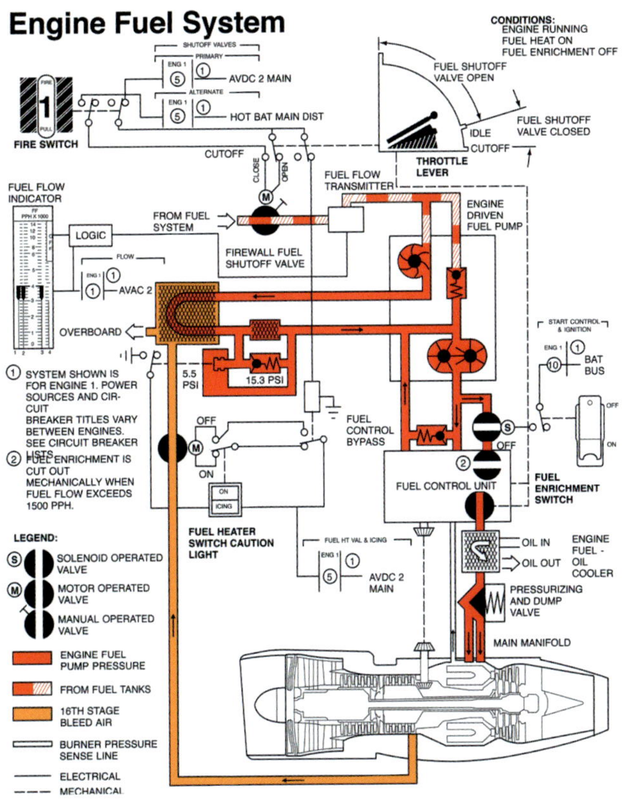

Schematische Darstellung der Kraftstoffversorgung des Triebwerks.

Die Auxiliary Power Unit (APU)

Die APU ist eine Gasturbine, die als Zusatzaggregat verwendet wird und im hinteren, unteren Geräte Compartment eingebaut ist. Sie kann das Flugzeug am Boden mit elektrischer Energie, Druckluft für die Klimaanlage und den Motorstart versorgen.

Die APU besteht aus einem zweistufigen Verdichter, einer einstufigen Radialturbine und einer Brennkammer. Via dem Einlassluftkanal wird die angesaugte Luft über die einstufige Radialturbine zu dem Kompressor geleitet, komprimiert und in den Verbrennungsbereich, wo sich auch der Ausgang für die Bleed Air System befindet, geführt. Gestartet wird die APU automatisch über einen elektrischen Schalter am APU Control Panel auf der rechten Seite des Flugingenieurs. Der Starter ist ein hydraulischer Motor. Er wird durch den Druck von zwei Akkumulatoren betrieben. Nach Betätigung des APU Control Switchs in die Position Start leuchtet das gelbe APU DOOR OPEN Warnlicht. Es öffnen sich beide APU Klappen auf der rechten hinteren Seite des Flugzeugrumpfes (Einlass und Auslassklappe). Durch den Druck der Akkumulatoren beginnt sich die Turbine zu drehen. Für die Stromversorgung am Boden treibt die APU einen luftgekühlten Generator mit 60 kVA, 115 +-4 Volt, 3-phasig, 400 +-10 Hz an. Die Generatorsteuerung erfolgt automatisch. Bei Überdrehzahl des Generators schaltet sich die APU selbständig ab. Für eine Luftversorgung der Flugzeug Kabinentemperatur und den Startvorgang der Triebwerke stellt die APU am Boden Luft für das Bleed Systems zur Verfügung, welches ungeregelt über ein Rückschlagventil in das allgemeine Luftverteilungssystem mit eingeleitet wird.

Die APU im eingebauten Zustand.

Das Missionssystem

Systembeschreibung und Aufgaben

Das fliegende Frühwarnsystem E-3A AWACS beinhaltet das Missionssystem für das weitsichtige Frühwarnradar und die Einsatz-Führungselektronik. Es umfasst das Impulsdopplerradar AN/APY-2 von Westinghouse (heute Northrop/Grumman), das mit einer Digital-Signalaufbereitungsanlage kombiniert ist und eine Reichweite von mehr als 400 km im Umkreis besitzt, Kommunikationssysteme, das Freund-Feind-Erkennungssystem, die Zentralrechenanlage und das Bildschirmsystem mit 14 Konsolen in der Kabine.

Es dient zur Überwachung des Luftraums und besteht aus der Schlitz-Flachantenne in der Kuppel, dem Sender, dem Radarempfänger und dem Signalaufbereiter. Die komplette Anlage hat ein Einbaugewicht von 3430 kg. Mit diesem System hat eine E-3A mehr als 312.000 km² in ihrem Erfassungsbereich.

Das Herzstück des Missionssystems ist das Hochleistungsradar mit hoher ECM-Festigkeit, das an eine moderne und leistungsstarke Datenverarbeitungsanlage angeschlossen ist. Eine ECM-resistente Übertragungskomponente stellt den Datenaustausch mit den Gefechtsführungsanlagen der NATO und anderen fliegenden Radarsystemen sicher, verfügt aber auch über Kapazität zur Datenübermittlung an Kampfflugzeuge und Schiffe.

Eine umfangreiche Ausstattung mit HF-, VHF- und UHF-Geräten ermöglicht die Nutzung des Systems auch als Funkrelais. Das IFF-Interrogator System im AWACS liefert neben dem Radar-System ein detaillierteres Luftlagebild mit weiteren Informationen. Das IFF ist im Prinzip ein um militärische Modi erweitertes SSR, mit der Fähigkeit über die eigene Radarführung zugewiesene Jagdflugzeuge zu führen. Die E-3A AWACS verfügt über ein Infrarot-Warnsystem »Large Infrared Counter Measures« (LAIRCM) mit Laser Transmitter und Missile Warning Sensors, sowie einer ESM Warnanlage.

Unter Berücksichtigung einer Flughöhe von 9200 m (30.000 Fuß) beträgt die Reichweite des Suchradars rund 430 km. Dabei sind folgende Betriebsarten möglich:

Charakteristisches äußeres Merkmal der E-3A ist die 3,35 m über dem Rumpf auf zwei verkleideten Streben angeordnete Radardrehkuppel, auch Rotodome genannt.

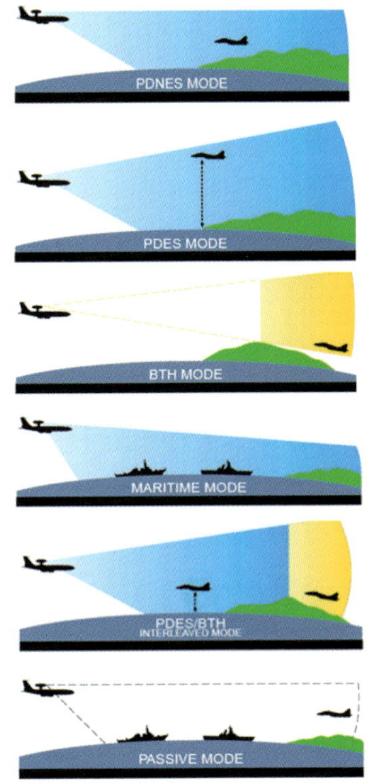

Grafische Darstellung der Reichweiten von über 400 km und der jeweiligen Betriebsarten.

Pulse Doppler Non-Elevation Scan (PDNES)

Der Impuls-Dopplerbetrieb ohne Höhenabtastung gestattet die Erfassung von Flugzeugen und Lenkwaffen von der Flughöhe der E-3A bis zum Erdboden.

Pulse Doppler Elevation Scan (PDES)

Der Puls-Dopplerbetrieb mit Höhenabtastung entspricht dem PDNES. Durch die Höhenabtastung liefert PDES zusätzlich zu PDNES die Flughöhe des Ziels. Damit werden auch Flugzeuge und Lenkwaffen deren Flughöhe über der der AWACS-Maschine liegen, erfasst.

Beyond-The-Horizon (BTH)

Bei dieser Betriebsart wird auf den Doppler-Effekt verzichtet, um so eine große Reichweite zu erzielen, so dass auch Objekte hinter dem Horizont erfasst werden können.

Maritime-Surveillance-Capability (MSC)

Bei der Seeüberwachung führt der Seegang zu unerwünschten Echos. Daher verwendet diese Betriebsart eine sehr kleine Impulsdauer. Außerdem sorgt ein Digitalprozessor für die automatische Anpassung des Systems bei geändertem Seegang und blendet Bodenechos anhand gespeicherter Landkarten vollständig aus.

Interleaved

Hierbei handelt es sich um die Kombination von BTH/PDES und PDNES/MSC wobei sich die Betriebsarten ständig abwechseln, da das AN/APY-1 bzw. APY-2 nur in einer Betriebsart arbeiten kann. Hierbei ist der Vorteil, dass entweder ein sehr großer Luftraum, oder ein vom Horizont begrenzter Luftraum zusammen mit dem Seeraum überwacht werden kann.

Passive

Im Falle starker gegnerischer Störmaßnahmen können die aktiven Betriebsarten des Suchradars ausgeschaltet werden, jedoch erfolgt die Verarbeitung und Erfassung aller einlaufenden Signale.

Für die optische Darstellung der verarbeiteten Daten stehen 14 Multi Purpose Display Consoles (MPDC) und zwei Auxiliary Display Units (ADU) zur Verfügung. Auf dem Monitor eines jeden MPDC kann ein Bild der in dem abgesuchten Luftraum herrschenden taktischen und operativen Situation dargestellt werden. Außerdem zeigt ein Gerät den jeweiligen Standort des AWACS an und liefert zusätzliche Angaben verschiedenster Art.

Das AN/APY-2 Impulsdopplerradar

Das moderne AN/APY-2 Impulsdopplerradar besteht aus mehreren Komponenten. Herzstück sind zwei redundant aufgebaute Sender (Transmitter), die im hinteren, unteren Geräte Compartment (Lower Mission Compartment) des Flugzeugs eingebaut sind. In den zwei liegenden Behältern befinden sich die Senderöhren, die für hohe Leistungsabgaben verwendet werden. Ein Hochfrequenzpuls mit hoher Leistung wird über Hohlleiter im linken Kabinenbereich nach oben durch den Rotory Joint in die Antenne geleitet.

Hohlleiter von beiden Sendern führen in der Seitenwand vom unteren Mission Compartment im linken Kabinenbereich in den oberen Kabinenteil. Hinter der Kabinenverkleidung befinden sich zwei Schalter für die Wahl des entsprechenden Hohlleiters, der dann zum Rotodom führt. Der eine, elektrisch betrieben, wird vom Platz des Radartechnikers bedient. Er selektiert nun eine der beiden Senderöhren für den Betrieb aus. Dieser Wahlschalter verbindet den Hohlleiter der ausgewählten Senderöhre mit dem Ausgangshohlleiter, der zur Antenne führt. Dazwischen ist noch ein zweiter, mechanischer Selektor installiert, mit dem man, wenn der Sender am Boden getestet wird, den Sendestrahl auf einen Blindwiderstand schalten kann, der die Energie abbaut, da grundsätzlich nicht über die Antenne abstrahlen werden darf. Dieser Schalter wird auch bei der Luftbetankung benutzt, um ein Abstrahlen über die Antenne zu verhindern.

Im Bereich des unteren hintern Geräte-Compartment befinden sich die zwei liegenden, redundant aufgebauten Sender/Transmitter Behälter mit den Senderöhren, die für hohe Leistungsabgaben verwendet werden. Die beiden stehenden Behälter (Bild darüber) sind für die Stromversorgung.

Kühlung, Isolierung

Das Radarsystem mit seinen beiden Senderöhren im hinteren Geräteraum entwickelt durch ihre hohe Leistungsabgabe eine derart hohe Wärmeausstrahlung, dass sie gekühlt werden müssen. Ein Kühlflüssigkeitssystem (Liquid Cooling System, LCS) mit der verwendeten Flüssigkeit Ethylen-Glykol (62%) und Wasser (38%-Gemisch) leitet die Wärme aus dem Missions-Radarsystem ab und überträgt diese in die vier Tragflächentanks. Die Wärme wird über vier Wärmeaustauscher an den Kraftstoff in Tank 2 und 3 abgegeben und über das Flüssigkeitskühlsystem durch Zirkulation gekühlt. Allerdings werden zur Kühlung alle vier Tanks in den Tragflächen genutzt. Jeder der vier Wärmetauscher ist mit je einem Tank verbunden.

In Flughöhen mit Außentemperaturen von -30° bis -50° Celsius wird die erzeugte Wärme sehr gut abgeführt. Die Senderöhren sind an diesen Kreislauf direkt mit dicken Schläuchen angeschlossen. Das Flüssigkeitskühlsystem steht unter Druck, so dass Kraftstoff nicht in das Flüssigkeitskühlsystem eindringen kann.

Zur Isolierung und auch zur Kühlung befinden sich zwei Gasflaschen hinter den Transmitter-Behältern, die mit Leitungen verbunden sind und Schwefelhexafluorid enthalten. Dieses Gas wird hauptsächlich als Isoliermedium, Dielektrikum mit einer gewissen Kühlwirkung in den Hohlleitern verwendet. Durch die geringeren Abstände im Flugzeug müsste man innerhalb der Hohlleiter und der Senderöhren die Luft sehr trocken halten, was jedoch zu aufwendig wäre. Deshalb wurde die Luft durch Schwefelhexafluorid ersetzt. Das Isolationsmedium Schwefelhexafluorid hat die sehr guten Eigenschaften der elektrischen Isolation, dadurch können elektrische Überschläge verhindert werden. Ein Ventilator sorgt für Zirkulation und für zusätzliche Wärmeabführung.

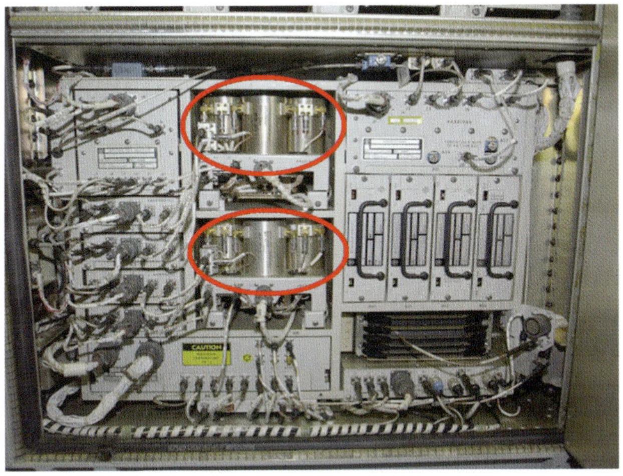

Die Oszillatoren sind eine Baugruppe des Radarsystems. Die komplette Oszillatorenbaugruppe befindet sich in dem mittleren der drei Schränke im Mission Compartment. Sie sind sehr komplex aufgebaut und die wohl auffälligsten Teile der Oszillatoren sind die VCOs (Voltage controlled oscillators).

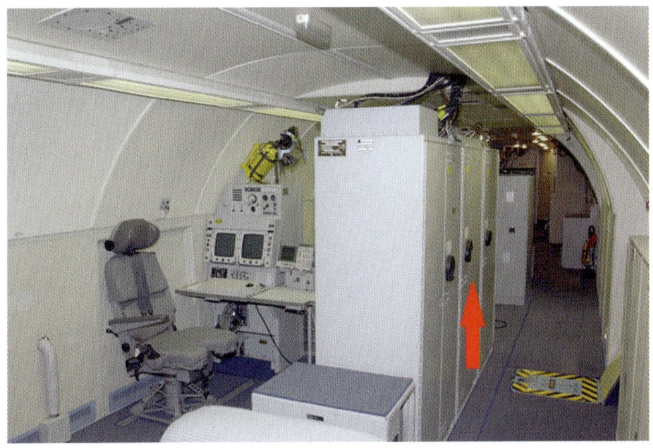

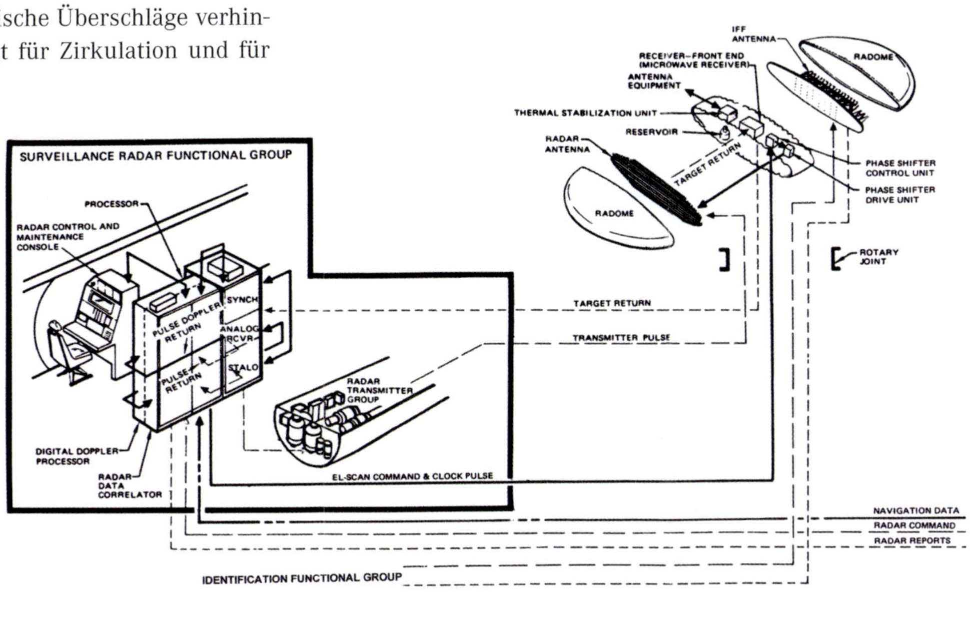

Diese Grafik zeigt stark vereinfacht das Zusammenwirken der Surveillance Radar Functional Group.

Das Rotodome

Charakteristisches äußeres Merkmal der E-3A ist die 3,35 m über dem Rumpf auf zwei verkleideten Streben angeordnete Radardrehkuppel, auch Rotodome genannt. Diese von Keystone Eng. Co. (Los Angeles) gebaute Komponente hat einen Durchmesser von 9,14 m und 1,83 m Dicke. Es besteht aus einem Mittelteil gleicher Breite, an den seitlich zwei halbkreisförmige Mehrschichten-GfK-Radoms angebaut sind. Das eine enthält die Radarantenne zur Überwachung, der andere die IFF-Antenne. Drehteller und Rotory Joint befinden sich im Mittelteil des Rotodoms. Im Einsatz dreht sich die hydraulisch betriebene Kuppel mit 6 U/min. Zur Aufrechterhaltung der Lagerschmierung wird die Kuppel bei allen Normalflügen nur mit 0,25 U/min gedreht.

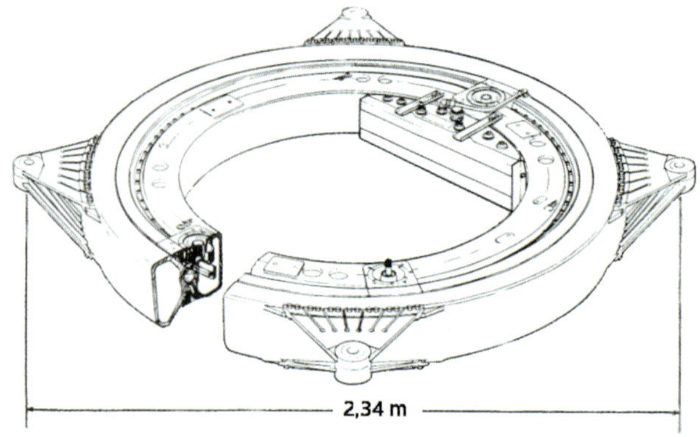

Der fast 2,5 m durchmessende Drehkranz für den Rotodome-Antrieb.

Zuführung des Antennen-Hohlleiters von der Kabine kommend über die Rotodome-Strebe zum drehbaren Rotory Joint.

Der Rotory Joint

Der Rotory Joint, der Mittelpunkt des Rotodomes, ist mittig drehbar. Durch diesen werden alle Leitungen vom stehenden zum beweglichen Teil des Rotodome durchgeführt. Der untere Teil steht fest, der obere Teil dreht mit. Dazwischen führt auch der Hohlleiter durch weiterhin, mittels Schleifringe, alle Signalleitungen und Stromversorgungsleitungen.

Durch zwei hydraulisch betrieben Antriebssysteme, dem »Utility Rotordome Drive« und dem »Auxiliary Rotodome Drive« wird der Drehkranz entweder mit einer Umdrehung 6 U/min, für den Normalbetrieb oder mit 0,25 U/min, um die Aufrechterhaltung der Lagerschmierung zu gewährleisten, gedreht. Im Mittelpunkt des Rotodomes befindet sich mittig drehbar der Rotory Joint. Der Rotodome ist von innen begehbar.

Hier ist der geöffneten Rotary Joint zu sehen. Im oberen Bereich sind die schmalen Schleifringe für Daten und Signale erkennbar. Unten befinden sich die breiten Schleifringe für die Stromversorgung des Rotodome.

Die Puls-Doppler Radarantenne

Sie ist eine Phased-Array-Antenne mit sehr schmaler Keule und elektronisch vertikaler Strahlablenkung, die mit dem mehrfach redundanten Empfänger nebst Signalumwandler und Datenprozessor (im Hauptdeck untergebracht) verbunden sind.

Die Antenne selbst besteht aus 30 geschlitzten Hohlleitern (Sticks), die einzeln horizontal übereinander liegen. 28 dieser Sticks bilden die Primärantenne, zwei die Sekundärantenne. Über die Schlitze der Primärantenne wird abgestrahlt. Der hochfrequenten Puls-Doppler-Strahl, der über den Hohlleiter auf die Antenne trifft, wird im Antennenbereich über das »Transmit Manifold« auf diese 28 Schlitze (Sticks) aufgeteilt und entsprechend dem Betrag ihrer Leistung, zugeführt. Dann wird abgestrahlt. Bei Erfassung eines Ziels bekommt man über die Antenne das empfangene Signal zurück. Weitergeführt über das »Receive Manifold«, führt das Signal in den Mikrowellen-Empfänger, wird einmal vorverstärkt (die Leistung, die von einem beleuchteten Ziel zurück kommt, ist sehr gering) und über Kabel, den Rotory Joint in den Analog Receiver geführt. Von da aus erfolgt die Verteilung über die »Data Prozessing Functional Group« zur »Data Display and Control Functional Group« im Kabinenbereich mit seinen 14 Arbeitsplätzen.

Die Puls-Doppler-Radarantenne ist eine Phased-Array-Antenne mit 8 m Länge und einer Höhe von 1,3 m.

Die IFF-Antenne

Das Freund-Feind-Erkennungssystem IFF ist ein elektronisches System, das die Identifizierung eines erkannten Ziels ermöglicht.

Bedingt durch die niedrige Höhe des Radoms musste die IFF Antenne 180° versetzt angebaut werden. Somit hat man einen entsprechenden Empfangsverzug. Bei einer Drehzahl von 6 Umdrehungen pro Minute bedeutet dies ein Zeitunterschied von 3 Sekunden. Dieses wurde dem Missionscomputer einprogrammiert und somit bekommt man als Anzeige das Ziel mit der dazugehörigen Identifizierung gleichzeitig geliefert.

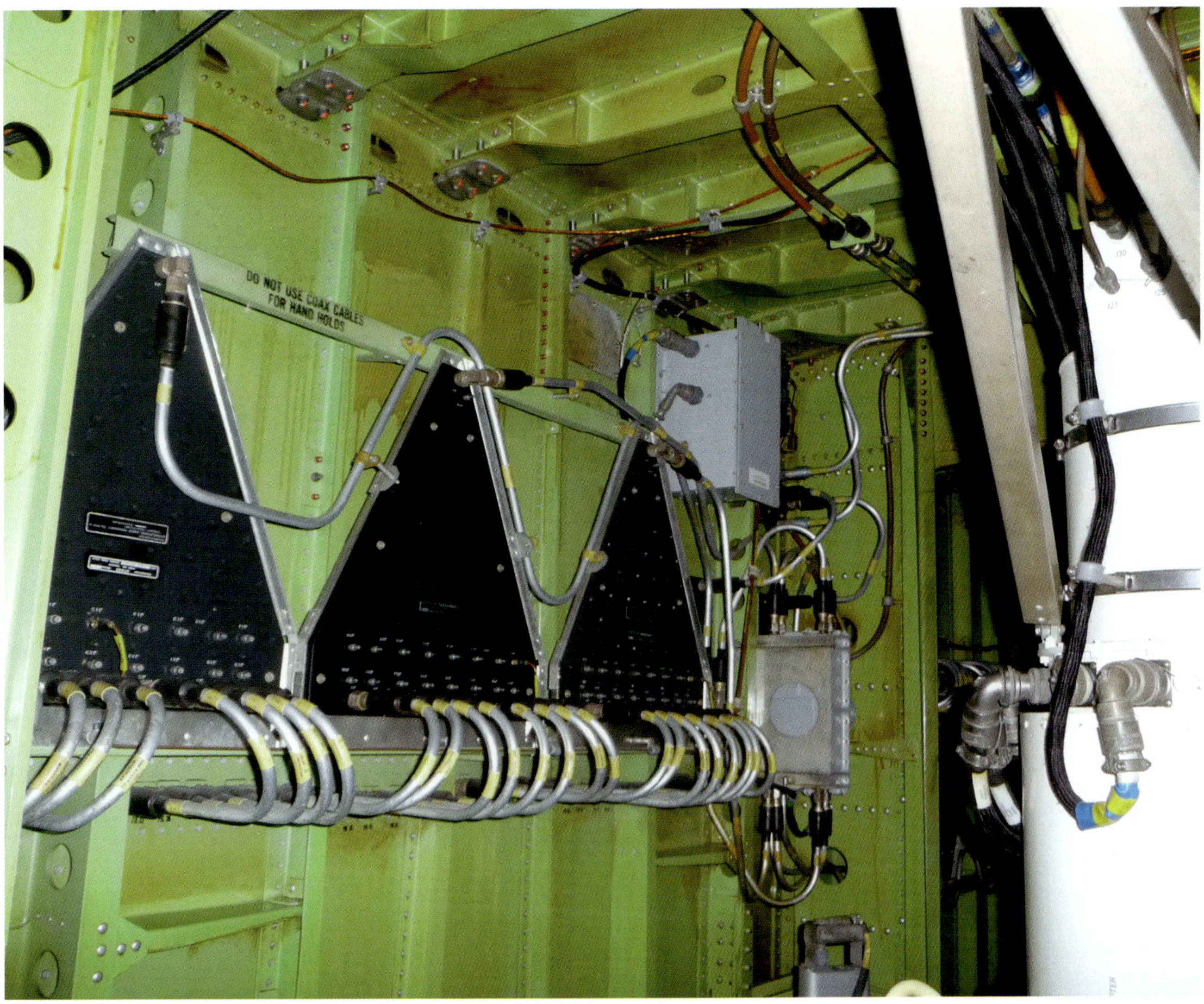

Von innen zu erreichen ist auch die IFF-Antenne.

Das Bildschirmsystem

Das Bildschirmsystem des Hauptdecks setzt sich aus insgesamt 14 Konsolen und einem eigenen Prozessrechner zusammen. Der Rechner bereitet die vom Zentralrechner angebotenen Daten in der vom Bildschirmbenutzer jeweils gewünschten Form auf. Jedem Bildschirm können dabei die jeweils erforderlichen Funktionen, wie z. B. »Allgemeine Überwachung« oder »Jägerleit-/Führen von Abfangflugzeugen«, zugeordnet werden. Umfangreiche Kommunikationsanlagen erlauben die Datenübermittlung auch an Bodenradarstationen, andere Flugzeuge oder an Kommandostellen.

Kommunikationssysteme

Die Kommunikationssysteme bestehen aus einer Vielzahl von Radiosendern und Empfängern im HF, UHF und VHF-Bereich mit der Möglichkeit der Übertragung der Sprache, Text und Rechnerdaten in verschlüsselter und unverschlüsselter Form. Sie befinden sich im vorderen Teil des Hauptdecks und im vorderen Geräte Compartment.

Die Zentralrechneranlage, welche Informationen aus allen Missionssystemen aufarbeitet, speichert und weiterleitet, besteht aus einem zweifach redundant aufgebauten Rechner und einer Interface-Einheit. Sie ist ebenfalls im Vorderteil des Hauptdecks untergebracht.

Abkürzungen Mission System

Abkürzung	Begriff
GINS	GPSIntegrated Navigation System
IFF	Identification Friend or Foe
RDPRS	Radar Programm
RCMPRS	Radar Control and Maintenance Programm
ESM	Electronic Support Measures System
JTIDS	Joint Tactical Information Distribution System
UHF	Ultra High Frequency (300 MHz - 3 GHz)
VHF	Very High Frequency (30 - 300 MHz)
HF	High Frequency (2-30 Mhz)
HQ	Have Quick
ESMOCP	Electronic Support Measures Operational Computer Programm
CPS	Control Power Supply
RATT	Radio Teletype
FDDI	Fiber Distributed Data Interface
KB I/F	Keyboard Interface
SCCP	Situation Console Computer Programm
MDRCP	Mission Data Recorder Computer Programm
RW-SSD	Read/Write Solid State Disk
RO-S SD	Read/Only Solid State Disk
MSCC	Medium Speed Channel Card
AMCP	AWACS Mission Computer Programm
RMA	Removable Media Assembly
RMS	Removable Media System
FC-AL	Fibre Channel-Arbitrated Loop
MSI	Multi Sensor Intergrator
MSICP	Multi Sensor Integrator Computer Programm

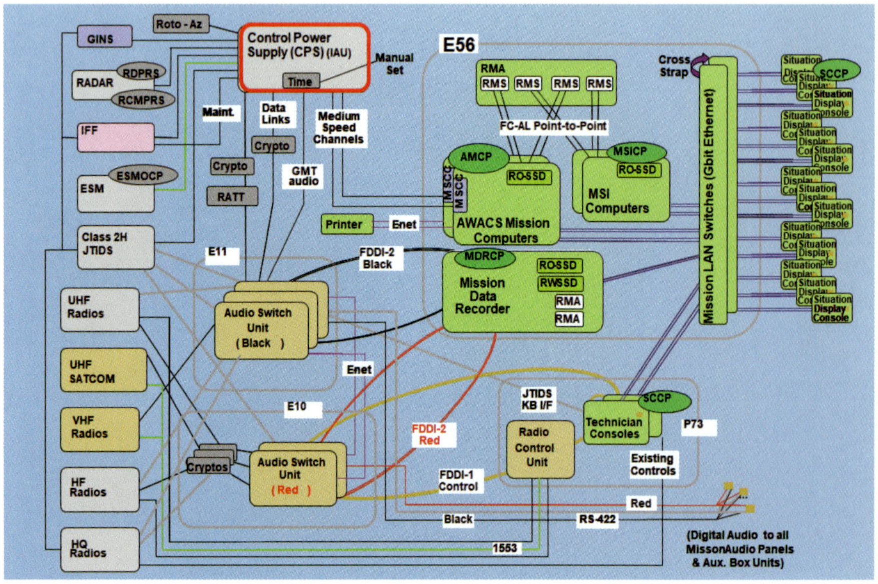

Diese schematische Darstellung zeigt das Mission Computing System und seine Einbindung.

Darstellung der unterschiedlichsten Informationen auf den Bildschirmen.

Die passive Verteidigung

Das Large Aircraft Infrared Countermeasures System (LAIRCM)

Die Boeing E-3A verfügte anfänglich über keinen ausreichenden Eigenschutz. Aus diesem Grund wurde das Laser und Infrarot gestützte »Large Aircraft Infrared Countermeasures System« (LAIRCM) nachgerüstet.

LAIRCM hat die Aufgabe eine breite Palette von Infrarot (IR) gesteuerten Lenkflugkörpern zu detektieren und diese Flugkörper durch IR Jamming Modulation zu bekämpfen.

So stört die IR-Störungsmodulation die Führungs- und Verfolgungsfunktionen der Lenkflugkörper, was Führungsfehler verursacht, die verhindert, dass der Lenkflugkörper das Flugzeug trifft. Eine anstehende Bedrohungslage wird auf der Control Indicaton Unit (CIU) am Instrumentenbrett des Kopiloten angezeigt und über den Lautsprecher am Interface Control Panel (ICP, rechts neben dem Instrumentenbrett des Flugingenieurs) hörbar gemacht. Der Lautsprecher überträgt einen 600 Hz-Ton für eine einzelne Bedrohung oder einen 600 Hz/1000 Hz Ton für eine Mehrfachbedrohung. Die LAIRCM-Systemkomponenten unter anderem sind:

- Kontrollanzeigeneinheit (Control Indication Unit,CIU),
- Schnittstellensteuerpult (ICP),
- Master-Warnanzeige (MCW),
- Lautsprecher-Panel-Baugruppe,
- Raketenwarnsystem (Missile Warning System, MWS bestehend aus fünf Sensoren),
- Laser Transmitter Assembly (SLTA, zwei Stück)

Das Missile Warning System

Es gibt für das Missile Warning System (MWS) fünf Sensoren, die die UV-Signatur mehrerer simultaner Bedrohungen erkennen. Die MWS-Sensoren detektieren mögliche Bedrohungen und geben die Informationen an den Raketenwarnsystemprozessor (MWSP) weiter, der die Informationen verarbeitet, eine Priorität zuweist und die Bedrohungsdaten zur Aktion weitergibt. Ein Heizelement innerhalb des Sensors wird durch einen Thermoschalter gesteuert, der bei einer Temperatur von etwa 32-38 ° F (0-3 ° C) zugeschaltet wird.

Das Small Laser Transmitter Assemblies

Jeder SLTA besteht aus einem spiegelgesteuerten, lenkbaren Turmsystem, das eine IR FTS (Infrared Fine Track Sensor) Sichtlinie verändern kann. Das Turmsystem hat einen SLTA-Controller und eine Laser-SRU (Shop Repair Unit).

Das »Large Aircraft Infrared Countermeasures System« (LAIRCM) hat die Aufgabe eine breite Palette von Infrarot gesteuerten Lenkflugkörper aufzuspüren und diese Flugkörper zu bekämpfen.

Die Modernisierungsprogramme

Die Systemkonfiguration der beschafften E-3A-Maschinen basierte überwiegend auf der Technologie der 70er-Jahre. Man hatte vorausgesehen, dass in Zukunft auch Technologien der Tarnung (Stealth), der elektronischen Täuschung und Störung (ECM), sowie die Entdeckung und Verfolgung von Kampfflugzeugen sich stark weiterentwickeln und ein Aufspüren sich erschweren würde. Außerdem war auch mit dem Einsatz kleiner, unbemannter Drohnen und Cruise Missiles zu rechnen. Um diesen Entwicklungen vorzubeugen, veröffentlichte die NATO einen NAEW System Improvement Plan (NASIP) , der im Wesentlichen folgende Maßnahmen vorsah:

- Erweiterung des Erfassungsspektrums durch Einrüstung einer ESM-Anlage zur passiven Ortung von Radaranlagen und Anlagen der Leit-und Führungsdienste.
- Steigerung der Erfassungskapazität durch Anpassung der Systemsoftware und Erweiterung des zentralen Bordrechners.
- Steigerung der Erfassungsleistung durch Verbesserung von Radarkomponenten im Frontbereich.
- Verbesserung der Bedienung bzw. der Schnittstelle Mensch-Maschine durch Einbau von Farbbildschirmen.
- Verbesserung der Kommunikation für Sprache und Daten durch Einbau störsicherer Systeme.

Ein Großteil der erforderlichen Kommunikations-, Datenverarbeitungs- und Bediener-/ Geräteinterfacetechnologien stand bereits zur Verfügung.

Im Radarbereich hatte die US Air Force bereits Entwicklungsverträge für eine Reihe von Verbesserungen vergeben, die einen Großteil der NATO-Forderungen abdeckten. Aus Kostengründen wurde für die entwicklungsrelevanten Radarsystemverbesserungen ein gemeinsames Programm zwischen NATO und der US Air Force vereinbart.

Um die verfügbaren Finanzmittel für dieses Modernisierungsprogramm möglichst kosteneffektiv zu nutzen und die operationellen Forderungen in kurzer Zeit realisieren zu können, entwickelte die NAPMA ein sogenanntes »Block-Modernisierungskonzept«, das soweit wie möglich und sinnvoll, mehrere Projekte zusammenfasste, das Synergien nutzte, Umrüstungszeiträume verringerte und damit Ausfallzeiten für den Einsatzverband reduzierte.

Zum Near Term Programme zählte unter anderem auch das ESM-AN/AYR-1 Passive Detection System. Von Zeit zu Zeit wurde der Fortgang der Modifizierungsarbeiten bei Boeing überprüft. So von Brigadegeneral Karl-Edward von Kospoth, General Manager NATO AEW&C Progamme Management Agency (NAPMA), zweiter von rechts. Von links, Tom Manning (Boeing Projekt Manager), Tom Brownell, Oberst der USAF und ganz rechtes ein Boeing-Systemtechniker.

Near-Term Programm (1990-2000)

Bis 1988 legt das NATO-Militärkommando seine operativen Anforderungen für verbesserte Kommunikations-, Überwachungs- und Computerfähigkeiten fest, um das E-3A-System zu aktualisieren. Die NAPMO-Staaten einigten sich auf die Notwendigkeit eines solchen Upgrades und die Umsetzung des Programms begann im Jahr 1990. Die Gesamtkosten für dieses Upgrade betrugen 1,1 Milliarden US-Dollar. Es umfasste:

Memory Upgrade

Das erste Projekt »Memory Upgrade« war eine Erweiterung der Verabeitungs- und Speicherkapazität des bordeigenen Hauptrechners und wurde Ende 1993 abgeschlossen. Die Kosten beliefen sich auf 80 Mio. US-Dollar. Die Erweiterung des zentralen Bordrechners im AWACS-Flugzeug war eine zwingende Voraussetzung für weitere Modernisierungsprojekte und wurde daher als vorgezogene Einzelmaßnahme realisiert. Die folgenden Modernisierungsmaßnahmen wurden als Block-Projekt durchgeführt.

Radarsystem Improvement Programm (RSIP)

In einem weiteren, gemeinsamen Entwicklungsvorhaben mit der US Air Force wurde das Radarsystem des AWACS verbessert. RSIP sollte die Erfassungsempfindlichkeit erhöhen, die ECM-Störfestigkeit vergrößern und die Überwachung und Steuerung des Systems vereinfachen. Zielsetzung hierbei war es die Erfassungsreichweite von Flugzeugen mit bekannten Radarrückstrahlflächen zu verdoppeln, insbesondere jedoch die Erfassung von Flugzeugen mit »Stealth«-Eigenschaften und Marschflugkörpern zu ermöglichen. Auftragnehmer für die Entwicklung und Integration waren die Firmen Westinghouse und Boeing. Der Entwicklungskostenanteil für die NAPMO belief sich auf ca. 220 Mio. US-Dollar. Für die kooperative Beschaffung von RSIP hatte sich NAPMO und US Air Force auf die Firma Boeing als Hauptauftragnehmer verständigt. Der Vertragsabschluss war für Ende 1995 vorgesehen, die Umrüstsätze wurden ab 1996 produziert und ab Ende 1997 in die NATO AWACS Maschinen eingerüstet. Die Umrüstung erfolgte durch die Firma DASA (heute Airbus) im Unterauftrag.

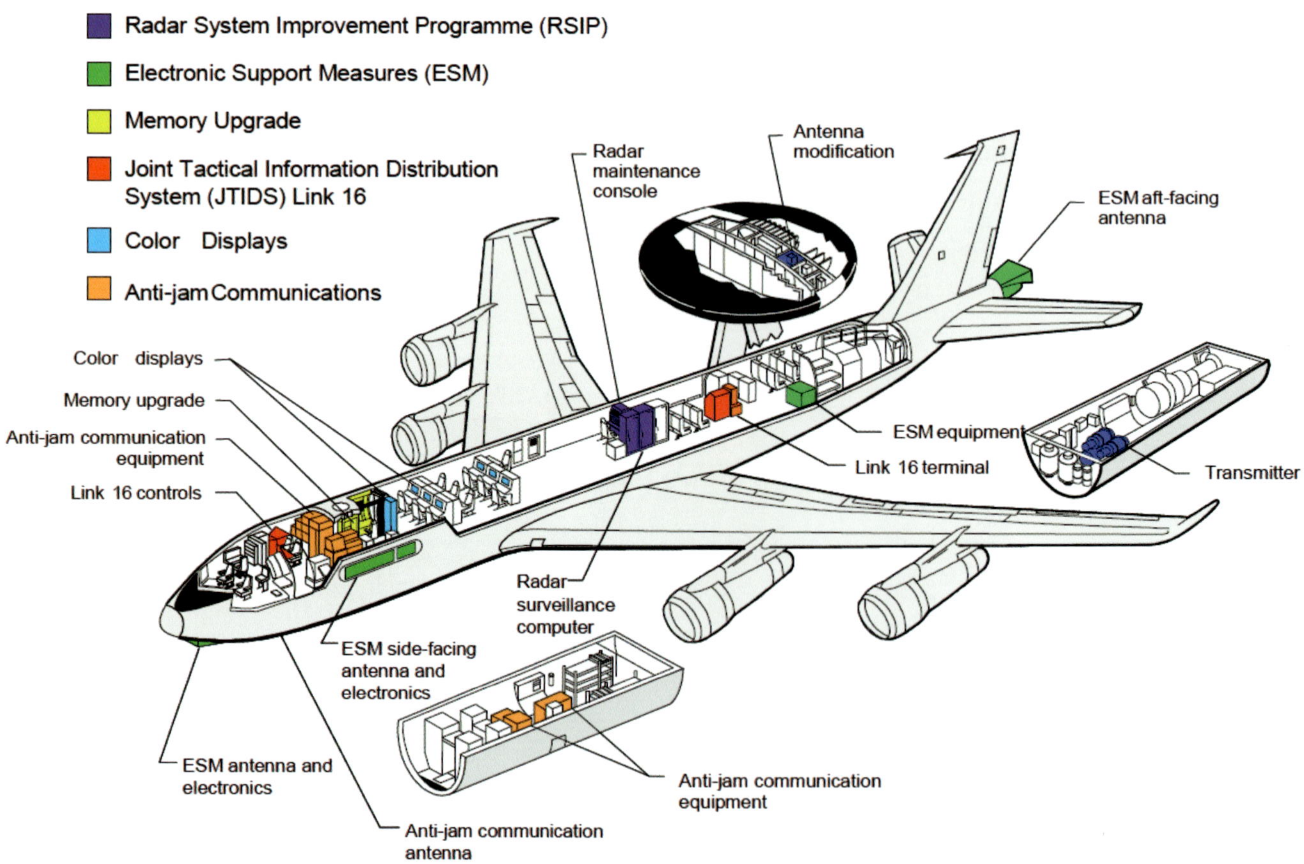

Electronic Support Measures (ESM)

Im gleichen Zeitraum wurde das Electronic Support Measures-System (ESM) als passives Komplementärsystem zum Radar eingerüstet.

Beim ESM System handelt es sich um ein passives Überwachungssystem, das es AWACS ermöglicht, elektronische Übertragungen von Boden-, Luft- und Seequellen zu erkennen, diese zu identifizieren und zu verfolgen. Mithilfe des ESM-Systems können Missionsbetreiber den Radartyp und auch Waffensysteme bestimmen.

Das von UTL (nun Teil von Boeing) entwickelte AN/AYR-1 besteht unter anderem aus vier hochsensiblen Empfängern. Sie registrieren über eine weite Bandbreite Funk- und Radarsignale mit ihren charakteristischen Merkmalen wie Wellenlänge, Impulsfrequenz oder Impulsbreite. Diese Parameter werden dann von Computern mit einer Datenbasis bekannter Systeme verglichen, um zum Beispiel den Radartyp und das dazugehörige Flugzeug zu identifizieren. Außerdem lässt sich die Betriebsart ermitteln. Ohne das eigene Radar zu benutzen, ist AWACS damit in der Lage, ein gutes Luftlagebild zu erstellen. Die Reichweite hängt von der Leistung der aufzufassenden Sender ab, soll aber bei über 500 km liegen.

Im Zusammenhang mit der ESM-Ausstattung war ein leistungsfähiger Zentralrechner des Typs CC-28 von IBM unabdingbar.

Neben den besonderen Rationalisierungseffekten und weiteren Kosteneinsparungen durch diese Kombination, bestand nun auch ein funktionaler Zusammenhang mit dem Teilprojekt Farbmonitor. Ohne diese Modernisierungsmaßnahmen wären die zusätzlichen Informationen des ESM-Systems in der Darstellung auf der Radarkonsole für das Einsatzpersonal nur sehr begrenzt auswertbar gewesen. Deshalb erhielt dieses Teilprojekt eine hohe Priorität bei der Realisierung. Gemeinsam wurde mit der US Air Force bei Boeing in Seattle die Entwicklung des ESM-Systems, Einbau und die erforderlichen Tests durchgeführt. Die Produktion und Einrüstung des ESM-Systems belief sich auf ca. 245 Mio. US-Dollar.

Links: ESM Antennensystem unterhalb der Wetterradarantenne.

Rechts: ESM Antennensystem auf der rechten Seite am vorderen Rumpfbereich (so auch auf der linken Rumpfseite). Ein viertes Antennensystem befindet sich im Heck der Maschine, unterhalb des Leitwerks.

Joint Tactical Information Distribution System (JTIDS) Link 16

Das dritte Teilprojekt umfasst die Einrüstung von Link 16-Terminals, die den Datenaustausch verbessern sollten. Link 16 ermöglicht sichere und störresistente Datenübermittlung in einem immer komplexer werdenden elektronischen Umfeld.

Dieses System mit großer Kapazität arbeitet mit einem einzigen »sicheren« Kanal, um Lauschangriffe des Gegners zu verhindern. Ein weiterer Vorteil des JTIDS ist die sehr hohe Kommunikationsgeschwindigkeit. Der Vertragsumfang mit der Firma Boeing als Auftragnehmer für diesen Projekt-Block betrug ca.350 Mio. US-Dollar. Die Einrüstung fand im Zeitraum zwischen 1996 und 1998 bei der Firma DASA in Manching statt.

Color Displays

Die vorhandenen monochromen Bildschirme in den Radarkonsolen wurden durch Farb-Monitore ersetzt. Farb-Monitore waren zu dieser Zeit bereits in britischen, französischen und amerikanischen AWACS-Flugzeugen eingerüstet und ohne Entwicklungsaufwand direkt beschaffbar. Durch diese Maßnahme wurde die Unterscheidbarkeit verschiedener Zieltypen verbessert, die Arbeitslast für das Einsatzpersonal verringert und damit die Aus-und Bewertung der Luft- und Seelage erleichtert.

Das Mid-Term Programm (1997-2010)

Nach dreijähriger Planung folgte ein weiteres »Block Upgrade«. 1997 begann das umfangreiche Mid-Term-Programm. Das 1,6 Milliarden US-Dollar-Vorhaben wurde als Einzelblock-Upgrade behandelt, das aus neun integrierten Systemverbesserungen und einer modernen Softwarearchitektur bestand. Es umfasste u.a. folgenden Verbesserungen:

UHF-Satcom Systeme

Hierbei wurden Maschinen auf neue UHF-Geräte und die Anlagen erneuert um zusätzlich vier störresistente UHF-Funkgeräte (Have Ouick ll) aufzunehmen. Damit sollte die Interoperabilität zu anderen Have Quick-Nutzern sichergestellt, aber auch die elektromagnetische Störung einsatzkritischer Kommunikation vermindert werden.

Weitere Modifizierungen waren:

- Autocomm
- Mensch-Maschine-Schnittstelle
- VHF
- GPS
- IFF-Interrogator
- Multisensor Integration

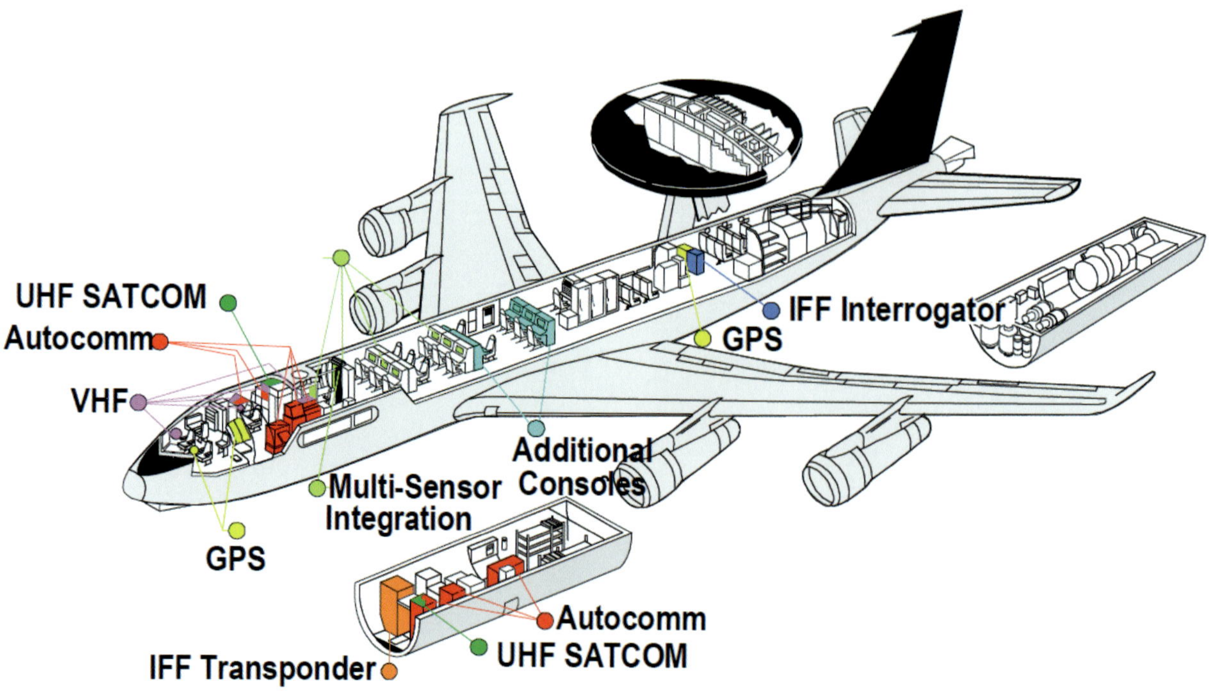

Zusätzliche Konsolen

Das umfangreiche Modifizierungsprogramm umfasste darüber hinaus den Einbau von fünf zusätzlichen Arbeitsplätzen im Missionsbereich.

Das Follow-on-Upgrade-Programm (2010- 2018)

Das Follow-on-Upgrade-Programm (FUP) umfasst die erforderlichen Erweiterungen des Luft-Luft-Abfragesystems, der Plattform mit Modus-5- und Enhanced-Mode-S-Funktionen sowie Upgrades des E-3A-Cockpits von der herkömmlichen analogen Technologie auf eine volldigitale Glass-Cockpit-Umgebung, die es der Plattform ermöglicht, die aktuellen und zukünftigen Anforderungen des Flugverkehrsmanagements im dichten europäischen Luftraum zu erfüllen.

Die CNS/ATM-Modifikation (Kommunikation, Navigation und Überwachung/Flugverkehrsmanagement)

Um dem zunehmenden zivilen Luftverkehr gerecht zu werden, führen die Zivilluftfahrtbehörden nach und nach neue Luftraumstrukturen, Flugverkehrsmanagementverfahren (Air Traffic Management, ATM) und Systeme für Kommunikation, Navigation und Überwachung ein. Die neue CNS/ATM-Umgebung nutzt digitale Technologien, Satellitensysteme und verschiedene Automatisierungsebenen, um ein nahtloses globales Flugverkehrsmanagement (GATM) zu etablieren.

Das Cockpit-Modernisierungsprojekt umfasst eine umfangreiche Reihe von Subsystemen, die sicherstellen sollen, dass die E-3A-Flugzeuge uneingeschränkt in jedem Luftraum operieren können. Die neuen E-3A CNS/ATM-Systeme werden ebenfalls verbessert dazu gehört, der Informationsfluss, Erweiterung der Überwachungsfunktionen und Verbesserung der Navigationsgenauigkeit. Es ist Teil der Cockpit Neugestaltung, um die Navigationsfunktionen von dem nun nicht mehr benötigten Navigator auf Pilot und Co-Pilot zu verlagern. Zentraler Bestandteil des im Rahmen CNS/ATM eingerüsteten Glass-Cockpits sind mehrere Multifunktionsbildschirme, die die analogen Anzeigegeräte ersetzen.

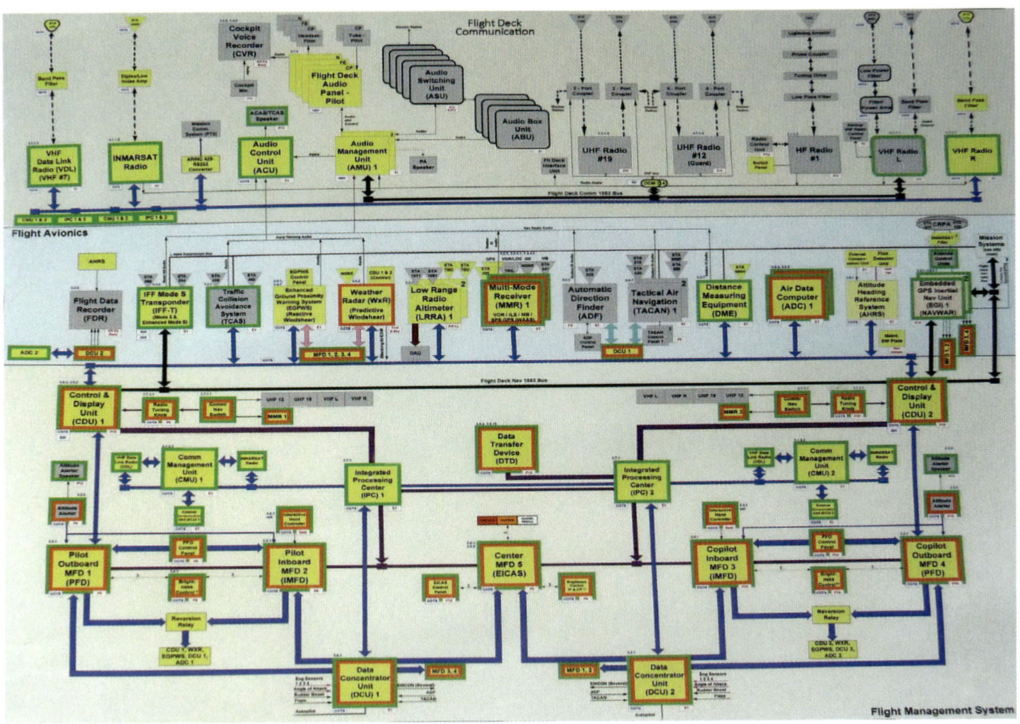

Die Architektur der volldigitalen »Glass-Cockpit«-Umgebung in Form eines Block Diagramms.

Dieses Zukunftsprogramm beinhaltet unter anderem mit dem Begriff »Glass-Cockpit« den Einbau digitaler Farbmonitore im Cockpit.

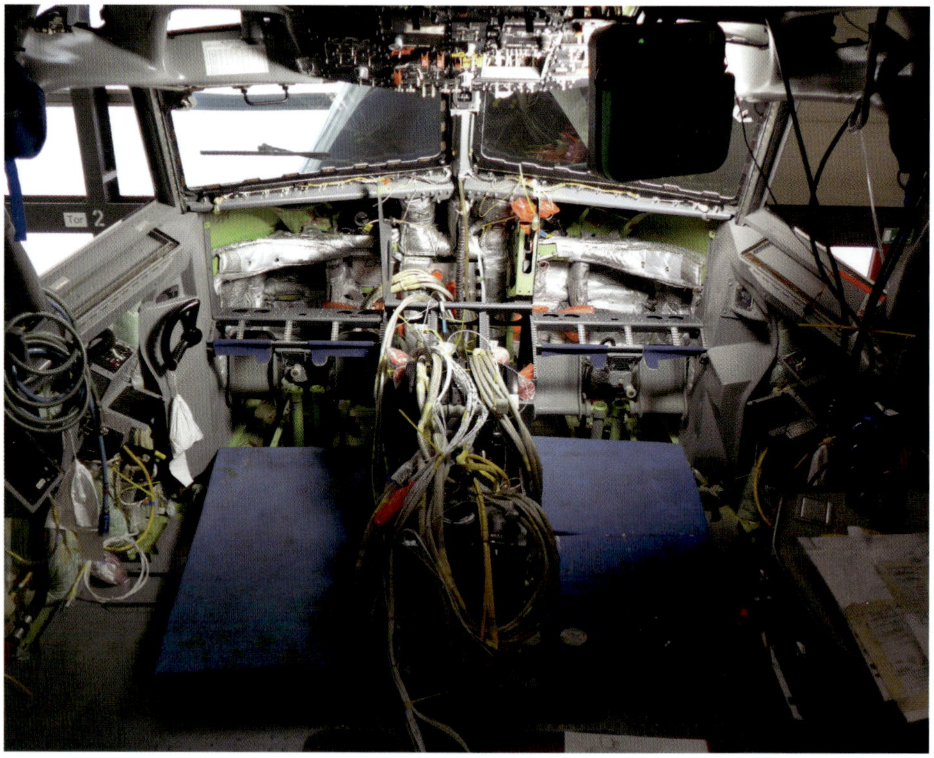

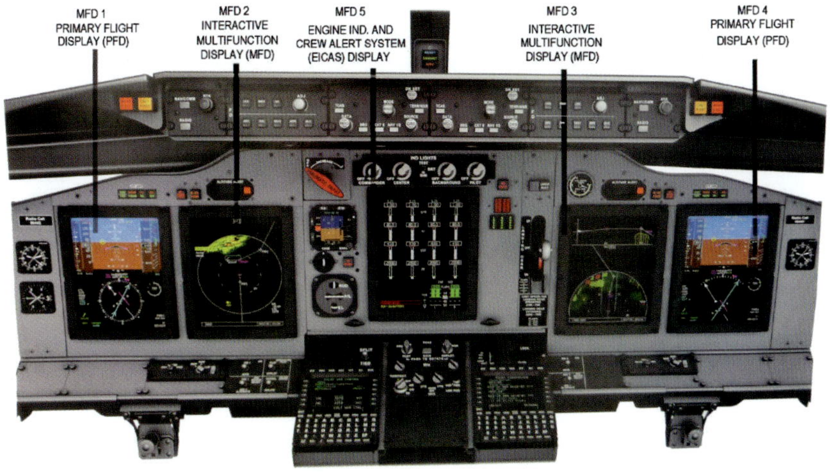

Das Glass-Cockpit

Projekt Enhanced Mode-S in Verbindung mit IFF Mode 5 und SSR-Modifikation

Das Enhanced Mode S ist die militärische Nutzung von SSR-Systemen und beruht auf der Durchführung militärischer Aufgaben und den Regularien im nationalen und internationalen Luftraum in Übereinstimmung mit den jeweiligen nationalen und internationalen Flugvorschriften. Daher haben E-3A Maschinen mit Mode S konformen Transpondern weiterhin uneingeschränkten Zugang zum »Mode S Luftraum«. Die Abfragefunktion des Enhanced Mode S unterstützt die Zusammenstellung eines erkannten Luftbilds weiter, um Flugzeuge mit Echtzeit-Mode-S-Informationsverarbeitung sicher zu erkennen.

Das Secondary Surveillance Radar (SSR) repräsentiert das zivile Gegenstück zum militärischen IFF-System und wird von Dienststellen genutzt, die für die Erstellung eines verlässlichen Luftlagebildes verantwortlich sind. IFF und SSR sind beides sehr wichtige sicherheitsrelevante Systeme, die in der Flugverkehrskontrolle und im sogenannten Battle Management eingesetzt werden und sind zusammen als essentielle, sicherheitskritische Systeme für die Bereitstellung von Flugverkehrskontrolldiensten (Air Traffic Control, ATC) und die Durchführung von Kampfmanagementfunktionen verantwortlich.

Das modifizierte IFF Modus 5 ist eine Leistungsverbesserung des aktuellen IFF-Mark XII-Systems (Modus 4) durch die NATO und wird den E-3A-Flugzeugen eine verbesserte Identifizierungsfähigkeit bieten.

Im Rahmen des Future Modernisation Programm, IFF Mode 5/Enhanced Mode S Project wurden folgende Systeme/Geräte modifiziert bzw. gewechselt:

- Interrogator
- Receiver /Transmitter
  - Crypto/Power Supply
  - Transponder/Crypto
- Multi-Sensor Integration (MSI)
- AWACS Mission Computing System (AMC)
- Flight Deck Control Unit
- Mission Computing Integration

Final Lifetime Extension Programme (FLEP)

Derzeit werden Studien und Analysen zu einem möglichen, endgültigen Laufzeitverlängerungsprogramm (FLEP) durchgeführt, um machbare technische Lösungen zur Deckung unerfüllter Betriebsanforderungen zu ermitteln, die operationelle Relevanz der Plattform aufrechtzuerhalten und die Lebensdauer der E-3A-Flotte bis ins Jahre 2035 zu verlängern. Die NAPMO plant das Programm im Jahr 2019 zu beginnen, bis Ende 2025 soll es abgeschlossen sein. Die NAPMA Nationen haben, bis zur endgültigen Genehmigung des Programms, eine Obergrenze von 1 Milliarde US-Dollar für die Durchführung gesetzt, die auf die erforderlichen Upgrades ausgerichtet ist und die Datenverbindungs- und Sprachkommunikationsfähigkeiten der E-3A verbessern soll. Über die Airborne-Netzwerkfähigkeit hinaus könnten damit auch die Hardware- und Software-Infrastruktur der E-3A-Missionsrechner aufgefrischt werden.

USAF
U.S. AIR FORCE

Internationale Betreiber

Die E-3 Sentry bei der US Air Force

Im Juni 1970 entschied die US Air Force auf Basis der Boeing 707-320B zwei AWACS-Prototypen für die zur Verfügung stehenden Radarsysteme von Westinghouse und von Hughes zu beauftragen. Zunächst noch als EC-137D bezeichnet, hob die erste Maschine (71-1407) am 9. Februar 1972 zu ihrem Jungfernflug ab, kurz darauf folgte die zweite Maschine (71-1408). In den Folgemonaten fand die intensive Erprobung der beiden Radarsysteme statt, das Westinghouse Radar zeigte sich dabei deutlich überlegen. Schon im Oktober 1972 fiel eine entsprechende Entscheidung und Anfang 1973 stellte man das Budget für die Auftragserteilung zur Verfügung. Zunächst entstanden drei Vorserienmaschine, die vor allem zur Erprobung verwendet wurden. Sie trugen zu diesem Zeitpunkt schon die Typenbezeichnung E-3A und den Namen Sentry (Wachposten).

Die offizielle Übergabe der ersten Maschine (75-0557) erfolgte am 24. März 1977 an das 552nd Airborne Warning and Control Wing (AWACW) auf Tinker AFB, in der Nähe von Oklahoma City, Oklahoma. Kurz darauf, am 31. März 1977, unternahm die Maschine ihren ersten Einsatz. Mit Einführung der Sentry zentralisierte die US Air Force ihre Struktur bezüglich ihrer fliegenden Frühwarnflotte. Alle E-3-Maschinen sollten dem Verband in Tinker AFB untergeordnet

Ankunft der ersten E-3A (75-0557) für die US Air Force am 22. März 1977 auf Tinker AFB, Oklahoma. Die offizielle Übergabe an den Verband fand zwei Tage später, am 24. März 1977, statt.

sein, wobei aufgrund der weltweiten Einsatznotwendigkeit mindestens zwei weitere Standorte und zwar in Alaska und in Japan angedacht waren. Nach und nach liefen weitere Flugzeuge zu, allerdings weniger, als zunächst geplant. Aufgrund einer Forderung des US Kongresses war die Liefergeschwindigkeit von zwölf auf sechs Maschinen jährlich reduziert worden, um ausreichend Geldmittel für andere Beschaffungsvorhaben nicht kürzen zu müssen. Zügig begann man die E-3A bei Übungen einzusetzen und die Leistungsfähigkeit zu nutzen, drei Staffeln betrieben zunächst die Maschine, die 963th Airborne Warning and Control Squadron (AWACS), die 964th AWACS und die 965th AWACS. Ab Januar 1979 übernahm die Sentry regelmäßig Überwachungsflüge für das North American Defence Command (NORAD). Von März bis April 1979 unternahm eine AWACS eine Weltumrundung und flog von Alaska über Hawaii, Japan, Korea, den Philippinen, Saudi-Arabien und den Azoren wieder nach Tinker AFB, Oklahoma. Im Mai 1980 stellte die US Air Force auf Kadena AB in Japan als Teil der 552nd AWACW die 961st Airborne Warning and Control Squadron auf. Auch internationale Übungen standen nun vermehrt auf der Tagesordnung, so verlegten vier Maschinen und 200 Soldaten im März 1980 nach Ramstein AB, um die Übung Greek Sentry zu unterstützen. Ab Oktober 1980 startete mit ELF-One (European Liaison Force) ein sehr langwieriger Einsatz in Saudi-Arabien. Im Zuge des Iran-Irak Krieges hatte Saudi-Arabien und auch die USA Sorge, dass die gesamte Region in den Strudel hineingezogen werden könnte. Diese Abordnung wurde bis zum 16. April 1989 aufrecht erhalten, in dieser Zeit wurden rund 6000 Einsätze und 87.000 Flugstunden absolviert.

Am 10. Dezember 1981 erhielt der Verband mit der 25. Maschine (80-0137) eine besondere Ausrüstung. Diese Sentry verfügte über einen Bauzustand wie die NATO E-3A, nämlich anstelle des AN/APY-1 das verbesserte AN/APY-2 u.a. mit der Möglichkeit Seeziele aufzufassen. Darüber hinaus war der CC-2 Zentralcomputer eingebaut, der eine größere Kapazität und Rechengeschwindigkeit aufwies. Die ersten 24 Maschinen entsprachen einem Modifikationsstand, der mit »Core« (Kernfähigkeit) bezeichnet wurde, ab dem 25. Flugzeug wurde von der Standard-E-3A gesprochen. Eine der 25 ersten Maschinen, die 73-1674, flog übrigens dauerhaft nicht für das 552nd AWACW, sondern verblieb bei Boeing, um dort für Systemweiterentwicklungen zur Verfügung zu stehen. Am 31. September 1982 erreichte der Verband mit 26.365 Flugstunden erflogen durch 24 Flugzeuge einen jährlichen Rekordwert.

Die E-3 Sentry hat einen enormen Wert zur Sicherung des riesigen US-amerikanischen Staatsgebietes.

Diese schon fast stimmungsvolle Aufnahme soll nicht über die ernste militärische Aufgabe der Sentry hinwegtäuschen.

Die Sentrys der US Air Force sind Stammgast im nahen Osten. Hier zwei Maschinen (78-0576 und 78-0577) aufgenommen am 8. November 1982 auf dem Flugplatz Kairo-West.

Die zweite E-3A-Vorserienmaschine die 73-1674, verblieb als Entwicklungsträger bei Boeing und wurde genutzt, um die diversen Systemverbesserungen einzurüsten und um diese zu testen. Diese Maschine ist mittlerweile außer Dienst gestellt worden.

Die Sentrys waren zu dieser Zeit auch regelmäßig in Island anzutreffen und befanden sich dort rund um die Uhr in Einsatzbereitschaft. Während dieser Phase des kalten Krieges galt es einen weiten, nicht wirklich erfassbaren Bereich zwischen Grönland, Island und den britischen Inseln (sogenanntes GIUK Gap, Greenland, Iceland, UK) abzusichern. Neben AWACS waren ebenfalls Abfangjäger und Tanker dort stationiert. Nach einer Alarmierung dauerte es ca. 45 Minuten, bis eine E-3 in der Luft war. Regelmäßig mussten in diesem Bereich sowjetische Langstreckenbomber aufgefasst und verfolgt werden.

Die technische Entwicklung, nicht zuletzt durch die Entwicklung der NATO E-3A, führte zum Wunsch der US Air Force ihre »core« E-3A zügig anzupassen und zu verbessern. Ab 1983 wurde die E-3A deswegen modifiziert, dabei erhielten die Maschinen eine erhöhte Rechnerleistung, zusätzliche und abhörsichere Funkgeräte, einen TADIL-C (Tactical Data Information Link) Datenlink und Selbstverteidigungsmöglichkeiten gegen Hitze- und Radarsuchende Lenkwaffen. Weiterhin wurde die Möglichkeit geschaffen, AIM-9L Sidewinder, ebenfalls zur Selbstverteidigung, mitzuführen. Das AN/APY-1 Radar erhielt die, allerdings eingeschränkte, Funktionalität, ebenfalls Seeziele aufzufassen. Schließlich wurden fünf zusätzliche Arbeitsplätze in der Kabine eingebaut. Die erste verbesserte Sentry, nun mit dem Modifikationsstand Block 20 und der Bezeichnung E-3B versehen, konnte am 20. Juli 1984 dem Verband zurück übergeben werden.

Am 20. Juni 1984 wurde die 34. und letzte Maschine für die US Air Force (effektiv nur 33, da eine Maschine dauerhaft bei Boeing verblieb) begrüßt werden. Da die letzten neun gelieferten Sentrys einem anderen Bauzustand inklusive dem AN/APY-2 Radar entsprachen, erhielten sie die Bezeichnung E-3C.

Am 1. Juli 1986 unterstellte man dem 552nd AWACW mit der 992nd ACCS eine weitere Staffel unterstellt, die permanent auf Elmendorf, Alaska stationiert wurde. Wie auch die 991st AWACS in Kadena, hatte sie normalerweise zwei bis drei Maschinen zur Verfügung.

Auch im Kampf gegen den Drogenhandel können die E-3 wertvolle Unterstützungen leisten. In den 80er-Jahren wurden Einsätze in Richtung Mittel- und Südamerika immer häufiger. Um nähere Anflüge zu ermöglichen, verlegten E-3 im Februar 1990 auf NAS Roosevelt Roads nach Puerto Rico. Im selben Jahr, im August, flog ein größeres Kontingent der 552nd AWACW an den persischen Golf, um die Operation Desert Shild zu unterstützen. Als im Januar 1991 die Operation Desert Storm gegen den Irak begann,

Luftbetankung ist ein wesentliches Element bei Einsatz der E-3. Es verlängert die Einsatzdauer von acht auf 14 Stunden.

Morgendlicher Start einer Sentry. Der Name Sentry (Wachposten) wird allerdings nur bei der US Air Force und bei der Royal Air Force verwendet.

waren die Sentrys Dreh- und Angelpunkt der alliierten Angriffsaktionen. Die erste Mission fand am 17. Januar 1991 statt, es folgten bis zum Ende der Operation am 28. Februar 1991 insgesamt 7314 Flugstunden. In dieser kurzen Zeit wurden 31.924 Angriffsflüge geleitet und 20.401 Luftbetankungsvorgänge kontrolliert. Aber auch im Anschluss verblieben die charakteristischen Flugzeuge der US Air Force in der Region aktiv u.a. auch im Rahmen der Operationen Provide Comfort und Southern Watch, bei denen es weiterhin um die Überwachung einer Flugverbotszone im Irak ging.

Im Oktober 1991 wurde das Geschwader in 552nd Air Control Wing (ACW) umbenannt und am 1. Juni 1992 schließlich dem Air Combat Command zugeordnet.

Im Rahmen der Überwachung der irakischen Flugverbotszone kam es am 14. April 1994 zu einem folgenschweren Ereignis, in das auch das 552nd ACW verwickelt war. Zwei F-15 Eagle der US Air Force fassten zwei Flugobjekte innerhalb der Zone auf, die sie als Mi-24 beschrieben. Zur selben Zeit befand ich auch eine Sentry in Reichweite, die die Ziele zwar sah, aber nicht identifizieren konnte und somit nicht aktiv eingriff. Die F-15 näherten sich auf drei und vier Kilometern Entfernung und schossen beide Hubschrauber mit einer AIM-120 und einer AIM-9 ab. Es stellte sich heraus, dass die vermeintlichen Eindringlinge zwei UH-60 der US Army waren und aufgrund dieses tragischen Fehlers 26 Insassen, darunter UN-Beobachter, den Tod fanden. Deswegen wurden im Nachgang nicht nur einige Besatzungsmitglieder der beteiligten E-3 angeklagt, sondern anschließend alle 1300 Crewangehörige der US-Frühwarnflotte neu instruiert und zertifiziert. Allerdings traf auch die Jäger-Piloten einen großen Teil der Verantwortung, hatten sie doch die Ziele als Hind beschrieben und nicht den Versuch unternommen, eine eindeutige, visuelle Identifizierung vorzunehmen.

Nur ca. ein Jahr später, am 22. September 1995, betraf ein schwerer Unfall direkt das 552nd ACW. Wenige Sekunden nach dem frühmorgentlichen Start einer E-3B (77-0354) mit dem Rufnamen Yukia 27 in Elmendorf AFB, Alaska geriet das Flugzeug in einen Schwarm Gänse, die einen massiven Vogelschlag und damit den Ausfall von zwei Triebwerken verursachten. Dadurch konnte der Absturz nicht verhindern werden, bei dem alle 24 Besatzungsmitglieder ums Leben kamen.

Zwei E-3 sind permanent in Alaska stationiert und gehören dort zur 962nd Airborne Air Control Squadron »Eye of the Eagle«.

Die Sentrys der US Air Force sind ständig in der Golfregion im Einsatz. Sie waren kurz nach ihrer Einführung 13 Jahre durchgehend vor Ort und kehrten nach einer kurzen Pause zurück.

Das 552nd ACW feierte zwischen dem 29. Juni und dem 1. Juli 2007 das Jubiläum 30 Jahre E-3 Sentry. Diese Maschine, die erste ausgelieferte, erhielt aus diesem Anlass eine kleine Sonderlackierung.

Am 4. Oktober 1995 erhielt der Verband ihre erste auf Block 30/35 modifizierte Maschine (80-0137) zurück übergeben. Diese Modifikation umfasste viele Verbesserungen und wurde an allen aktiven Maschinen durchgeführt. Besonders augenfällig waren die zusätzlich angebrachten Sensoren unter der Nase, am Heck und an beiden vorderen Rumpfseiten für das moderne ESM-System (Electronic Support Measures). Wichtig war auch der Einbau des JTIDS (Joint Tactical Information Distribution System), eines weiteren Navigationssystems (GPS), sowie eines leistungsfähigeren Zentralcomputers (CC-2E). Allerdings wurde das Gesamtsystem erst Ende März 1998 einsatzbereit erklärt. Im Rahmen der sehr langen Modifikationszeit an der Flotte, die sich bis ins Jahr 2001 hin zog, wurde ab 1999 dann auch das RSIP (Radar System Improvement Program) durchgeführt, das die Leistung des AN/APY-1 bzw. 2 deutlich verbesserte. So konnten nun noch effektiver tieffliegende Lenkflugkörper entdeckt werden und die Anzahl verfolgbarer Luftziele erhöhte sich um ca. 200%. RSIP lief dann bis in das Jahr 2005, die Modifikationen wurden durch das Electronic Systems Center auf Hanscom AFB, Massachusetts durchgeführt. Die Bezeichnungen der modifizierten Maschine, E-3B und E-3C, blieben durch diese Maßnahmen übrigens unverändert.

Ab Anfang 1998 begannen wieder verstärkte Verlegungen in die Golfregion, sodass zeitweise bis zu fünf Sentrys auf der Prinz-Sultan AB in Saudi-Arabien weilten. Ab dem 28. April 1999 waren drei E-3 und 125 Soldaten der 552nd ACW in Geilenkirchen zu Gast, um von dort aus die Operation Allied Force auf dem Balkan zu unterstützen.

Die verheerenden Angriffe des 11. September 2001 bedeuteten insbesondere für die Angehörigen der 552nd ACW eine ganz besondere Belastung. Sofort danach wurde eine flächendeckende Überwachung des Luftraums durch die Sentrys aus Tinker etabliert, die später Operation Noble Eagle bezeichnet wurde. In den folgenden fünf Monaten waren die Maschinen des Verbandes ununterbrochen in der Luft und erreichten 700 Einsätze. Ab 9. Oktober 2001 wurden die US Air Force allerdings durch fünf E-3A (später weitere zwei) der NATO unterstützt, die ebenfalls von Tinker AFB aus operierten. Am 29. Juni feierte der Verband sein 25-jähriges Bestehen.

Die Spannungen mit dem Irak erhöhten sich wieder und so hieß es auch für das 552nd ACW noch stärker Präsenz im Nahen Osten zu zeigen. So verlegten ab dem

Nach einem Landeunfall auf Nellis AFB am 26. August 2009 wurde die E-3C (83-0008) ausgeschlachtet und schließlich verschrottet.

22. Februar 2003 fünf weitere E-3 auf die Prinz Sultan AB nach Saudi-Arabien. Die hohe Einsatzbelastung forderte ihren Tribut und machte es nötig, Personal und Technik eine Pause zu gönnen. Deswegen verlegte am 8. Juni das komplette Kontingent von Saudi-Arabien zurück in die USA und beendete dort, allerdings nur kurzzeitig, die 13-jährige durchgehende Präsenz der 552nd ACW am Golf. Auf der Heimatbasis konnten nun wieder dringend benötigte Ausbildungsaktivitäten erfolgen.

Ende November 2004 verlegte ein Kontingent des Verbandes nach Ecuador auf die Manta Air Base, um von dort aus Einsätze gegen Drogenhändler zu fliegen. Alle 60 Tage war ein Personalaustausch vorgesehen.

Immer häufiger wurde AWACS nun auch zur Absicherung großer, internationaler Tagungen und Besuchen des US Präsidenten genutzt, so z. B. am 30. Oktober 2005 während eines Gipfeltreffens in Argentinien, alleine dafür wurden vier E-3 nach Südamerika verlegt. Kurz darauf, im November desselben Jahres, folgte eine ähnliche Aufgabe in Japan.

Ab dem 28. März 2007 kehrte eine Abordnung des Verbandes in den mittleren Osten zurück und zwar nach Al Dahfra Air Base, Vereinigte Arabische Emirate, um dort die Operation Enduring Freedom zu unterstützen. Zwischen dem 26. August 2007 und dem 7. Januar 2008 wurde das Kontingent weiter verstärkt und im diesem Zeitraum 179 Missions geflogen.

Am 1. und 2. Mai 2008 führte ein extremes Unwetter mit sehr großen Hagelkörnern auf Tinker AFB zu teils schweren Beschädigungen an elf E-3s. Durch eine enorme Energieleistung der Techniker des Verbandes, die rund um die Uhr arbeiteten, konnten die meisten Maschinen binnen 48 Stunden wieder Flugtauglichkeit erreichen. Zwischen dem 7. August und dem 2. November 2008 testete man die Stationierung zweier Maschinen auf dem Oneida County Airport (ehemals Griffis AFB) in New York. Ähnlich wie bei den FOBs/FOL der NATO sollte dadurch kürzere Anflugzeiten- und Kosten für Routineüberwachungseinsätze im Nordosten des Landes realisiert werden.

Am 28. Februar 2009 kam es bei der E-3C (83-0008) in Folge eines Landeunfalls auf Nellis AFB, Nevada zu einem Brand im vorderen Bereich des Flugzeuges. Auch wenn sich die Crew unverletzt retten konnte, musste das Flugzeug anschließend als Totalverlust abgeschrieben werden.

Die E-3G und DRAGON

Schon kurz nach Abschluss der Block 30/35-Modifikation, im Jahr 2003, begannen erste konkrete Planungen einer weiteren, deutlichen Verbesserung der Sentry. Die lange nötige Umsetzungsdauer machte dies nötig, denn eine langfristige Nutzung der Maschine durch die US Air Force stand außer Frage. Folgende Bereiche rückten besonders in den Fokus: Verbesserung der Leistung des IFF-Abfragegerätes, der ESM-Anlage, der Radaranlage sowie die IT-Infrastruktur an Bord. Darüber hinaus wurde ein digitales Glass-Cockpit mit modernem Flugmanagement-System ins Auge gefasst. Die bei Boeing langfristig als Entwicklungsmaschine im Einsatz befindlich E-3 (73-1674) wurde nach und nach modifiziert und unternahm zwischen April 2007 und Juli 2008 ausführliche Testflüge. Parallel wurden zwei E-3 des 552nd ACW modifiziert. Folgende Bestandteile beinhaltete die Block 40/45 Modifikation u.a.:

- Leistungssteigerung des ESM-Systems vor allem im Bezug zur Datenverarbeitungsgeschwindigkeit
- Integration verschiedener Datenströme (Multisource Integration, MLI)
- Neuer Hauptcomputer mit offener, LAN-basierter Architektur
- Sehr schnelles, lokales Ethernet Netzwerk
- Neue Kampfführungs-Hilfsmittel
- Verbesserte und schnellere Datenlink-Fähigkeit
- Neue Arbeitskonsolen mit moderner Eingabelogik
- Nutzung verbesserter Auffassungsalgorithmen zur akkurateren Zieldarstellung

Durch die Modernisierung der Computersysteme und der Vernetzung sollte auch eine deutlich bessere Zuverlässigkeit und somit höhere Verfügbarkeit der E-3 erreicht werden.

Eine E-3G Sentry beim Start. Die Umrüstung erfolgt aus Budgetgründen in einem gedrosselten Tempo. Nach sechs Jahren war Ende 2017 erst die Hälfte der insgesamt 24 geplanten Umrüstungen durchgeführt.

Ankunft der ersten mit DRAGON ausgerüsteten E-3G (77-0351) am 9. Januar 2017 auf Tinker AFB.

Blick ins Cockpit einer mit DRAGON ausgerüsteten Maschine. Die Modifikation ist weitgehend identisch zur Umrüstung CNS/ATM bei den NATO-Maschinen, hat aber eine deutlich längere Durchlaufzeit.

Anfang 2011 erfolgten dann Abnahmeflüge an der ersten Maschine (82-0007). Obwohl noch einige Einschränkungen bestanden, akzeptierte sie die US Air Force. Sie wurde am 17. Mai 2011 dem Geschwader zurück übergeben und erhielt aufgrund der umfangreichen Umbauten mit E-3G eine neue Bezeichnung. Aufgrund der vielen Nacharbeiten konnte die US Air Force allerdings erst am 28. Juli 2014 die volle Einsatzbereitschaft der E-3G erklären. Zu diesem Zeitpunkt waren zusätzlich zur 82-0007 und 73-1674 sechs weitere Maschinen zur E-3G umgebaut worden.

Von den im Jahre 2011 noch 31 im Einsatz befindlichen Flugzeugen, sollten zunächst alle Maschinen umgerüstet werden. Aufgrund der recht hohen Kosten, es wurden 2,7 Mrd. USD eingestellt, wurde der Modifikationszeitraum allerdings in die Länge gezogen.

In einer späteren Phase der Modifikation wurde auch die moderne IFF-Anlage AN/UPX-40 installiert, die deutlich besser schwache Signale an der Grenze der Radarreichweite verarbeiten und klassifizieren kann.

Entgegen ersten Überlegungen wurde die Umrüstung des Flugdecks separat verfolgt und erst Mitte 2014 gestartet. Mit der Bezeichnung DRAGON (Diminishing Manufacturing Sources, Replacement of Avionics for Global Operations and Navigation) sollte die E-3G für gegenwärtige und künftige Luftraumüberwachungs-Anforderungen ausgerüstet und in diesem Zuge alte, analoge Instrumente gegen neue, digitale ausgetauscht werden. Dies bedeutete auch, dass der Navigator im Cockpit der Sentry eingespart werden konnte.

Neben dem Glass-Cockpit wurde auch ein neues Wetterradar, ein TACAS Antikollisionsradar, Satellitenkommunikation sowie ein Mode-5 IFF vorgesehen. DRAGON ist inhaltlich vergleichbar mit dem NATO-Programm CNS/ATM. Der Erstflug einer E-3G mit DRAGON erfolgte Ende Mai 2015. Am 9. Januar 2017 erhielt das 552nd ACW auf Tinker AFB, Oklahoma seine erste DRAGON-ausgerüstete E-3G (77-0351) übergeben. War am Anfang noch eine Umrüstungsdauer bis zum Jahr 2020 geplant, geht die US Air Force mittlerweile davon aus, dass das Programm erst Mitte des Jahres 2022 abgeschlossen werden kann.

Ursprüngliche Planungen sahen vor, alle 31 verbleibenden Sentrys auf den E-3G-Stand zu bringen. Aufgrund der hohen Kosten hat die US Air Force aber mittlerweile beschlossen nur insgesamt 24 Maschinen langfristig im Einsatz zu halten und zur E-3G (inklusive DRAGON) zu modifizieren. Bis Ende 2017 waren zwölf E-3G zurück übergeben worden.

Aktuell werden die Maschinen von insgesamt acht Staffeln betrieben:

3rd Wing, Elmendorf AFB, Alaska

- 962nd Airborne Air Control Squadron »Eye of the Eagle«

18th Wing, Kadena AB, Japan

- 961st Airborne Air Control Squadron »Eyes of the Pacific«

552nd Air Control Wing, Tinker AFB, Oklahoma

- 960th Airborne Air Control Squadron »Viking Warriors«
- 963rd Airborne Air Control Squadron »Blue Knights«
- 964th Airborne Air Control Squadron »Phoenix«
- 965th Airborne Air Control Squadron »Falcons«
- 966th Airborne Air Control Squadron »Ravens«

513th Air Control Group, Tinker AFB, Oklahoma

- 970th Airborne Air Control Squadron

Die zwei Staffeln in Alaska und in Japan verfügen je über nur zwei Maschinen, die 513th Air Control Group, sie ist Teil der Air Force Reserve, greift auf Flugzeuge der 552nd ACW zurück.

Die E-3G soll noch bis ins Jahr 2035 bei der US Air Force im Dienst bleiben.

Auch in Japan sind jeweils zwei Sentrys stationiert. Sie gehören zum 18th Wing und darunter der 961st Airborne Air Control Squadron »Eyes of the Pacific«.

Landung einer E-3C des 552nd Air Control Wing.

Mit der Kokarde – AWACS im Einsatz bei der französischen Luftwaffe

Obwohl nicht Teil der NATO-Kommandostruktur, nahm Frankreich sehr intensiv am Prozess der geplanten, gemeinschaftlichen Beschaffung von AWACS für die NATO teil. Vor allem auf politischer Ebene, nicht zuletzt von Deutschland, wurde lange auf eine Beteiligung Frankreichs gehofft. Dieses Ziel konnte aber nicht realisiert werden, Frankreich wollte auch in diesen militärischen Bereich eigenständig bleiben. Grundsätzlich bestand großes Interesse bei der Armee de l'Air und im Juli 1982 erhielt die französische Luftwaffe eine ausführliche Demonstration der E-3. Nicht zuletzt aufgrund der hohen Systemkosten verzögerte sich aber den Kauf noch und ein Vertrag über die Beschaffung von drei E-3F konnte erst im Februar 1987 unterschrieben werden. Das Vorhaben wurde gemeinschaftlich mit der RAF verfolgt, die sich nach langer Leidenszeit mit der Nimrod AEW Mk.3 ebenfalls für die Boeing E-3 entschlossen hatten. Zwei Jahre später erhöhte die französische Luftwaffe die Bestellung um eine weitere Maschine.

Die gesamten Programmkosten beliefen sich auf 550 Mio. US-Dollar. Wie auch die E-3A der saudischen Luftwaffe sowie die E-3D der RAF, erhielt die Maschine statt der TF33-Triebwerke leistungsstärkere CFM56-Aggregate, die ja durch das US-amerikanisch-französische Gemeinschaftsunternehmen CFM International hergestellt werden. Um Kosten zu sparen wurden übrigens, wie auch bei den E-3D der RAF, drei Arbeitsplätze weniger eingebaut. Als Radarsystem kam das AN/APY-2 der NATO-Maschinen zum Einsatz. Auch wenn die erste Maschine ab dem 22. Mai 1991 geliefert wurde, begann der offizielle Betrieb bei der in Avord, Zentralfrankreich stationierten Escadron de Detection et de Commandement (ECDA) 36 »Berry« erst ab Juni 1992. Die Maschinen erhielten die Kennzeichnung 36-CA bis 36-CD.

Obwohl nicht Teil der NATO, bestehen diverse Unterstützungsabkommen mit der NATO AEW&C Force. Unter anderem sind auch französische Austauschoffiziere in Geilenkirchen im Einsatz. Die Ausbildung für die Crews der E-3F folgt überwiegend den NATO-Standards. Zum Training der Flightcrew nutzt die Armee de l'Air einen Flugsimulator der RAF, ein Missionsimulator steht in Avord zur Verfügung.

Die französischen Crews und Flugzeuge können sich über mangelnde Aufträge nicht beklagen. Neben der Teilnahme an vielen internationalen Übungen wie z. B. Elite, TLP, Joint Warrior, Maple Flag, Red Flag, Cruzex usw. standen auch schon früh Kampfeinsätze auf dem Plan. So beteiligte man sich sieben Jahre lang zwischen 1992 und 1999 an den Operationen Deny Force, Delibarate Force und Allied Force im ex-Jugoslawien. Von 2009 bis 2012 galt es die Anti-Piraten-Operation Atalanta am Horn von Afrika zu unterstützen. Hierbei konnten diverse Piratenschiffe entdeckt und zur Festnahme der Piraten beigetragen werden. Ab 2011 nahm man darüber hinaus an der Operation Unified Protector in Libyen, ein Jahr später in Mali an der Operation Serval teil. Aktuell leisten die Crews einen Beitrag der Operation Inherent Resolve im Irak und in Syrien. Eine regelmäßige Sonderaufgabe der E-3 war die Überwachung von Ariane-Raketenstarts in Französisch Guyana, Südamerika.

Die vier Maschinen wurden in den letzten Jahren fortlaufend modernisiert und verbessert. Zwischen 2000 und 2003 wurde der fest eingebaute Luftbetankungsstutzen ausgebaut. Parallel dazu erfolgte die Nachrüstung des markanten ESM-Systems an beiden Rumpfvorderseiten, unter der Nase und am Heck. In den Jahren 2005 und 2006 stand die weitreichende Verbesserung des Radars im Rahmen des RSIP-Programms auf dem Plan. Zwischen 2009 und 2012 folgte der Austausch von Kommunikationsgeräten, darunter auch der Einbau eines IRIDIUM-Satellitenkommunikationssystems. Die Antenne dafür befindet sich auf der rechten Seite oberhalb des Cockpits, wo vorher der feste Betankungsstutzen installiert war.

Frankreich legt großen Wert auf eine moderne und somit sehr leistungsfähige Ausrüstung der E-3. Deswegen begann schon im Jahre 2012 die Planung das sogenannte »Mid Live Update« (MLU) umzusetzen, dass sich an der Block 40/45-Modifikation der US Air Force orientierte. Die Umbauten an den vier Maschinen fanden bei Boeing und bei Air France Industries statt. Die erste E-3F konnte im Februar 2014 an die Armee de l'Air zurück übergeben werden. Die restlichen drei Flugzeuge waren bis 2016 fertig gestellt. Das Vorhaben hatte einen Wert von 324 Mio. US-Dollar.

Aktuell wird ebenfalls Mode S/Mode 5 angepasst, die umfangreiche Glass-Cockpit-Modifikation (CNS/ATM) startet 2018 und soll bis im Jahr 2021 abgeschlossen sein. Der Zeitplan der französische Luftwaffe bezüglich des Einsatzes ihrer E-3F erstreckt sich, ähnlich wie auch bei der NATO, bis ins Jahr 2035.

Frühe Aufnahme einer E-3F im Flug. Zunächst sollten nur drei E-3F gekauft werde, später wurde der Auftrag um eine Maschine erweitert.

Eine E-3F noch ohne nachgerüstetes ESM. Die vier Maschinen der Armee de l'Air erhielten zusätzlich zum Standard-Betankungssystem einen starren Betankungsstutzen installiert, der aber später ausgebaut wurde.

Die E-3F der französischen Luftwaffe ist international stark eingebunden.

Farbenfrohe Lackierung um 50.000 geflogene Stunden der E-3F-Flotte zu feiern.

Die AWACS (der Name Sentry wird nicht verwendet) der Armee de l'Air sind auf neuestem Stand, aktuell startet die CNS/ATM-Modifikation an den Maschinen. Anstelle des ausgebauten Tankstutzens findet sich dort jetzt die IRIDIUM-Antenne, die der Satellitenkommunikation dient.

Royal Saudi Air Force

Saudi-Arabien zeigte schon früh Interesse an dem leistungsfähigen Frühwarnflugzeug, das optimal in der Lage sein würde, das große saudische Staatsgebiet zu überwachen. Boeing war natürlich sehr an einem Geschäft mit diesem zahlungskräftigen Kunden interessiert, zumal ein weit gediehener Verkauf der Sentry an den Iran nach der dort erfolgten Revolution im Jahre 1979 kurzfristig nicht zustande kam.

Die Verhandlungen dauerten allerdings lange an, denn natürlich bestanden in den USA und bei ihren Verbündeten in Israel zum Teil erhebliche Sicherheitsbedenken derart sensibel Technik zu veräußern. Allerdings lockte Saudi-Arabien die USA mit einem sehr großen Auftragspaket, denn neben der E-3 sollten auch KE-3A-Tanker und F-15 Abfangjäger bestellt werden. Letztendlich musste man Israel umfangreiche Sicherheitsgarantien zugestehen, um eine Freigabe zu erreichen. Im Februar 1980 unterzeichnete man einen Vertrag und begann mit dem Projekt Peace Sentinel, das die Lieferung von fünf E-3A und acht speziellen KE-3A-Tankern vorsah. Ab 1984 sollte die ersten Maschinen geliefert werden. Parallel begann Saudi-Arabien einen neuen Flugplatz für die Einsatzmaschinen zu bauen und zwar Prinz Sultan AB in der Nähe von Al-Kharj, ca. 80 km südöstlich von Riad gelegen. Ebenso frühzeitig begann Ausbildung und Training für die benötigten Crews und das Wartungspersonal. Endgültig grünes Licht gab es allerdings erst im Oktober 1981, als US Präsident Ronald Reagan den Export der Waffensysteme frei gab. Um den Einsatz im heißen Wüstenklima zu verbessern und auch um Profile in größerer Flughöhe absolvieren zu können, setzte die RSAF auf die leistungsstarken und effizienten CFM56-Triebwerke.

Zum 30. Juni 1986 wurde die erste E-3A an die RSAF ausgeliefert und ging bei der 6th Wing bzw. bei der 18th Squadron in Einsatz. Die fünfte und letzte Maschine wurde im September 1987 übergeben.

Nach einigen Jahren Einsatzzeit galt es auch für die saudischen E-3 Verbesserungen ins Auge zu fassen. In einem ersten Schritt wurde zwischen August 2001 und 2003 der Mission Computer und die dazugehörige Software für insgesamt 60 Mio.USD bei Boeing modifiziert. Einige Zeit später interessierte sich die RSAF für das Radarupdate (RSIP) an ihrem AN/APY-2, das ja auch bei den anderen

Betreibern umgesetzt wurde. Die erste Anfrage diesbezüglich wurdee im Dezember 2007 übermittelt. Ende 2011 erfolgte allerdings erst die konkrete Umsetzungs-Beauftragung. In der Folgezeit fand der Mustereinbau bei der ersten E-3A bei Boeing statt. Es schlossen sich die vier fehlenden Maschinen an, die lokal bei Alsalam Aerospace in Riad modifiziert wurden. Hierfür stellte Northrop Grumman Kits zur Verfügung. Vor Ort unterstützte Personal von Northrop Grumman und Boeing die Arbeiten. Das Projekt endete erst Ende Mai 2017.

Nachdem Saudi-Arabien sich ebenfalls für die Block 40/45-Modifikation interessierte, stellte man im August 2014 eine konkrete Anfrage an die USA, zur Genehmigung eines entsprechenden Vorhabens. Der Auftragswert umfasste ca. 2 Mrd. USD. Im Oktober 2017 wurde diesbezüglich ein Vertrag für eine erste Phase geschlossen, die vor allem aus den CNS/ATM-Modifikations-Arbeitspaketen zur Erneuerung der Cockpitinstrumentierung und Ausrüstung besteht. Die Umbauten sollen von der US Air Force auf Tinker AFB durchgeführt werden. Dort, bei der 76th Maintenance Squadron, erfolgt die routinemäßige Überholung der saudischen E-3-Maschinen. Durch diese Maßnahmen werden somit auch die fünf E-3A Sentrys der Royal Saudi Air Force noch sehr lange aktiv im Einsatz verbleiben können.

Die fünf E-3A erhielten leistungsstärkere CFM56, um besser für das heiße Wüstenklima gerüstet zu sein. Die Maschinen werden ebenfalls sukzessive modernisiert.

Die fünf E-3A der RSAF werden von der US Air Force auf Tinker AFB instandgehalten. In diesem Zusammenhang bestehen langfristige Verträge.

Anhang

Meilensteine der Boeing E-3 AWACS-Entwicklung

Datum	Bezeichnung	Ereignis
9. Juli 1970	B 707-320B	Boeing erhält den Zuschlag zur Entwicklung eines AWACS auf Basis der B 707-320B gegenüber der Douglas DC-8-62
23. Juli 1970	B 707-320B	offizielle Vertragsvergabe an Boeing. Es sieht eine Lieferung von 42 AWACS Flugzeugen vor.
1972	NATO AEW&C	NATO Programm Planung mit deutscher Beteiligung für eine Einführung des AEW&C-Systems (Airborne Early Warning & Control) bei der NATO
1. Feb. 1972	EC-137D	Rollout des ersten Prototypen Reg. 71-1407 bei Boeing in Renton
09. Feb 72	EC-137D	90-minütigen Jungfernflug der EC-137D, 71-1407 mit Hughes-Radar
Feb. 1972	EC-137D	Jungfernflug der zweiten EC-137D, 71-1408 mit Westinghouse Radar
05. Okt 72	EC-137D	USAF Entscheidung für das Überwachungsradar der Firma Westinghouse AN/APY-1
10.-30. Apr.1973	EC-137D	EC-137D, 71-11408 Testflüge von Ramstein und Athen
Februar 1975	E-3A	Dr. James Schlesinger, US Verteidigungsminister, erteilt die Produktionsfreigabe für die E-3A.
01. Feb 75	E-3A	Rollout des ersten Vorserienflugzeuges. Es war die umfangreich umgebaute, auf E-3A-Stand gebrachte, erste EC-137D (71-1407)
24. Feb 75	E-3A	erster 90-minütigen Testflug der ersten E-3A, 71-1407 Vorserienmaschine
Juli 1975	E-3A	Erstflug der zweiten Vorserienmaschine E-3A, 73-1674
31.Okt.1975	E-3A	Erstflug der 73-1674, mit der ersten serienmäßigen AN/APY-1 Radaranlage von Westinghouse
Anfang 1976	E-3A	Erstflug der dritte Vorserienflugzeug 71-1675
07. Dez 76	NATO AEW&C	Treffens der NATO-Verteidigungsminister u.a.mit dem deutschen Amtsinhaber Georg Leber signalisieren Unterstützung für NATO AEW&C
24. März 1977	E-3A	Übergabe der ersten E-3A , 75-0557 an den Einsatzverband der 552nd AWACW (Airborne Warning and Control Wing) auf Tinker AFB, Oklahoma
28. Nov 78	E-3A	Verteidigungsausschuss stimmt für NATO AWACS
30. Nov 78	E-3A	Finanzausschuss des Bundestages stimmt NATO AWACS zu
06. Dez 78	E-3A	Einigung des Multilaterial Memorandum of Understanding der 13 NATO Staaten über AWACS
12. Apr 79	E-3A	Unterzeichnung des Abkommens zur Beschaffung 18 E-3A Flugzeugen zwischen der NAPMA und der US-Regierung
Februar 1979	NATO E-3A	Die Dornier Reparaturwerft in Oberpfaffenhofen wurde von Boeing mit der Durchführung der als »Installation and Checkout« bezeichnenden Arbeiten für 18 NATO E-3A-Flugzeuge beauftragt
27. Jan. 1981	NATO E-3A	Erste für die NATO bestimmte E-3A, LX-N90442, verließ die Fabrikationshallen der Firma Boeing in Renton.
19. März 1981	NATO E-3A	Landung der ersten Maschine von Seattle kommend auf dem Werksflugplatz von Dornier
31. März 1981	NATO E-3A	Festakt bei Dornier mit NATO Vertretern der Programmorganisation NAPMO, NAPMA und Auftragnehmer
23. Febr. 1982	NATO E-3A	Erste NATO E-3A erhält Luxemburger Kennung und den Löwen am Leitwerk als offizielles NATO Kennzeichen
24. Febr. 1982	NATO E-3A	Erste NATO E-3A mit dem Kennzeichen LX-N90442 landet auf dem NATO Flugplatz Geilenkirchen
31. März 1982	NATO E-3A	Deutschland übergibt den Flugplatz Teveren/Geilenkirchen in die Obhut der NATO
28. Juni 1982	NATO E-3A	NATO Generalsekretär Joseph Luns stellt NATO E-3A Component in Geilenkirchen in Dienst
25. Okt. 1983	NATO E-3A	Aktivierung der ersten FOB in Konya, Türkei
01. Nov. 1983	NATO E-3A	Aktivierung der FOB in Oreland, Norwegen

07. Nov.1984	NATO E-3A	Letzte NATO E-3A, LX-N90559, an Dornier ausgeliefert
02. Mai 1985	NATO E-3A	Übergabe der letzten NATO E-3A an E-3A Component
1986	NATO E-3A	Aktivierung der FOB in Trapani, Sizilien
1986	NATO E-3A	Aktivierung der FOB in Aktion, Griechenland
25. Nov. 1990	NATO E-3A	LX-N90442 erreicht die 100.000. Flugstunde
19. Nov. 1991	NATO E-3A	LX-N90451 bricht in Geilenkirchen wegen Vogelschlag und Triebwerksprobleme Trw.1 Startvorgang ab und landet 15 m hinter Startbahnende 09 im Gras. Es gab keinen Personenschaden.
22. Juli 1994	NATO E-3A	Erste NATO E-3A LX-N90442 wird zu Boeing überführt (Near-Term-Programm)
14. Juli 1996	NATO E-3A	Verband verlor aufgrund eines Flugunfalls eine E-3A. Startabbruch in FOB Aktion, Griechenland, LX-N90457 rutschte ins Meer. Totalschaden.
28. Nov. 1999	NATO E-3A	Erste NATO E-3A, LX-N90453, wurde zu Boeing überführt (Mid-Term-Upgrade)
24. Aug. 2005	NATO E-3A	Nach sechs Jahren beim Hersteller Boeing ist die erste NATO E-3A LX-N90453 E-3A mit dem Mid-Term-Upgrade (NMT) Programm in Geilenkirchen gelandet
21. Nov. 2006	NATO E-3A	2. NATO E-3A (LX-N90458) mit NMT Nachrüstung von der EADS zurück
16.-17.Juni 2012	NATO E-3A	30. Geburtstag der NAEW&C Force und E-3A Component mit Sonderlackierung der LX-N90445
01. Aug. 2013	NATO E-3A	Erste E-3A, LX-N90459, bei Boeing in Seattle für den Glass-Cockpit Einbau
Mai 2015	NATO E-3A	Ausmusterung der ersten NATO E-3A, LX-N90449
17. Nov. 2016	NATO E-3A	Erste mit Glass-Cockpit ausgerüstete Maschine LX-N90459 landet in Geilenkirchen
29.-30.Juni 2017	NATO E-3A	35 Jahre NATO AEW&C Force und E-3A Component in Geilenkirchen. LX-N90450 mit farbenfroher Sonderlackierung.
14. Dez 17	NATO E-3A	Ausmusterung der zweiten NATO E-3A, LX-N90455

Verbleib der gebauten E-3

Produktionsnummer	Serialnummer	Version	Eigner	Bemerkungen
20518	71-1407	E-3B	USAF	
20519	71-1408	E-3B	USAF	
21046	73-1674	E-3C/E-3G	»USAF/Boeing«	Entwicklungsflugzeug, im April 2012 ausgemustert
21185	73-1675	E-3B	USAF	
21047	75-0556	E-3B	USAF	
21207	75-0557	E-3B	USAF	
21208	75-0558	E-3B	USAF	
21209	75-0559	E-3B	USAF	
21250	75-0560	E-3B	USAF	
21434	76-1604	E-3B/E-3G	USAF	
21435	76-1605	E-3B	USAF	
21436	76-1606	E-3B	USAF	
21437	76-1607	E-3B/E-3G	USAF	
21551	77-0351	E-3B/E-3G	USAF	
21552	77-0352	E-3B	USAF	
21553	77-0353	E-3B	USAF	
21554	77-0354	E-3B	USAF	Absturz am 22. September 1995
21555	77-0355	E-3B	USAF	
21556	77-0356	E-3B	USAF	
21752	78-0576	E-3B/E-3G	USAF	
21753	78-0577	E-3B	USAF	
21754	78-0578	E-3B	USAF	
21755	79-0001	E-3B/E-3G	USAF	
21756	79-0002	E-3B	USAF	
21757	79-0003	E-3B	USAF	
22829	80-0137	E-3C	USAF	
22830	80-0138	E-3C/E-3G	USAF	
22831	80-0139	E-3C	USAF	
22832	81-0004	E-3C	USAF	
22833	81-0005	E-3C/E-3G	USAF	
22834	82-0006	E-3C/E-3G	USAF	
22835	82-0007	E-3C/E-3G	USAF	
22836	83-0008	E-3C	USAF	Landeunfall am 26. August 2009, verschrottet
22837	83-0009	E-3C	USAF	
22838	LX-N90443	E-3A	NATO	
22839	LX-N90444	E-3A	NATO	
22840	LX-N90445	E-3A	NATO	
22841	LX-N90446	E-3A	NATO	
22842	LX-N90447	E-3A	NATO	
22843	LX-N90448	E-3A	NATO	
22844	LX-N90449	E-3A	NATO	Ausgemustert und eingemottet im Mai 2015
22845	LX-N90450	E-3A	NATO	
22846	LX-N90451	E-3A	NATO	
22847	LX-N90452	E-3A	NATO	
22848	LX-N90453	E-3A	NATO	
22849	LX-N90454	E-3A	NATO	
22850	LX-N90455	E-3A	NATO	Ausgemustert und eingemottet am 13. Dezember 2017
22851	LX-N90456	E-3A	NATO	
22852	LX-N90457	E-3A	NATO	Startunfall am 14. Juli 1996 in Aktion, Griechenland, verschrottet
22853	LX-N90458	E-3A	NATO	
22854	LX-N90459	E-3A	NATO	
22855	LX-N90442	E-3A	NATO	
23417	1801	E-3A	RSAF	
23418	1802	E-3A	RSAF	
23419	1803	E-3A	RSAF	
23420	1804	E-3A	RSAF	
23421	1805	E-3A	RSAF	
24109	ZH101	E-3D	RAF	
24110	ZH102	E-3D	RAF	
24111	ZH103	E-3D	RAF	
24112	ZH104	E-3D	RAF	
24113	ZH105	E-3D	RAF	Ausgemustert und zur Ersatzteilgewinnung verwendet
24114	ZH106	E-3D	RAF	
24499	ZH107	E-3D	RAF	
24115	201/CA	E-3F	FAF	
24116	202/CB	E-3F	FAF	
24117	203/CC	E-3F	FAF	
24510	204/CD	E-3F	FAF	

Abkürzungen

Abk.	Begriff	Deutscher Begriff/ Bedeutung
A		
AA	Acquisition Agreement	
AC	Aircraft Commander	Flugzeugkommandant
ACAS	Airboren Collision Avoidance System	Antikollisionswarnung
ADC	Air Defence Command	Luftverteidigungskommando
ADIZ	Air Defence Identification Zone	Luftraumüberwachungszone auf Seiten der BRD zur DDR
ADI	Attitude Director Indicator	Lagedarstellungsgerät
ADF	Automatic Direction Finder	Navigationsinstrument
ADS	Air Data System	Fluginstrumentierung
ADU	Auxiliary Display Units	
AEW	Airborne Early Warning	
AEW&C	Airborne Early Warning & Control-System	
AEGIS	Airborne Early Warning Ground Environment Integr.Segm.	
AFB	Air Force Base	
AFCENT	Allied Forces Central Europe	
AFNORTH	Allied Forces North Europe	
AFSOUTH	Allied Forces Southern Europe	
AGE	Aircraft Ground Equipment	
AHRS	Attitude / Heading Reference System	
AMC	AWACS Mission Computing System	
AM	Assurance Measures	
AMARG	Aerospace Maintenance and Regeneration Group	
ANG	Air National Guard	
APU	Auxillary Power Unit	
ATM	Air Traffic Management	
ATS	Aircrew Training Squadron	
ATC	Air Traffic Control	
AWACS	Airborne Warning and Control System	
AWACW	Airborne Warning and Control Wing	
B		
BAC	British Aircraft Corporation	
BAC	Boeing Aerospace Company	
BCAC	Boeing Commercial Airplane Company	
BMVg		Bundesministerium der Verteidigung
BTH	Beyond-The-Horizon	Funktion des Missionssystems
C		
CAOC	Combined Air Operations Centre	
CP	Copilot	
CPL	Crash Position Locator	
CIC	Combat Information Center	
CINCHAN	Commander-in-Chief Channel	
CIU	Control Indicaton Unit	
CNAD	Conference of National Armaments Directors	
CNS	Communication, Navigation, Surveillance	
CRC	Control and Reporting Center	Teil der nationalen Luftraumüberwachung
CRM	Crew Resource Management	
CT	Communication Technician	Kommunikationstechniker
CVR	Cockpit Voice Recorder	
CUP	Computer Upgrade Programm	
D		
DASA	Deutsche Aerospace Aktiengesellschaft	Ehemaliger deutscher Luft- und Raumfahrt-Konzern
DAR	Disabled Aircraft Recovery	
DAS	Digital Audiosystem	
DCRC	Deployable Control and Reporting Centre	
DDCFG	Data Display Control and Functional Group	
DEW	Distant Early Warning Line	
DFDR	Digital Flight Data Recorder	Aufzeichnungsgerät technischer Daten im Flugzeug
DF	Director Finder	Navigationshilfsmittel
DLM	Depot-Level-Maintenance	
DME	Distance Measuring Equipment	Navigationshilfe
DRW		Dornier Reparaturwerft GmbH, Oberpfaffenhofen
E		
EADS	European Aeronautic Defence and Space Company	Ehemaliger Luft und Raumfahrt Konzern vor Airbus
ECM	Electronic Counter Measures	
EGT	Engine Gas Temperature	Triebwerks-Abgastemperatur
EGI	Embedded GPS/INU	
EMD	Engineering Manufacturing and Design	
EPR	Engine Pressure Ratio	
ERCS	ECM Resistant Communication System	
ESM	Electronic Support Measures	Elektronische Verteidigungsmaßnahmen
F		
FA	Fighter Allocator	Chef-Jägerleitoffizier
FATSL	Flight Acceptance Test Support Laboratory	
FDAP	Flight Deck Audio Panel	
FE	Flight Engineer	Flugingenieur
FFS	Full Flight Simulator	
FLEP	Final Lifetime Extension Programme	
FLIR	Forward looking Infra-Red	
FOB	Forward Operating Base	Vorgeschobene Einsatzbasis
FOL	Forward Operating Location	Vorgeschobene Einsatzbasis (ohne perm. Besetzung)
FQIS	Fuel Quantity Indicating System	
FTD	Flight Training Device	Flugsimulator
FUP	Follow-on-Upgrade-Programm	
G		
GE	General Electric	
GFK		Glasfaserverstärkter Kunststoff

GINS	GPS Integrierte Navigations-System	
GIADS	German Improved Air Defense System	
GND	Ground	
GPS	Global Positioning System	
GS	Glideslope	Navigationssystem
GSI	Ground Speed Indicator	

H

HF	High Frequency	Kurzwellen Funksprech-verkehr
HFW		Hauptfahrwerk
HRF	High Readiness Force	
HSI	Horizontal Situation Indicator	Navigationsinstrument

I

IAMCO	International Aerospace Management Company	
IB	Industrial Benefit	
ICP	Interface Control Panel	
IDG	Integrated Drive Generator	
IFF	Identification Friend or Foe	Identifikationssystem Freund/Feind
ILS	Instrument-Landing-System	Navigationssystem
INS	Inertial Navigation System	
INU	Inertial Navigation Unit	
IR	Infrared	Infrarot
IR FTS	Infrared Fine Track Sensor	
ISAF	International Security Assistance Force	Afghanistan Einsatz der Bundeswehr

J

JTIDS	Joint Tactical Information Distribution System	

K

KIAS	Knots Indicated Air Speed	
kN	Kilo Newton	
KSZE		Konferenz über Sicherheit und Zusammenarbeit in Europa
kt	knots	
kVA	Kilo Volt/Ampere	

L

LAIRCM	Large Aircraft Infrad-Red Counter-Measures	
LCS	Liquid Cooling System	
LOC	Localizer	Navigationssystem
LRB		Luftraumbeobachter Dienst
LRRA	Low Range Radio Altimeter	
LRU	Line Replacebel Unit	

M

MAINT INTPH	Maintenance Interphone	
MB	Marker-Beacon-System	Navigationshilfe
MIT	Massachusetts Institute of Technology	
MLG	Main Landing Gear	Hauptfahrwerk
MMU	Multilaterial Memorandum of Understanding	
MNC	Major NATO Command	
MOB	Main Operating Base	Haupteinsatzbasis
MoA	Memorandum of Agreement	
MoU	Memorandum of Understanding	
MPS	Maintenance Production Squadron	
mph	miles per hour	Meilen pro Stunde
MPDC	Multi Purpose Display Consoles	
MRSP	Mission Readiness Spare Packages	
MS	Mission Simulator	Missions-Simulator
MSC	Maritime-Surveillance-Capability	
MSEC	Missions Systems Engineering Centre	
MSI	Multi-Sensor Integration	
MTC	Mission Training Center	
MTU München		Motoren und Turbinen-Union
MWS	Missile Warning System	
MWSP	Missile Warning System Processor	

N

NATO	North Atlantic Treaty Organisation	
NADGE	NATO Air Defense Ground Environment System	
NATINADS	NATO Integrated Air Defence System	integriertes NATO-Luftverteidigungs-System
NAPO	NATO AEW&C Programme Office	
NAPMA	NATO AEW&C Programm Management Agency	
NAEW&C	NATO Airborne Early Warning Command & Control	
NASIP	NAEW System Improvement Program	
NAEW FC	NATO Airborne Early Warning Force Command	
NAEW&C FC	NATO Airborne Early Warning & Control Force Comm.	
NLG	Nose Landing Gear	
NN	Navigator	Navigator
NRF	NATO Response Force	
NVA		Nationale Volksarmee

O

ORT	Overland Radar Technology	
OTL		Oberstleutnant
OUP	Operation Unified Protector	

P

PAR	Produktion and Retrofit	
PC	Passive Controller	ESM-Offizier
PDNES	Pulse Doppler Non-Elevation Scan	Funktion des Missionsystems Funktion des Missionsystems
PDES	Pulse Doppler Elevation Scan	Funktion des Missionsystems
PVT	Position, Velocity, Time	Position, Geschwindigkeit, Zeit

Q

QRA	Quick Reaction Alert	Alarmrotte

R

RA	Resolution Advisory	
RAF	Royal Air Force	
RMI	Radio Magnetic Indicator	Navigationsinstrument
RTCA	Renewed Transport Cargo Aircraft	
RR	Rolls-Royce	

RSIP	Radarsystem Improvement Program	
RT	Radar Technician	Radartechniker
RWS		Radar-Warn-System
S		
S-A	Surface-to-Air	
SACLANT	Supreme Allied Commander Atlantic	
SACEUR	Supreme Allied Commander Europe	
SAM	Surface-to-Air Missile	Boden-Luft-Abwehrrakete
SALT	Strategic Arms Limitation Talks	Limitierungsgespräche über Strategische Waffen
SATCOM	Satellite Communication	
SC	Surveillance Controller	Luftlage-Offizier
SEL		Standard Elektrik Lorenz
SHAPE	Supreme Headquarters Allied Powers Europe	
SLTA	Small Laser Transmitter Assembly	
SO	Surveillance Operator	Radarflugmelder
SOC	Sector Operations Center	
SPO	Systems Program Office	
SRU	Shop Repair Unit	
ST	System Technician	Systemtechniker
SSR	Secondary Surveillance Radar	
T		
TA		Technische Anweisung
TA	Traffic Advisory	
TAC	Tactical Air Command	
TACAN	Tactical Air Navigation System	Taktische Navigation
TACEVAL	Tactical Evaluation	
TaF		
TCA	Transport Cargo Aircraft	
TCAS	Traffic Control and Avoidance System	Kollisionsvermeidungssystem
TD	Technical Director	Taktischer Einsatzleiter
TDL	Tactical Data Link	Taktische Datenübertragung
TLP	Tactical Leadership Program	Taktische Überprüfung
TMLD		Tieffliegermelde- und Leit-
dienst		
T/R	Transceiver / Rectifier	
TSU	Transient Suppression Unit	
U		
UHF	Ultra High Frequency	
UKADGE	UK Air Defence Ground Environments	
USAF	US Air Force	
USAFE	US Air Force Europe	
V		
VDC	Volt DC	
VHF	Very High Frequency	
VOR	VHF Omnidirectional Radio Range	
VSI	Vertical Speed Indication	
W		
WP		Warschauer Pakt
WC	Weapons Controller	Jägerleitoffiziere

Literaturquellen

Dornier erlebt, Berichte, persönliche Erlebnisse von Dornier Mitarbeitern, Freundes und Förderkreis Dornier Museum (Verlag Senn, Tettnang)

Beyond the Horizon, The History of AEW&C Aircraft, Ian Shaw with Sergio Santana (Verlag Harpia Publishing, 2014)

Politics of Compromise, NATO and AWACS, Arnold Lee Tessmer, (National Defence University Press, 1988)

The NAEW&CF E-3A Component, 30 Years NATO's eye in the sky (Houx Digiprint, 2012)

AWACS, Ein neues Frühwarnsystem der NATO, Oberst i.G. Karl-Edward von Kospoth (Jahrbuch der Luftwaffe, 1981)

Boeing 707 AWACS, Hans Jürgen Becker (Gera Mond Verlag 2001)

Boeing 707&AWACS in detail & scale, Alwyn T. Lloyd (Arms & Armour Press Ltd., 1987)

Strahlfluzeug Arado 234 »Blitz«, Technik und Einsätze 1944/45, Manfred Griehl (Motorbuch-Verlag)

Microsoft PowerPoint Publikation, Führungsdienst, Teil 1 und 2, Oberleutnant Andreas Remmel

wt Wehrtechnik 7/80 AWACS, ein industrielles Großprogramm

wt Wehrtechnik 8/95 Modernisierung der AWACS-Flotte, Brigadegeneral Friedrich-Wilhelm Lübbe

Luftfahrt International, AWACS ein wichtiger Schritt zur Verbesserung der NATO Luftverteidigung, Generalmajor Siegfried Boy

Darüber hianus diverse Periodika: Aviation Week, Boeing News, Wehrdienst, wt Wehrtechnik 7/80, Soldat und Technik, Flug Revue, Der Flieger, Interavia, Soldat und Technik, Capital 6/82, Dornier Information, Dornier Post, Jane's, all the worlds Aircraft Supplement (28), NATO Air Base Geilenkirchen Skywatch, NAEW NAEW&CF E-3A Component Fact Sheet, NAEW NAEW&CF E-3A Component diverse Publikationen (Microsoft Power Point), World Air Power

Das Autorenteam vor einer NATO E-3A in Geilenkirchen.

Dank

Unser ganz besonderer Dank für die außergewöhnliche Unterstützung bei der Erstellung dieses Buchs gilt Herren Brigadegeneral Karsten Stoye, Kommandeur der NATO E-3A Component, General a.D. Karl-Edward von Kospoth, ehemaliger General Manager NATO AEW&C Progamme Management Agency sowie Major Johannes Glowka, Head Public Affairs Office, NAEW&CF und E-3A Component in Geilenkirchen (GK).

Besonders wertvolle Hilfe bei der Erstellung des Buches erhielten wir von:

OTL Alexander Herrmann (Deputy Commander Operations Wing NAEW&CF E-3A Component GK), Olt Florian Pastwa (NAEW&CF E-3A Component GK), Stabsfeldwebel Carsten Paulussen (NAEW&CF E-3A Component GK), Dr. Siegfried Kornbichler (ehemals Projektleiter des AWACS-Programme bei Dornier), General a.D. Friedrich-Wilhelm Lübbe (ehemals Generalmanager der NAEW&C Progamm Management Agency), OTL Matthias Morgner, Hptm. Andreas Müller (NAEW&CF E-3A Component), Günther Nord, Dr. Arno Schieck (ehemals Leiter der Militärischen Betreuungsprogramme bei der Dornier Flugzeugwerft GmbH), Dipl.Ing. Helmut Schubert (MTU), Bernd Skricka, Florian Vetter, Pia Vetter, Ursula Vetter und OTL Jochen Walter (NAPMA).

Für die hervorragende Hilfe und Unterstützung danken wir weiterhin ganz herzlich:

Dr. Christian Albert (Airbus Communication), Wg Cdr Jeremy Batt (NAEW&CF E-3A Component GK, 8Sqn-OC), Don Jay, Horst Eschweiler (NAEW&CF E-3A Component GK), OTL Alexander Feja (Leiter der InfoA / Public Affairs Air Operations Command / JFAC HQ), Gerhard Freytag, OStFw Arthur Fontani, Monika Müller-Griehl, Kurt Häusler, Andre Joosten (NAEW&CF E-3A Component GK), Dipl. Ing. Alfred Klein, Major Richard Lerat (NAEW&CF E-3A Component GK, French Liaison Officer), Staff Sgt. Alexandra M. Longfellow (NAEW&C Force Public Affairs), Hans Hermann Mansfeld (NAEW&CF E-3A Component GK), Stephen Miller, Olt Andreas Remmel (Zentrum Luftoperationen), Angelo Romano, Wilfried Sorhagen, Matthias Tietje, Ingo Weidig (Dornier Stiftung Friedrichshafen), Sgt. Martyn Wood (Communications 8 Sqn), Gerhard Weinmann und H. Jürgen Zaun.

Den Damen und Herren hierfür ganz herzlichen Dank!

Weiterhin möchten wir allen nicht genannten Helfern danken, ohne die diese Dokumentation nicht zustande gekommen wäre.

Riedstadt im April 2018

Bernd Vetter
Frank Vetter

WEITERE INTERESSANTE BÜCHER ZUM THEMA

Kampfhubschrauber sind martialische Fluggeräte und mischen im Fall der Fälle dort mit, wo es richtig zur Sache geht: Mitten im Gefechtsfeld. Michael Normann beleuchtet die wichtigsten Typen und stellt Entwicklung, Einsatz und Varianten dar.

176 Seiten, 150 Bilder, Format 230 x 265 mm
ISBN 978-3-613-04044-1
€ 24,90 / € (A) 25,60

Jagdbomber gehören zu den vielseitigsten und leistungsfähigsten Militärflugzeugen überhaupt. Sie werden zur Bekämpfung von Boden-, See- und Luftzielen eingesetzt. In diesem Band von Heiko Thiesler werden die wichtigsten Jagdbomber ab 1945 in Wort und Bild dargestellt.

192 Seiten, 213 Bilder, Format 230 x 265 mm
ISBN 978-3-613-04043-4
€ 24,90 / € (A) 25,60

Frachtflugzeuge können unglaubliche und sperrige Lasten über enorme Distanzen transportieren – von leichten Fahrzeugen über schwere Panzer bis hin zu ganzen Kampfhubschraubern. Dieser Band brilliert durch spektakuläre Aufnahmen und spannende Einblicke.

192 Seiten, 185 Bilder, Format 305 x 240 mm
ISBN 978-3-613-04023-6
€ 29,90 / € (A) 30,80

U-Jagdflugzeuge sind speziell entwickelte oder entsprechend umgerüstete Maschinen, die über den Meeren Jagd auf getauchte U-Boote machen, diese aufspüren und effektiv bekämpfen. Ein äußerst spannendes Thema erwartet den Leser in diesem Band von Heiko Thiesler.

176 Seiten, 221 Bilder, Format 230 x 265 mm
ISBN 978-3-613-03953-7
€ 24,90 / € (A) 25,60

Stand April 2018
Änderungen in Preis und Lieferfähigkeit vorbehalten.

Überall, wo es Bücher gibt, oder unter
WWW.MOTORBUCH-VERLAG.DE
Service-Hotline: 0711 / 78 99 21 51

Motor buch Verlag